U0384267

高等院校"十三五"系列规划教材
轻工技术与工程类系列规划教材

皮革及革制品

品质检验

主编　曾运航　张琦弦

PIGE JI GEZHIPIN
PINZHI JIANYAN

四川大学出版社

项目策划：蒋　玙
责任编辑：蒋　玙
责任校对：唐　飞
封面设计：墨创文化
责任印制：王　炜

图书在版编目（CIP）数据

皮革及革制品品质检验 / 曾运航，张琦弦主编．—
成都：四川大学出版社，2019.8
ISBN 978-7-5690-2980-2

Ⅰ．①皮… Ⅱ．①曾… ②张… Ⅲ．①皮革制品—检
验—教材 Ⅳ．① TS57

中国版本图书馆 CIP 数据核字（2019）第 163758 号

书名	皮革及革制品品质检验
主　　编	曾运航　张琦弦
出　　版	四川大学出版社
地　　址	成都市一环路南一段 24 号（610065）
发　　行	四川大学出版社
书　　号	ISBN 978-7-5690-2980-2
印前制作	四川胜翔数码印务设计有限公司
印　　刷	成都金龙印务有限责任公司
成品尺寸	185mm×260mm
印　　张	20.75
字　　数	513 千字
版　　次	2019 年 8 月第 1 版
印　　次	2019 年 8 月第 1 次印刷
定　　价	59.00 元

扫码加入读者圈

◆ 读者邮购本书，请与本社发行科联系。
　　电话：(028)85408408/(028)85401670/
　　(028)86408023　邮政编码：610065
◆ 本社图书如有印装质量问题，请寄回出版社调换。
◆ 网址：http://press.scu.edu.cn

四川大学出版社
微信公众号

前　言

皮革行业在我国国民经济建设，特别是出口创汇方面发挥着重要的作用。我国皮革、毛皮及制品的产量已经连续多年位居世界首位。产品质量是产品市场良性运行和发展的重要保障，重视皮革及其制品的质量检验，不断提升质量检验技术水平，对指导我国皮革和革制品的生产以及控制其产品质量具有重要意义。鉴于此，四川大学轻工科学与工程学院轻化工程专业（革制品设计方向）在专业必修课中设置了实践应用型课程"皮革及革制品品质检验"。本教材正是作者根据近年来讲授该门课程的教学实践和体会，配合教学的需要编写而成。同时，本书也可供皮革行业从事生产、质验和研发的人员参考。

全书分为 6 章。第 1 章介绍了皮革及革制品品质检验的意义及主要内容，并列出了 IULTCS 测试委员会制定的皮革检测方法、SATRA 发布的测试方法以及我国皮革加工与制品标准的清单，希望能使读者对皮革及其制品的质检要求和方法有更全面的认识。第 2 章以皮革生产过程为主线，依据国家或行业标准介绍了皮革的生产原料（原料皮）、半成品（蓝湿革）和成品（各种用途皮革）的分类、要求、检验方法及检验规则。第 3 章和第 4 章主要介绍了国内外产品标准中皮革要求检测的理化性能指标的测定原理和程序。第 5 章介绍了检验项目最多的革制品——皮鞋的产品要求及其物理机械性能的测试技术。第 6 章介绍了皮革服装、日用皮手套和背提包的产品分类、要求、试验方法、检验规则等。

在编写过程中，本书力求全面、简洁，参考了《皮革理化分析》《革制品分析检验》《皮革与纺织品环保指标及检测》等相关教材，吸纳了国内外最新的皮革及其制品的产品标准和检验方法标准，并查阅了国内外相关文献，希望尽可能真实地反映皮革加工与制品领域质量检验的现状和进展，紧扣皮革行业的发展。

本教材的第 1、2、4、6 章由四川大学生物质与皮革工程系的曾运航副教授编写，第 3、5 章由制革清洁技术国家工程实验室（四川大学）的张琦弦老师编写。教材的编写得到了王坤余教授的指导和帮助，出版得到了四川大学的支持和资助，在此表示衷心的感谢。

皮革及革制品的品质检验涉及的产品种类较多，且相关的产品标准和检验方法标准不断更新，需要丰富的理论知识和实践经验才能获得对其的深刻理解。由于编者水平有限，书中难免存在疏漏和不妥之处，敬请各位读者批评指正。

编　者

2019 年 4 月

目　录

第1章　皮革及革制品品质检验简介

1.1　皮革及革制品品质检验的意义及内容

皮革工业是具有悠久历史并保持着良好发展势头的重要轻工产业。我国皮革行业经过近三十年的快速发展，已经形成了由制革、毛皮、制鞋、皮具、皮革服装等主体行业以及皮革化工、皮革机械、皮革五金、鞋用材料等配套行业组成的较为完整的产业链，同时建立了从生产、经营、科研到人才培养的较为完善的工业体系。目前，皮革主体行业及其配套行业均进入良性发展阶段。皮革行业的主要产品包括成品皮革、成品毛皮以及用成品皮革或毛皮为原材料制成的各类制品。据统计，我国皮革、毛皮及制品的产量已连续多年居世界第一位。2016年，我国规模以上（销售收入2000万元以上）皮革、毛皮及制品和制鞋业企业销售收入14000亿元，利润总额862.4亿元，皮革主体行业出口额为764亿美元，皮革主体行业商品进口额为89亿美元。皮革行业是我国轻工行业的支柱产业之一，在国民经济建设和出口创汇中发挥着重要的作用。

值得指出的是，我国的皮革及其制品仍多数处于中低档水平，企业在盈利较少的生产制造环节能力较强，而在利润丰厚的研发、设计以及市场营销、品牌等环节较弱，主要依靠低成本要素获得竞争优势。低成本要素带来的竞争优势往往是难以为继的，随着土地价格、劳动力工资的上涨以及各种优惠政策到期，比我国在劳动力成本、土地价格、污染成本、汇率水平等方面更有比较优势的越南、孟加拉国、印度、洪都拉斯等国家的同类皮革产品正在抢占和取代我国的固有市场份额。另外，美、日以及欧盟主要经济体由于国内失业率居高不下，纷纷提出了振兴制造业、扩大出口等计划，扶持本国制造业出口，消化失业劳动力。这些国家的技术力量和研发力量强，一旦与我国企业形成新的竞争，我国企业可能丢失原有的一些市场。在此情况下，争创品牌对保证我国皮革及革制品的市场占有率和企业的经济效益十分重要。众所周知，企业品牌的建设，需以诚信为基础，以产品品质和产品特色为核心，才能培育出消费者的信誉认知度。优良的产品品质是企业创建品牌的前提和先决条件，对产品进行质量检验则无疑是保证产品品质的根本途径。因此，重视皮革及革制品的质量检验，不断提升皮革及革制品质量检验的技术，对于提高我国皮革及革制品的生产效益、促进我国皮革及革制品市场的良性发展具有重要意义。

皮革是革制品工业的主要原料，可用于制作鞋面、靴面、鞋靴内衬、鞋底、服装、手套和箱包等。皮革的品质不仅影响着制革厂的经济效益，而且制约着革制品的风格、品质以及市场前景，即皮革的品质高低在很大程度上决定了革制品的品质高低。皮革的质量检验的主要内容包括感官检验、理化分析、穿用试验和显微结构分析。革制品的品质除了与其所用的皮革原材料有关外，还往往与其结构设计和加工工艺密切相关。革制品的质量检验的主要内容包括感官检验、理化分析和穿用试验。

1. 感官检验

感官检验又称感观检验，即通常所说的眼看手摸，是靠人们的感觉器官，凭经验从外观和手感对皮革及其制品的品质进行评价。例如，皮革革身的平整性、柔软性、丰满性、弹性、油腻感、松面与否、颜色的一致性等，皮鞋整体外观的平整性、帮面的色泽、主跟和包头是否平服对称、子口的整齐严实性、线道是否整齐、针码是否均匀等就是由感官检验来评定的。皮革服装、皮革手套等产品的品质受原材料品质的影响很大，受结构设计的影响相对较小，它们的质量检验特别注重原材料、做工和外观的质量检验，检验方法更是多为"眼看手摸"。感官检验虽然带有一定的主观性，缺乏相应的标准，但检验方法简单易行，特别对于一些尚无理想仪器进行客观分析检验的项目指标，不失为一种实用有效的检验方法。因此，到目前为止，感官检验仍被国内外同行普遍采用。皮革和毛皮成品的部分感官检验项目详见附录1。

2. 理化分析

理化分析是通过物理机械性能的检验和化学组分的分析来评价皮革及其制品的品质。例如，测定皮革的撕裂力、伸长率、撕裂强度、崩破强度、收缩温度、pH、六价铬含量、可分解有害芳香胺染料含量、游离甲醛含量等，可以评价皮革的内在品质和安全性；测定皮革的摩擦色牢度、涂层耐折牢度、耐光性、耐磨性等，可以表征皮革的实用性能。皮鞋和皮革背提包的物理机械性能检验项目和化学组分分析项目更是远多于皮革的理化分析项目。例如，皮鞋产品的型式检验项目将帮底剥离强度、外底与外中底粘合强度、成鞋耐折性能、外底耐磨性能、鞋跟结合力、勾心抗弯刚度和硬度、成型底鞋跟硬度等物理机械性能作为必检项目。总的来说，皮革、皮鞋和皮革背提包等的物理机械性能检验和化学组分分析是其品质鉴定中最重要的措施。

3. 穿用试验

穿用试验是将皮革制成革制品，如皮鞋、服装和手套等，通过实际穿着使用，从皮革的变化情况来确定皮革或皮革制品的适用性和坚固性。这是直接证明皮革或革制品质量最可靠的方法，具有一定的实际意义。例如，比较底革的耐磨性，可采用对比法进行试验，即一只鞋底用标准的底革制作，另一只鞋底用试验的底革制作，然后由劳动强度不同的穿用者们进行穿用试验，经过一段时间后，就可以看出两种底革耐磨性能的差异，从而确定试验底革的耐磨性。因为穿用试验往往所需时间长、影响因素复杂、物资耗费大，不能满足及时鉴定原材料、指导生产的要求，所以并不常用。只有在特殊情况下，如在评定新产品的质量或产品结构、工艺、材料有重大改变，且用其他方法不能确定产品质量时，才会采用穿用试验法进行评价。

4．显微结构分析

显微结构分析是将需要检验的皮革制样后，在光学显微镜、体视显微镜或扫描电子显微镜下观察其组织结构（见图1－1、图1－2和图1－3），然后根据胶原纤维束排列的规则性和纤维组织的明晰度等辅助判断皮革的生产过程是否正常，或者从胶原纤维束的交织角、弯曲度、紧密性等对皮革的微观结构特征和品质做出有价值的鉴定。由于用于分析显微结构的设备相对复杂和昂贵，且观察的结果往往只能作为皮革品质检验的参考，并不能直接用于量化表征皮革质量，因此这种分析方法目前主要用于科学研究领域，在国内外皮革及革制品检验中并未普遍应用。

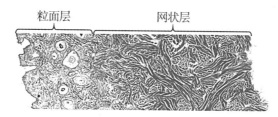

图1－1　黄牛皮纵剖面的生物显微照片（Weigert－van Gieson染色）

（a）粒面　　　　　　　　　（b）纵剖面

图1－2　牛皮革的体视显微照片

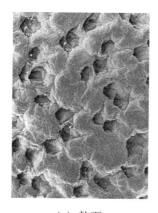 

（a）粒面　　　　　　　　　（b）纵剖面

图1－3　牛皮革的扫描电子显微照片

1.2 国内外皮革及革制品的产品要求、试验方法及检验规则

1.2.1 国际通用的皮革及革制品的相关标准和要求

国际贸易过程中，对于皮革及革制品的产品要求、试验方法及检验规则等，大多是参照供需双方约定的参数，也有一部分标准或者要求被视为通用流行。国际上通行的标准有国际标准、欧盟标准、美国标准和德国标准。随着市场国际化的不断推进，世界各国目前多参照或直接引用国际标准、欧盟标准或德国标准。

国际皮革工艺师和化学家协会联合会（International Union of Leather Technologist and Chemists Societies，IULTCS）成立于 1987 年，有 17 家国家级行业协会或组织为正式会员，4 家组织为协议会员。中国皮革协会于 1998 年正式加入该组织。其宗旨是：在会员间加强技术交流与合作；建立与皮革有关的国际皮革检测标准和方法；举办国际皮革科学技术大会，通报各国在皮革和皮革化工领域开展的科研培训活动及取得的成果；等等。目前，IULTCS 下设环境、标准、化工、教育、科研和公共关系等分委员会，负责处理各自领域的相关事务。其中，IULTCS 测试委员会（IULTCS Testing Commissions）成立有化学分析委员会（IUC—International Union of Leather Technologists and Chemists Societies Chemical Analysis Commission）、坚牢度测试委员会（IUF—International Union of Leather Technologists and Chemists Societies Fastness Testing Commission）和物性测试委员会（IUP—International Union of Leather Technologists and Chemists Societies Physical Testing Commission）。由 IUC、IUP 和 IUF 制定的检测方法编号分别为 IUC××、IUP×× 和 IUF××，大部分 IU 标准已被国际标准化组织（International Standardization Organization，ISO）或欧盟标准化委员会（Comité Européen de Normalisation，法文缩写 CEN）采纳，上升为 ISO 标准或 EN 标准。截至 2015 年 10 月，IUC、IUP 和 IUF 制定的检测方法分别如表 1-1、表 1-2 和表 1-3 所示。

表 1-1 IULTCS——化学测试方法（更新版本：2015 年 10 月）

IUC Test Method	Method Name	ISO Standard	EN Standard
IUC 1 (1965)	General comments	—	—
IUC 2 (2002)	Sampling location（same as IUP 2）	ISO 2418：2002	EN ISO 2418

IUC Test Method	Method Name	ISO Standard	EN Standard
IUC 3 (2008)	Preparation of chemical test samples	ISO 4044：2008	EN ISO 4044
IUC 4 (2008)	Determination of matter soluble in dichloromethane and free fatty acid content	ISO 4048：2008	EN ISO 4048
IUC 5 (2005)	Determination of volatile matter	ISO 4684：2005	EN ISO 4684
IUC 6 (2006)	Determination of water soluble matter，water soluble inorganic matter and water soluble organic matter	ISO 4098：2006	EN ISO 4098
IUC 7 (1977)	Determination of sulphated total ash and sulphated water insoluble ash	ISO 4047：1977	EN ISO 4047
IUC 8—1 (2007)	Determination of chromic oxide content Part 1：Quantification by titration	ISO 5398—1：2007	EN ISO 5398—1
IUC 8—2 (2009)	Determination of chromic oxide content Part 2：Quantification by colorimetric determination	ISO 5398—2：2009	EN ISO 5398—2
IUC 8—3 (2007)	Determination of chromic oxide content Part 3：Quantification by atomic absorption spectrometry	ISO 5398—3：2007	EN ISO 5398—3
IUC 8—4 (2007)	Determination of chromic oxide content Part 4：Quantification by inductively coupled plasma （ICP—OES）	ISO 5398—4：2007	EN ISO 5398—4
IUC 9 (1984)	Determination of water soluble magnesium salts	ISO 5399：1984	EN ISO 5399
IUC 10 (1984)	Determination of nitrogen and hide substance	ISO 5397：1984	—
IUC 11 (2008)	Determination of pH and difference figure	ISO 4045：2008	EN ISO 4045
IUC 13 (1975)	Determination of zirconium	—	—
IUC 15 (1973)	Determination of phosphorus	—	—
IUC 16 (1969)	Determination of aluminium	—	—
IUC 17 (1980)	Determination of hydroxyproline in materials containing collagen	—	—
IUC 18 (2007)	Determination of hexavalent chromium content	ISO 17075：2007	EN ISO 17075
IUC 19—1 (2008)	Determination of formaldehyde content in leather Part 1：Quantification by HPLC	ISO 17226—1：2008	EN ISO 17226—1

续表1-1

IUC Test Method	Method Name	ISO Standard	EN Standard
IUC 19-2 (2008)	Determination of formaldehyde content in leather Part 2: Quantification by colorimetric analysis	ISO 17226-2: 2008	EN ISO 17226-2
IUC 19-3 (2011)	Determination of formaldehyde content in leather Part 3: Formaldehyde emissions from leather	ISO 17226-3: 2011	EN ISO 17226-3
IUC 20-1 (2015)	Chemical tests for the determination of certain azo colorants in dyed leathers Part 1: Determination of certain aromatic amines derived from azo colorants	ISO17234-1: 2015	EN ISO 17234-1
IUC 20-2 (2011)	Chemical tests for the determination of certain azo colorants in dyed leathers Part 2: Determination of 4-aminoazobenzene derived from azo colorants	ISO 17234-2: 2011	EN ISO 17234-2
IUC 21 (2003)	Method for the detection of certain azocolourants in dyestuff mixtures	—	—
IUC 22 (2003)	Determination of aluminium oxide content of aluminium tanning agents	—	—
IUC 24 (2003)	Determination of basicity of aluminium tanning agents	—	—
IUC 25 (2015)	Determination of tetrachlorophenol-, trichlorophenol-, dichlorophenol-, monochlorophenol-isomers and pentchlorophenol content	ISO17070: 2015	EN ISOFDIS 17070
IUC 26 (2009)	Determination of free-formaldehyde content in leather processing chemicals	ISO 27587: 2009	EN ISO 27587
IUC 27-1 (2011)	Chemical determination of metal content Part 1: Extractable metals	ISO 17072-1: 2011	EN ISO 17072-1
IUC 27-2 (2011)	Chemical determination of metal content Part 2: Total metal content	ISO 17072-2: 2011	EN ISO 17072-2
IUC 28-1 (2015)	Determination of ethoxylated alkylphenols in leather Part 1: Direct method	ISO18218-1: 2015	EN ISO 18218-1
IUC 28-2 (2015)	Determination of ethoxylated alkylphenols in leather Part 2: Indirect method	ISO18218-2: 2015	EN ISO 18218-2
IUC 29 (2011)	Determination of preservative content (TCMTB-OPP-CMK-OIT) in leather	ISO 13365: 2011	EN ISO 13365
IUC 30 (2015)	Determination of chlorinated hydrocarbons in leather-method for short-chain chlorinated paraffins (SCCP)	ISO 18219: 2015	EN ISO 18219
—	Determination of organo-tin compounds in leather by GC/MS method (Project transferred to ISO/TC 216 Footwear)	ISO/TS 16179: 2012	CEN ISO/TS 16179

IUC Test Method	Method Name	ISO Standard	EN Standard
IUC 32 (2012)	Quantitative analysis of tanning agents by filter method	ISO 14088: 2012	EN ISO 14088
IUC 33 (2013)	Determination of tan content of synthetic tanning agents	ISO 17489: 2013	EN ISO 17489

表 1—2　IULTCS——物性测试方法（更新版本：2015 年 10 月）

IUP Test Method	Method Name	ISO Standard	EN Standard
IUP 1 & IUP 3 (2012)	Sample preparation and conditioning	ISO 2419: 2012	EN ISO 2419
IUP 2 (2002)	Sampling location （same as IUC 2）	ISO 2418: 2002	EN ISO 2418
IUP 4 (2002)	Measurement of thickness	ISO 2589: 2002	EN ISO 2589
IUP 5 (2002)	Measurement of apparent density	ISO 2420: 2002	EN ISO 2420
IUP 6 (2011)	Measurement of tensile strength and percentage elongation	ISO 3376: 2011	EN ISO 3376
IUP 7 (2002)	Measurement of static absorption of water	ISO 2417: 2002	EN ISO 2417
IUP 8 (2002)	Measurement of tear load—Double edge tear	ISO 3377—2: 2002	EN ISO 3377—2
IUP 9 (2015)	Measurement of distension and strength of grain by the ball burst test	ISO 3379: 2015	EN ISP 3379
IUP 10—1 (2011)	Water resistance of flexible leather Part 1：Linear compression method （Penetrometer）	ISO 5403—1: 2011	EN ISO 5403—1
IUP 10—2 (2011)	Water resistance of flexible leather Part 2：Angular compression method （Maeser）	ISO 5403—2: 2011	EN ISO 5403—2
IUP 11 (2011)	Measurement of water resistance of heavy leather	ISO 5404: 2011	EN ISO 5404
IUP 12 (2002)	Measurement of resistance to grain cracking and the grain crack index	ISO 3378: 2002	EN ISO 3378
IUP 13 (1961)	Measurement of two dimensional extension	—	—
IUP 14 (1960)	Measurement of water proofness of gloving leathers	—	—

续表1-2

IUP Test Method	Method Name	ISO Standard	EN Standard
IUP 15 (2012)	Measurement of water vapour permeability	ISO 14268: 2012	EN ISO 14268
IUP 16 (2015)	Measurement of shrinkage temperature up to 100℃	ISO 3380: 2015	EN ISO 3380
IUP 17 (1966)	Assessment of the resistance of air dry insole leathers to heat	—	—
IUP 18 (1969)	Resistance of air dry lining leathers to heat	—	—
IUP 19 (1969)	Resistance of air dry upper leather to heat	—	—
IUP 20 (2011)	Determination of flex resistance Part 1: flexometer method	ISO 5402—1: 2011	EN ISO 5402—1
IUP 21 (1963)	Measurement of set in lasting	—	—
IUP 22 (1963)	Assessment of scuff damage by use of the viewing box	—	—
IUP 23 (1963)	Measurement of scuff damage	—	—
IUP 24 (1964)	Measurement of surface shrinkage by immersion in boiling water	—	—
IUP 26 (1993)	Measurement of resistance to abrasion of heavy leather	—	—
IUP 28 (1969)	Measurement of the resistance to bending of heavy leather	—	—
IUP 29 (2002)	Measurement of cold crack temperature of surface coatings	ISO 17233: 2002	EN ISO 17233
IUP 30 (1983)	Measurement of water vapour absorption and desorption (See IUP 42)	—	—
IUP 32 (2014)	Measurement of area	ISO 11646: 2014	EN ISO 11646
IUP 35 (2002)	Determination of the dimensional stability of leather (Old title: Measurement of dry heat resistance of leather)	ISO 17227: 2002	EN ISO 17227
IUP 36 (2015)	Measurement of leather softness	ISO 17235: 2015	EN ISO 17235
IUP 37 (2006)	Measurement of water repellency of garment leather	ISO 17231: 2006	EN ISO 17231

IUP Test Method	Method Name	ISO Standard	EN Standard
IUP 38 (2006)	Measurement of heat resistance of patent leather	ISO 17232: 2006	EN ISO 17232: 2009
IUP 39 (2015)	Determination of flex resistance Part 2: Vamp flex method	ISO5402—2: 2015	EN ISO 5402—2
IUP 40 (2011)	Measurement of tear load—Single edge tear	ISO 3377—1: 2011	EN ISO 3377—1
IUP 41 (2011)	Measurement of surface coating thickness	ISO 17186: 2011	EN ISO 17186
IUP 42 (2002)	Measurement of water vapour absorption	ISO 17229: 2002	EN ISO 17229
IUP 43 (2002)	Measurement of extension set	ISO 17236: 2002	EN ISO 17236
IUP 44 (2007)	Measurement of stitch tear resistance	ISO 23910: 2007	EN ISO 23910
IUP 45 (2006)	Measurement of water penetration pressure	ISO 17320: 2006	ENISO 17320
IUP 46 (2006)	Measurement of fogging characteristics	ISO 17071: 2006	ENISO 17071
IUP 47 (2006)	Measurement of resistance to horizontal spread of flame	ISO 17074: 2006	ENISO 17074
IUP 48—1 (2011)	Measurement of abrasion resistance Part 1: Taber method	ISO 17076—1: 2011	ENISO 17076—1
IUP 48—2 (2011)	Measurement of abrasion resistance Part 2: Martindale ball plate method	ISO 17076—2: 2011	ENISO 17076—2
IUP 49 (Draft: 2002)	Measurement of bagginess	—	CEN/TS 14689: 2006
IUP 50	Free (original document changed to IUP 53—2)		
IUP 51 (Draft: 2002)	Measurement of surface friction	—	—
IUP 52 (Draft: 2002)	Measurement of compressibility	—	—
IUP 53—1 (2012)	Determination of soiling Part 1: Martindale method	ISO 26082—1: 2012	EN ISO 26082—1

IUP Test Method	Method Name	ISO Standard	EN Standard
IUP 53-2 (2012)	Determination of soiling Part 2: Tumbling method	ISO 26082-2: 2012	EN ISO 26082-2
IUP 54 (2011)	Determination of flexural properties	ISO 14087: 2011	EN ISO 14087
IUP 55 (2013)	Determination of dimensional change	ISO 17130 (2013)	EN ISO 17130
IUP 56 (2012)	Identification of leather with microscopy	ISO 17131: 2012	EN ISO 17131
IUP 57 (2015)	Determination of water absorption by capillary action (wicking)	ISO 19074: 2015	EN ISO 19074

表1-3 IULTCS——坚牢度测试方法（更新版本：2015年10月）

IUF Test Method	Method Name	ISO Standard	EN Standard
IUF 105 (1966)	Numbering code for fastness tests	—	—
IUF 110 (2014)	Leather-Sampling-Number of items for a gross sample	ISO 2588: 2014	EN ISO 2588
IUF 120 (1966)	General principles of colour fastness testing of leather	ISO 105-A01: 1995	EN ISO 105-A01
IUF 131 (1966)	Grey scale for assessing change in colour	ISO 105-A02: 1993	EN ISO 105-A02
IUF 132 (1966)	Grey scale for assessing staining	ISO 105-A03: 1993	EN ISO 105-A03
IUF 151 (1975)	Preparation of storable standard chrome grain leather for dyeing	—	—
IUF 201 (1966)	Approximate determination of the solubility of leather dyes	—	—
IUF 202 (1966)	Fastness to acid of dye solutions	—	—
IUF 203 (1966)	Stability to acid of dye solutions	—	—
IUF 205 (1972)	Stability to hardness of dye solutions	—	—
IUF 401 (1972)	Colour fastness of leather to light: Daylight	ISO 105-B01: 2014	EN ISO 105-B01

IUF Test Method	Method Name	ISO Standard	EN Standard
IUF 402 (1975)	Colour fastness of leather to light: Xenon lamp	ISO 105—B02: 2014	EN ISO 105—B02
IUF 412 (2015)	Change of colour with accelerated ageing	ISO 17228: 2015	EN ISO 17228
IUF 420 (1998)	Colour fastness to water spotting	ISO 15700: 1998	EN ISO 15700
IUF 421 (2013)	Colour fastness to water	ISO 11642: 2013	EN ISO 11642
IUF 423 (1998)	Colour fastness to mild washing	ISO 15703: 1998	EN ISO 15703
IUF 426 (2013)	Colour fastness to perspiration	ISO 11641: 2013	EN ISO 11641
IUF 434 (2009)	Colour fastness of small samples to solvents	ISO 11643: 2009	EN ISO 11643
IUF 435 (1998)	Colour fastness to machine washing	ISO 15702: 1998	EN ISO 15702
IUF 441 (1972)	Colour fastness in respect of staining raw crepe rubber	—	—
IUF 442 (2015)	Colour fastness to migration into polymeric materials	ISO 15701: 2015	EN ISO 15701
IUF 450 (2013)	Colour fastness to cycles of to—and—fro rubbing	ISO 11640: 2013	EN ISO 11640
IUF 452 (2012)	Colour fastness to crocking	ISO 20433: 2012	EN ISO 20433
IUF 454 (1975)	Fastness to buffing of dyed leather	—	—
IUF 458 (1984)	Colour fastness of leather to ironing	—	—
IUF 470 (2009)	Leather—Test for adhesion of finish	ISO 11644: 2009	EN ISO 11644
IUF 472 (2013)	Leather—Determination od surface reflection	ISO 17502: 2013	EN ISO 17502
下列纺织品坚牢度标准不属于IU皮革测试方法，但是仍被推荐作为测试皮革的国际标准。			
—	Instrumental assessment of the degree of staining of adjacent fabrics	ISO 105—A04: 1989	EN ISO 105—A04

IUF Test Method	Method Name	ISO Standard	EN Standard
—	Instrumental assessment for change in colour for grey scale	ISO 105—A05：1996	EN ISO 105—A05
—	Colour fastness & ageing to artificial light at high temperatures：Xenon	ISO 105—B06：1998	EN ISO 105—B06
—	Oil repellency—Hydrocarbon resistance test	ISO 14419：2010	EN ISO 14419

对于皮革的产品要求、试验方法及检验规则，主要有国际标准化组织的《皮革 制衣用皮革的选择指南（毛皮除外）》［ISO 14931—2015 Leather—Guide to the selection of leather for apparel（excluding furs）］、《皮革 礼服手套用皮革 规范》（ISO 14930—2012 Leather—Leather for dress gloves—Specification）和《皮革 家具装饰皮革特性 家具皮革的选择》（ISO 16131—2012 Leather — Upholstery leather characteristics — Selection of leather for furniture）。它们对物理机械性能（如涂层厚度、涂层粘着牢度、颜色坚牢度、耐折牢度、耐屈挠性、撕裂强度等）和一些限量物质（偶氮染料、六价铬、甲醛、五氯苯酚等）都有具体的要求。

鞋类贸易研究协会（Shoes and Allied Trade Research Association，SATRA）是一家鞋类测试和认证的技术权威机构。SATRA 于 1919 年在英国成立，在欧洲和中国都设有技术中心，为世界各地的客户提供测试和认证服务。SATRA 测试的鞋类包括日常鞋、安全鞋、运动鞋、时装鞋、功能鞋以及鞋材和部件，测试项目根据鞋类型的差异而有所不同。比较常规的测试项目有防滑性、透气性、耐穿性、舒适性、限量化学物质等，一些特殊的鞋有特殊的测试项目，如对于安全鞋，会测试它的鞋底耐久性、耐热等级等；对于运动鞋，会测试它的缓冲性、减震性等；对于时装鞋，会测试它的鞋跟强度和粘着度、鞋体稳定性等；对于功能鞋，会测试它的防水性、接地绝缘性等。除了鞋类测试，SATRA 的测试对象还包括个人防护用品、家具、汽车零部件、地板、材料和衣服、皮革制品和行李箱、清洁产品和家居用品、玩具、化学品等。截至 2015 年 6 月，SATRA 发布的测试方法如表 1-4 所示。

表1-4 SATRA 测试方法（更新版本：2015 年 6 月）

Test Method	Method Name
SATRA TM1	Thickness of leather and insole materials
SATRA TM2	Tensile properties of insole materials
SATRA TM3	Flexing index
SATRA TM4	Change in flexing index due to exposure to heat
SATRA TM5	Stitch—tear strength
SATRA TM6	Water absorption and desorption—total immersion method

Test Method	Method Name
SATRA TM8	Colour fastness to circular rubbing
SATRA TM9	Surface water absorption and repellency
SATRA TM10	Longitudinal stiffness—three point bending test
SATRA TM11	Pin holding strength of insole materials
SATRA TM12	Density of leather and insole materials
SATRA TM14	Resistance to scuffing by mild circular abrasion
SATRA TM17	Shrinkage temperature of leather
SATRA TM18	Shape retention—dome plastimeter method
SATRA TM19	Dimensional measurements of plastic heels
SATRA TM20	Lateral impact test for shoe heels
SATRA TM21	Fatigue test for shoe heels
SATRA TM23	The SATRA/PATRA water vapour permeability test for shoe upper materials
SATRA TM24	Lastometer ball burst test
SATRA TM25	Vamp flex test—resistance to creasing and cracking
SATRA TM27	Thickness of non—leather flexible sheet materials
SATRA TM28	Mass per unit area
SATRA TM29	Breaking strength and extension at break
SATRA TM30	Tear strength—trouser leg method
SATRA TM31	Abrasion resistance—Martindale method
SATRA TM33	Strength perpendicular to needle perforations
SATRA TM34	Resistance to water penetration —Maeser test
SATRA TM35	Static friction
SATRA TM36	Break/pipiness
SATRA TM37	Nail penetration—shoe bottoms and protective midsoles
SATRA TM38	Impact scuff test for upper leather
SATRA TM40	Moulded—on rubber soles—state of cure test
SATRA TM41	Dynamic water penetration test for sole leather
SATRA TM43	Tensile strength and extension at break of leather
SATRA TM44	Liability to wrinkle
SATRA TM45	Stitchability of upper threads
SATRA TM47	Water vapour permeability and absorption
SATRA TM48	Determination of grain crack index for sole leathers

Test Method	Method Name
SATRA TM49	Resistance to damage due to contact with a hot surface
SATRA TM50	Resistance of slide fasteners to repeated opening and closing
SATRA TM51	Lateral strength of slide fasteners
SATRA TM52	Strength of slide fastener pullers
SATRA TM53	Attachment strength of slide fastener end stops
SATRA TM55	Flexing resistance of upper materials—Bally flexometer
SATRA TM58	Stiffness of steel shanks
SATRA TM59	Longitudinal stiffness of insole backparts
SATRA TM60	Ross flex test—resistance to cut growth on flexing
SATRA TM63	Oil swelling test for sole materials
SATRA TM64	Compression set—constant stress method
SATRA TM65	Split tear strength
SATRA TM68	Density of cellular materials
SATRA TM70	Heat shrinkage of cellular solings
SATRA TM72	Linear density
SATRA TM73	Twists per unit length of threads
SATRA TM74	Breaking force, extension at break, strength factor and tightness of threads
SATRA TM76	Water absorption of cellularsolings by the vacuum method
SATRA TM77	Flexing machine—water penetration test
SATRA TM80	Transverse tensile strength of sheet materials
SATRA TM81	Trough—water penetration test
SATRA TM83	Measurement of the area shape retention and collapsing load of formed toe puff and stiffener materials
SATRA TM84	Abrasion resistance—reciprocating method
SATRA TM85	Resistance of slide fasteners to damage during closure under alteral force
SATRA TM86	Impact test for rigid units and shoe bottoms
SATRA TM87	Fatigue test for rigid sole units and shoe bottoms
SATRA TM88	Measurement of the torsional stiffness of insole backparts
SATRA TM92	Resistance of footwear to flexing
SATRA TM93	Abrasion between shoe laces and eyelets
SATRA TM94	Breaking force and extension at break of shoe laces
SATRA TM95	Abrasion and snagging resistance—drum method

续表1—4

Test Method	Method Name
SATRA TM96	Security of heel pins
SATRA TM97	Fatigue test for steel shanks
SATRA TM98	Dimensional stability with changes in atmospheric humidity
SATRA TM101	Surface peel strength of insole materials
SATRA TM102	Measurement of the limit of useful extension of elastics
SATRA TM103	Resistance of elastics to repeated extension
SATRA TM104	Fatigue resistance of whole shoe backparts
SATRA TM105	Resistance to surface peeling due to scraping when hot
SATRA TM106	Breaking force，extension at break and tightness of tapes and bindings
SATRA TM108	Strength of top−piece attachment
SATRA TM111	Tendency to wrinkle of polyurethane coated fabrics
SATRA TM112	Fatigue resistance of insole backparts and backpart components
SATRA TM113	Measurement of the strength of attachment of heels to footwear and the backpart rigidity of such footwear
SATRA TM115	Torsional strength of top piece attachment
SATRA TM116	Hot stress cracking of patent leather finishes−Zwick method
SATRA TM117	Attachment strength of decorative bows
SATRA TM118	Strength of sandal toe posts
SATRA TM120	Strength of attachment of straps and nailed or stapled uppers
SATRA TM121	Shrinkage of insole materials on repeated wetting and drying
SATRA TM123	Closure strength of touch and close fasteners
SATRA TM125	Hardness−Rockwell 'C' method
SATRA TM126	Fatigue resistance of buckled fastenings
SATRA TM129	Determination of the cold crack temperature of leather
SATRA TM130	Breakage of plastic lasts in bending test
SATRA TM133	Resistance to crack initiation and growth−belt flex method
SATRA TM134	Density of materials by volume displacement
SATRA TM136	Thickness / effective thickness of soling materials and sole units
SATRA TM137	Tensile properties of plastics and rubbers
SATRA TM138	Density of complete sole units
SATRA TM140	Scuff resistance−chisel method
SATRA TM141	Breaking force of buckles−three point bending test

Test Method	Method Name
SATRA TM142	Falling mass shock absorption test
SATRA TM143	Breaking force and extension at break of whole shoe top—lines
SATRA TM144	Friction (slip resistance) of footwear and floorings
SATRA TM146	Thermal conductivity
SATRA TM147	Resistance to stretching and flexing
SATRA TM148	Resistance of finish films on upper leather to peeling and delamination
SATRA TM149	Strength of eyelet facings and other laced fastenings
SATRA TM150	Attachment strength of eyelets
SATRA TM151	Strength of fastened buckles
SATRA TM152	Print through and pressure marking
SATRA TM154	Shoe lace to shoe lace and shoe lace to lace carrier abrasion
SATRA TM155	Measurement of compressibility of composite soles
SATRA TM156	Resistance of heel assemblies to repeated compression
SATRA TM159	Cushioning properties
SATRA TM160	Colour fastness to light from a xenon arc
SATRA TM161	Bennewart flex test—resistance to cut growth on flexing
SATRA TM162	Tear strength —Baumann method
SATRA TM163	Abrasion resistance—Taber method
SATRA TM164	Universal fatigue flexing
SATRA TM165	Tab strength
SATRA TM166	Slide fastener burst strength
SATRA TM167	Colour fastness to rubbing—Crockmeter test
SATRA TM168	Dimensional stability of footwear foreparts to warm humid conditions
SATRA TM169	Fatigue resistance of trim fastenings
SATRA TM170	Burst strength and distension—diaphragm method
SATRA TM171	Resistance to water penetration—penetrometer test
SATRA TM172	Water vapour permeability
SATRA TM173	Colour fastness to rubbing—reciprocating method
SATRA TM174	Abrasion resistance—rotating drum method
SATRA TM175	Attachment strength of shoe lace tags
SATRA TM177	Resistance to scuffing by mild to—and—fro abrasion
SATRA TM178	Water vapour absorption

Test Method	Method Name
SATRA TM179	Tear strength—wing rip method
SATRA TM180	Measurement of the strength of stitched seams in upper and lining materials
SATRA TM181	Strength of buckle and strap attachment
SATRA TM183	Whole shoe cushion assessment test
SATRA TM184	Friction of insocks
SATRA TM185	Colour fastness to water spotting of leathers，textiles and coated fabrics
SATRA TM186	Shape retention properties of toe caps of finished footwear
SATRA TM187	Stretch recovery properties—constant force ball test
SATRA TM190	SATRA ground insulation index
SATRA TM191	Resistance of PVC soles to attack by oils，fats，or dry powders
SATRA TM193	Abrasion resistance of leather
SATRA TM194	Longitudinal stiffness of footwear
SATRA TM195	Knot slippage test
SATRA TM197	Shear properties of sheet materials
SATRA TM198	Evaluation of surface water repellency—shoe care products
SATRA TM199	Water spotting—shoe care products
SATRA TM200	Resistance to mud staining—shoe care products
SATRA TM201	Water and oil repellency—shoe care products
SATRA TM202	Slip resistance of floorings—pendulum method
SATRA TM203	Tightness of screw—in studs
SATRA TM204	Durability of garments to washing
SATRA TM205	Hardness of rubber and plastics—durometer method
SATRA TM206	Hardness of rubber and plastics—IRHD method
SATRA TM207	Colour fastness to domestic and commercial laundering
SATRA TM208	Colour fastness to hot pressing
SATRA TM209	Dimensional stability to washing
SATRA TM210	Dimensional stability to dry cleaning
SATRA TM211	Dimensional stability to steam
SATRA TM212	Resistance to pilling of apparel fabrics
SATRA TM213	Tear strength—Elmendorf method
SATRA TM214	Crease recovery of folded fabrics
SATRA TM215	Transparency of swimwear

Test Method	Method Name
SATRA TM216	Shower resistance
SATRA TM217	Resistance to surface wetting（spray rating）
SATRA TM218	Tear strength of rubbers and plastics－trouser method
SATRA TM219	Water absorption of leather －Kubelka method
SATRA TM220	Dynamic water penetration test for leather－Bally permeometer method
SATRA TM221	Abrasion resistance of vulcanised rubber sole and heel materials－NBS method
SATRA TM222	Snagging test－mace method
SATRA TM223	Floor marking by solings or top pieces
SATRA TM224	Abrasion resistance－Akron method
SATRA TM225	Burning behaviour of slippers
SATRA TM226	Slider locking strength of slide fasteners
SATRA TM227	Assessment of fibre shedding or pile loss
SATRA TM228	Abrasion resistance of trims－drum method
SATRA TM229	Resistance of finished insoles to circular rubbing
SATRA TM230	Dynamic footwear water penetration test
SATRA TM231	Glove friction force
SATRA TM233	Water resistance of seams－cone test
SATRA TM234	Relaxation shrinkage and hygral expansion of fabrics
SATRA TM235	Resistance to repeated wetting and drying
SATRA TM236	Breaking strength and tip deflection of needles
SATRA TM237	Needle penetration force
SATRA TM238	Shrinkage of foam materials
SATRA TM239	Loop wick test
SATRA TM240	Electrical resistance of footwear components
SATRA TM241	Luggage handle strength－static loading
SATRA TM242	Luggage corner impact strength－drop test
SATRA TM243	Luggage handle strength 'snatch' test
SATRA TM244	Luggage fittings attachment strength
SATRA TM245	Luggage trolley handles－collapsing strength
SATRA TM246	Luggage trolley handles－bending strength
SATRA TM247	Luggage handle strength－repeated lifting
SATRA TM248	Performance of wheels systems－rolling road

Test Method	Method Name
SATRA TM249	Luggage-Puncture resistance
SATRA TM250	Scuff resistance of solings
SATRA TM251	Measurement of lasts for women's medium range fashion footwear
SATRA TM252	Method of measurement of lasts for men's closed toe footwear
SATRA TM254	Evaluation of degradation of elastanes in swimwear
SATRA TM255	Durability of garments and fabrics to wet cleaning
SATRA TM256	Torsional stiffness of footwear
SATRA TM257	Fatigue resistance of pedestal-chair clutch-assemblies
SATRA TM259	Determination of resistance to water penetration-hydrostatic pressure test
SATRA TM260	Phenolic (elusive) yellowing of textiles
SATRA TM264	Spotting tack and green strength of furniture foam bonding adhesives
SATRA TM268	Ignitability of fabric-covered office screens
SATRA TM269	Seam slippage of woven fabrics
SATRA TM271	Determination of blocking resistance of coated materials
SATRA TM273	Schildknecht flex test-resistance to creasing and cracking
SATRA TM274	Water vapour permeability of clothing membrane materials
SATRA TM275	Security of attachment of stones or inlays
SATRA TM276	Tensile strength of looped jewellery
SATRA TM277	Determination of organotins
SATRA TM278	Moisture transfer test for insoles
SATRA TM279	Accelerated conditioning procedure for leather
SATRA TM281	Peel strength of bottom constructions in complete footwear
SATRA TM296	Visible soiling of upholstery materials
SATRA TM298	Determination of TCMTB [(2-Thiocyanomethylthio) -Benzothiazole] content
SATRA TM302	Star-burst strength of leather
SATRA TM303	Vegetable tans content-qualitative test
SATRA TM304	Qualitative tests for soluble colour in upper and lining materials
SATRA TM305	Wick test
SATRA TM307	Water soluble chloride content of leather
SATRA TM309	Soil burial deterioration
SATRA TM310	Atmospheric sulphide tarnishing and salt water corrosion
SATRA TM313	Organic dressing and salts content of fabrics

Test Method	Method Name
SATRA TM319	Determination of para—nitrophenol in leather by infra—red analysis
SATRA TM323	Qualitative test for acidity in leather
SATRA TM324	Thermal stability of PVC—Congo red test
SATRA TM325	Leaching test for plasticised PVC compounds
SATRA TM326	Plasticiser volatility—activated carbon method
SATRA TM327	The K value of PVC soling compounds
SATRA TM328	Hydrolysis of polyurethane based sheet materials
SATRA TM329	Water soluble matter content of leather
SATRA TM331	The estimation of soluble chrome in leather
SATRA TM332	Chemical analysis of polyurethanes
SATRA TM335	Colour fastness to water and perspiration
SATRA TM336	Binder content and type in cellulose insole boards
SATRA TM337	Concentration of airborne dust and rubber fume
SATRA TM338	Salzman test—detection of contamination by oxides of nitrogen
SATRA TM339	Dabco discolouration test—contamination by amines
SATRA TM340	Determination of acetone soluble matter and copper
SATRA TM341	Oxides of nitrogen discolouration test
SATRA TM342	Determination of pentachlorophenol
SATRA TM343	Contact storage test for discolouration
SATRA TM344	Hydrolysis of polyurethane solings and polyurethane coated leathers
SATRA TM345	Solvent soluble matter in polymeric materials
SATRA TM346	Fat and free fatty acids content of leather
SATRA TM347	Volatile matter content
SATRA TM348	Ash and chromic oxide content of leather
SATRA TM349	Acidity—pH value and pH difference figure—of an aqueous extract
SATRA TM350	Analysis of solvent vapour adsorption badges and tubes
SATRA TM351	Bottle incubation test
SATRA TM352	Distinguishing between types of polyurethane
SATRA TM353	Ash content of polymeric materials
SATRA TM354	Qualitative test for the presence of nickel
SATRA TM355	Colour fastness to dry cleaning
SATRA TM356	Colour fastness of textiles to chlorinated water（swimming—pool water）

Test Method	Method Name
SATRA TM357	Colour fastness to sodium perborate
SATRA TM358	Extractable chromium in leather
SATRA TM359	Nitrocellulose finishes－qualitative test
SATRA TM361	Bloom formation of polymeric materials（Accelerated ageing test）
SATRA TM362	Abrasion resistance of soles－Biomechanical method
SATRA TM375	Whole boot flex and water resistance tests for wellington boots
SATRA TM376	Advanced moisture management test
SATRA TM388	The quantitative determination of Octylphenol（OP），Octylphenol ethoxylate（OPE），Nonylphenol（NP）and Nonylphenol ethoxylate（NPE）
SATRA TM396	Screening for the presence of chlorides in solid organic materials－The Beilstein test
SATRA TM398	Extraction of threads
SATRA TM401	Peel strength of adhesive bonds
SATRA TM402	Preparation of bonded test assemblies for adhesion tests－Supplement No. 1：2005
SATRA TM403	Resistance to heat of adhesive bonds－constant peel force method（creep test）
SATRA TM404	Rapid sole adhesion test－for complete footwear
SATRA TM405	Determination of shear and peel strength of insole ribs
SATRA TM406	Lacquer adhesion－cross hatch test
SATRA TM408	Adhesion of finish－deadweight method
SATRA TM409	Heat resistance/heat ageing of sole bonds in complete footwear
SATRA TM410	Adhesion strength of a coating to its base
SATRA TM411	Peel strength of footwear sole bonds
SATRA TM414	Preparation of hot melt bonded assemblies for peel tests
SATRA TM416	Determination of film or coating adhesion to base material
SATRA TM417	Cleavage test for heel lift lamination strength
SATRA TM419	Spotting tack of adhesive bonds
SATRA TM420	Resistance to heat of pressure sensitive adhesive bonds constant shearing force method
SATRA TM422	Immediate（'green'）peel strength of adhesive bonds
SATRA TM425	Peel strength of laminated fabrics
SATRA TM426	Spotting tack－instrumental method
SATRA TM435	Qualitative odour absorption test

Test Method	Method Name
SATRA TM436	Determination of whole shoe thermal insulation value and cold rating
SATRA TM437	Glove ergonomics：finger and thumb 'pinch grip'
SATRA TM438	Glove ergonomics：whole hand grip
SATRA TM439	Shipping carton compression strength test
SATRA TM440	Edgewise compression strength of corrugated fibreboard
SATRA TM441	Resistance to penetration by needles and other sharp points
SATRA TM444	Water resistance of footwear－centrifuge test method

1.2.2 我国皮革及革制品的相关标准和要求

1. 国家标准和轻工行业标准

我国现行关于皮革及革制品的产品标准、检测试验方法标准等主要有国家标准（代号为 GB 和 GB/T）和轻工行业标准（代号为 QB 和 QB/T）。国家标准和轻工行业标准可通过多种方法进行查询，这里仅介绍通过工业标准咨询网（以下简称"工标网"）查询国家标准和轻工行业标准的方法。工标网拥有海量的标准数据库，库内标准包括国家标准、行业标准、国家军用标准、ISO（国际标准化组织）、ASTM（美国材料与实验协会）、IEC（国际电工委员会）、DIN（德国标准化学会）、EN（欧洲标准）、BS（英国国家标准学会）、JSA（日本标准）等数十个国家的近百万条标准。工标网的网址为 http://www.csres.com/，其主页如图 1－4 所示。在工标网主页的上半部分，点击"分类"按钮，可以进入如图 1－5 所示的标准分类界面。

图1－4 工标网主页

图 1-5　标准分类界面

中标分类全称"中国标准文献分类法"，其类目设置以专业划分为主，适当结合科学分类。序列采取从总到分，从一般到具体的逻辑系统。本分类法采用二级分类，一级类目设置主要以专业划分为主，二级类目设置采取非严格等级制的列类方法；一级类目由 24 个大类组成，每个大类有 100 个二级类目；一级类目由单个拉丁字母组成，二级类目由双数字组成。按照中标分类，皮革及革制品标准入"Y45/49 皮革加工与制品"类（见图 1-6）。截至 2016 年 11 月，现行的皮革加工与制品标准如表 1-5 所示。

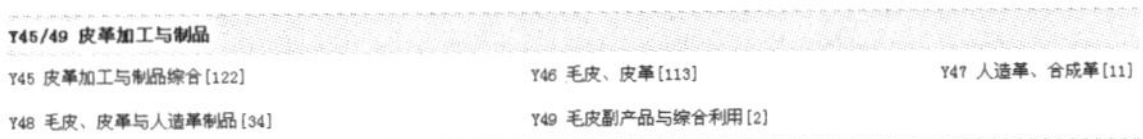

图 1-6　中标分类—Y45/49 皮革加工与制品

表 1-5　现行的皮革加工与制品标准

标准编号	标准名称	实施日期
Y45 皮革加工与制品综合		
GB/T 17928—1999	皮革 针孔撕裂强度测定方法	2000-05-01
GB/T 4689.20—1996	皮革 涂层粘着牢度测定方法	1996-12-05
QB/T 1807—1993	有色皮革耐热牢度试验方法	1994-03-01

标准编号	标准名称	实施日期
QB/T 1808—1993	有色皮革耐水牢度试验方法	1994—03—01
QB/T 1809—1993	皮革伸展定型试验方法	1994—03—01
QB/T 1810—1993	皮革耐冲击试验方法	1994—03—01
QB/T 1811—1993	皮革透水气性试验方法	1994—03—01
QB/T 2262—1996	皮革工业术语	1997—07—01
QB/T 2464.23—1999	皮革颜色耐汗牢度测定方法	2000—03—01
QB/T 2706—2005	皮革 化学、物理、机械和色牢度试验 取样部位	2005—09—01
QB/T 2707—2005	皮革 物理和机械试验 试样的准备和调节	2005—09—01
QB/T 2708—2005	皮革 取样 批样的取样数量	2005—09—01
QB/T 2709—2005	皮革 物理和机械试验 厚度的测定	2005—09—01
QB/T 2710—2005	皮革 物理和机械试验 抗张强度和伸长率的测定	2005—09—01
QB/T 2711—2005	皮革 物理和机械试验 撕裂力的测定：双边撕裂	2005—09—01
QB/T 2712—2005	皮革 物理和机械试验 粒面强度和伸展高度的测定：球形崩裂试验	2005—09—01
QB/T 2713—2005	皮革 物理和机械试验 收缩温度的测定	2005—09—01
QB/T 2714—2005	皮革 物理和机械试验 耐折牢度的测定	2005—09—01
QB/T 2715—2005	皮革 物理和机械试验 视密度的测定	2005—09—01
QB/T 2716—2005	皮革 化学试验 样品的准备	2005—09—01
QB/T 2717—2005	皮革 化学试验 挥发物的测定	2005—09—01
QB/T 2718—2005	皮革 化学试验 二氯甲烷萃取物的测定	2005—09—01
QB/T 2719—2005	皮革 化学试验 硫酸盐总灰分和硫酸盐水不溶物灰分的测定	2005—09—01
QB/T 2720—2005	皮革 化学试验 氧化铬（Cr_2O_3）的测定	2005—09—01
QB/T 2721—2005	皮革 化学试验 水溶物、水溶无机物和水溶有机物的测定	2005—09—01
QB/T 2722—2005	皮革 化学试验 含氮量和"皮质"的测定：滴定法	2005—09—01
QB/T 2723—2005	皮革 化学试验 鞣透度、革质及结合鞣质的计算	2005—09—01
QB/T 2724—2005	皮革 化学试验 pH 的测定	2005—09—01
QB/T 2725—2005	皮革 气味的测定	2005—09—01
QB/T 2726—2005	皮革 物理和机械试验 耐磨性能的测定	2005—09—01
QB/T 2727—2005	皮革 色牢度试验 耐光色牢度：氙弧	2005—09—01
QB/T 2728—2005	皮革 物理和机械试验 雾化性能的测定	2005—09—01
QB/T 2729—2005	皮革 物理和机械试验 水平燃烧性能的测定	2005—09—01

标准编号	标准名称	实施日期
QB/T 2799—2006	皮革 透气性测定方法	2006-10-11
QB/T 3638—1999	皮制球工业术语	1999-04-21
QB/T 3639—1999	箱包工业术语	1999-04-21
SN/T 0082—2003	进出口成品皮革检验规程	2003-12-01
SN/T 1329—2003	进出口制革原料皮检验规程	2004-02-01
SN/T 1330—2003	进出口生、熟毛皮检验规程	2004-02-01
SN/T 1653—2005	进出口皮革及皮革制品中铅、镉含量的测定火焰原子吸收光谱法	2006-05-01
SN/T 1654—2005	进出口皮革及皮革制品中2，3，5，6-四氯苯酚残留量的测定乙酰化气相色谱法	2006-05-01
Y46 毛皮、皮革		
GB/T 11759—2008	牛皮	2009-05-01
GB/T 14629.2—2008	三北羔皮	2009-05-01
GB/T 14629.3—2008	滩二毛皮、滩羔皮	2009-05-01
GB/T 16799—1997	家具用皮革	1998-01-01
GB/T 19941—2005	皮革和毛皮 化学试验 甲醛含量的测定	2006-04-01
GB/T 19942—2005	皮革和毛皮 化学试验 禁用偶氮染料的测定	2006-04-01
GB 20400—2006	皮革和毛皮 有害物质限量	2007-12-01
GB/T 22807—2008	皮革和毛皮 化学试验 六价铬含量的测定	2009-09-01
GB/T 22808—2008	皮革和毛皮 化学试验 五氯苯酚含量的测定	2009-09-01
GB/T 22867—2008	皮革 维护性的评估	2009-09-01
GB/T 22883—2008	皮革 绵羊蓝湿革规范	2009-09-01
GB/T 22884—2008	皮革 牛蓝湿革规范	2009-09-01
GB/T 22885—2008	皮革 色牢度试验 耐水色牢度	2009-09-01
GB/T 22886—2008	皮革 色牢度试验 耐水渍色牢度	2009-09-01
GB/T 22887—2008	皮革 山羊蓝湿革 规范	2009-09-01
GB/T 22888—2008	皮革 物理和机械试验 表面涂层低温脆裂温度的测定	2009-09-01
GB/T 22889—2008	皮革 物理和机械试验 表面涂层厚度的测定	2009-09-01
GB/T 22890—2008	皮革 物理和机械试验 柔软皮革防水性能的测定	2009-09-01
GB/T 22891—2008	皮革 物理和机械试验 重革防水性能的测定	2009-09-01
GB/T 22929—2008	皮革毛皮衣物洗染规范	2009-09-01
GB/T 22930—2008	皮革和毛皮 化学试验 重金属含量的测定	2009-09-01

续表1—5

标准编号	标准名称	实施日期
GB/T 22931—2008	皮革和毛皮 化学试验 增塑剂量的测定	2009—09—01
GB/T 22932—2008	皮革和毛皮 化学试验 有机锡化合物的测定	2009—09—01
GB/T 22933—2008	皮革和毛皮 化学试验 游离脂肪酸的测定	2009—09—01
GB/T 26616—2011	裘皮 獭兔皮	2011—11—01
GB/T 26702—2011	皮革和毛皮 化学试验 富马酸二甲酯含量的测定	2011—12—01
GB/T 30398—2013	皮革和毛皮 化学试验 致敏性分散染料的测定	2014—12—01
GB/T 30399—2013	皮革和毛皮 化学试验 致癌染料的测定	2014—12—01
GB/T 4689.21—2008	皮革 物理和机械试验 静态吸水性的测定	2009—05—01
GB/T 4692—2008	皮革 成品缺陷的测量和计算	2009—05—01
GB/T 6440—2012	山羊板皮	2013—02—01
GH/T 1028—2002	獭兔皮	2002—11—01
GH/T 1083—2012	乌苏里貉原绒	2012—08—01
NY/T 1164—2006	裘皮 蓝狐皮	2006—10—01
QB/T 1261—1991	毛皮工业术语	1992—06—01
QB/T 1265—1991	毛皮成品 抽样数量及方法	1992—06—01
QB/T 1278—1991	毛皮成品掉毛测试方法	1992—07—01
QB/T 1280—2007	羊毛皮	2008—06—01
QB/T 1284—2007	兔毛皮	2008—06—01
QB/T 1327—1991	皮革表面颜色摩擦牢度测试方法	1992—08—01
QB/T 1620—1992	牛皮纤维革	1993—07—01
QB/T 1872—2004	服装用皮革	2005—01—01
QB/T 1873—2010	鞋面用皮革	2011—04—01
QB/T 2001—1994	鞋底用皮革	1995—05—01
QB/T 2288—2004	移膜皮革	2005—06—01
QB/T 2537—2001	皮革 色牢度试验 往复式摩擦色牢度	2002—05—01
QB/T 2680—2004	鞋里用皮革	2005—06—01
QB/T 2703—2005	汽车装饰用皮革	2005—09—01
QB/T 2704—2005	手套用皮革	2005—09—01
QB/T 2790—2006	染色毛皮耐摩擦色牢度测试方法	2006—10—11
QB/T 2800—2006	皮革成品部位的区分	2006—10—11
QB/T 2801—2010	皮革 验收、标志、包装、运输和贮存	2011—04—01
QB/T 2921—2007	箱包 跌落试验方法	2008—06—01

标准编号	标准名称	实施日期
QB/T 2923—2007	狐狸毛皮	2008-06-01
QB/T 2924—2007	毛皮 耐汗渍色牢度试验方法	2008-06-01
QB/T 2925—2007	毛皮 耐日晒色牢度试验方法	2008-06-01
QB/T 2926—2007	毛皮 耐熨烫色牢度试验方法	2008-06-01
QB/T 3813—1999	皮革成品厚度的测定	1999-04-21
QB/T 4198—2011	皮革 物理和机械试验 撕裂力的测定：单边撕裂	2011-10-01
QB/T 4199—2011	皮革 防霉性能测试方法	2011-10-01
QB/T 4200—2011	皮革和毛皮 化学实验 戊二醛含量的测定	2011-10-01
QB/T 4203—2011	水貂毛皮	2011-10-01
SB/T 10584—2011	皮革和毛皮市场管理技术规范	2011-10-01
SN 0081—1992	出口铬鞣（蓝）湿革检验方法	1993-05-01
SN/T 0846—2000	进出口裘皮、革皮制品包装检验规程	2000-11-01
SN/T 0849—2000	进出口盐湿牛皮检验规程	2000-11-01
Y47 人造革、合成革		
GB 21550—2008	聚氯乙烯人造革有害物质限量	2009-03-01
GB/T 3830—2008	软聚氯乙烯压延薄膜和片材	2009-05-01
GB/T 8948—2008	聚氯乙烯人造革	2009-05-01
GB/T 8949—2008	聚氨酯干法人造革	2009-05-01
QB/T 1646—2007	聚氨酯合成革	1993-09-01
QB/T 2779—2006	鞋面用聚氯乙烯人造革	2006-12-01
QB/T 2780—2006	鞋面用聚氨酯人造革	2006-12-01
QB/T 1646—2007	聚氨酯合成革	2008-01-01
QB/T 2888—2007	聚氨酯束状超细纤维合成革	2008-01-01
QB/T 2958—2008	服装用聚氨酯合成革	2008-09-01
QB/T 4042—2010	聚氯乙烯涂层膜材	2010-10-01
QB/T 4043—2010	汽车用聚氯乙烯人造革	2010-10-01
QB/T 4044—2010	防护鞋用合成革	2010-10-01
QB/T 4045—2010	聚氨酯家居用合成革安全技术条件	2010-10-01
QB/T 4046—2010	聚氨酯超细纤维合成革通用安全技术条件	2010-10-01
QB/T 4047—2010	帽用聚氨酯合成革	2010-10-01
QB/T 4119—2010	鞋里用聚氨酯合成革	2011-04-01
QB/T 4120—2010	箱包手袋用聚氨酯合成革	2011-04-01

标准编号	标准名称	实施日期
QB/T 4194—2011	汽车用聚氨酯合成革	2011-10-01
QB/T 4195—2011	运动鞋用聚氨酯合成革	2011-10-01
QB/T 4196—2011	聚氨酯转移薄膜	2011-10-01
QB/T 4341—2012	抗菌聚氨酯合成革抗菌性能试验方法和抗菌效果	2012-11-01
QB/T 4342—2012	服装用聚氨酯合成革安全要求	2012-11-01
QB/T 4344—2012	裙腰带用聚氯乙烯人造革	2012-11-01
QB/T 4345—2012	防护鞋底用聚氨酯树脂	2012-11-01
QB/T 4671—2014	人造革合成革试验方法 耐水解的测定	2014-11-01
QB/T 4672—2014	人造革合成革试验方法 耐黄变的测定	2014-11-01
QB/T 4673—2014	摩托车鞍座用聚氯乙烯人造革	2014-11-01
QB/T 4674—2014	汽车内饰用聚氨酯束状超细纤维合成革	2014-11-01
QB/T 4712—2014	沙发用聚氨酯合成革	2014-11-01
QB/T 4714—2014	家居用聚氨酯合成革	2014-11-01
QB/T 4872—2015	人造革合成革试验方法 接缝强度的测定	2016-01-01
QB/T 4873—2015	人造革合成革试验方法 实验室光源暴露法	2016-01-01
QB/T 4874—2015	人造革合成革试验方法 接缝抗疲劳强度的测定	2016-01-01
QB/T 4875—2015	运动手套用聚氨酯超细纤维合成革	2016-01-01
Y48 毛皮、皮革与人造革制品		
QB/T 1332—1991	公文箱	1992-08-01
QB/T 1333—2010	背提包	2011-04-01
QB/T 1333—2010/XG1—2014	《背提包》轻工行业标准第1号修改单	2014-10-14
QB/T 1583—2005	皮制手套号型	2005-09-01
QB/T 1584—2005	日用皮手套	2005-09-01
QB/T 1585—1992	家用衣箱	1993-04-01
QB/T 1586.1—2010	箱包五金配件 箱锁	2011-04-01
QB/T 1586.2—2010	箱包五金配件 箱走轮	2011-04-01
QB/T 1586.3—2010	箱包五金配件 箱提把	2011-04-01
QB/T 1586.4—2010	箱包五金配件 箱用铝合金型材	2011-04-01
QB/T 1586.5—2010	箱包五金配件 拉杆	2011-04-01
QB/T 1616—2005	运动手套	2005-09-01
QB/T 1618—2006	皮腰带	2007-05-01

续表1-5

标准编号	标准名称	实施日期
QB/T 1619—2006	票夹	2007-05-01
QB/T 2155—2010	旅行箱包	2011-04-01
QB/T 2155—2010/XG1—2014	《旅行箱包》轻工行业标准第1号修改单	2014-10-14
QB/T 2705—2005	皮革衣物洗染规范	2005-09-01
QB/T 2917—2007	箱包五金配件 走轮耐磨试验方法	2008-06-01
QB/T 2918—2007	箱包 落锤冲击试验方法	2008-06-01
QB/T 2919—2007	箱包 拉杆耐疲劳试验方法	2008-06-01
QB/T 2920—2007	箱包 行走试验方法	2008-06-01
QB/T 2922—2007	箱包 振荡冲击试验方法	2008-06-01
QB/T 2954—2008	毛皮围巾、毛皮披肩	2008-09-01
QB/T 2970—2008	毛皮领子	2008-09-01
QB/T 2971—2008	汽车装饰用羊剪绒制品	2008-09-01
QB/T 2972—2008	家居用羊剪绒制品	2008-09-01
QB/T 4116—2010	箱包 滚筒试验方法	2011-04-01
QB/T 4117—2010	腰带扣	2011-04-01
QB/T 4204—2010	皮凉席	2011-10-01
QB/T 4582—2013	野餐包	2014-07-01
QB/T 4586—2013	高尔夫球包	2014-07-01
Y49 毛皮副产品与综合利用		
SN 0101—1992	出口羊剪绒皮制品检验规程	1993-05-01

ICS（International Classification for Standards）全称"国际标准分类法"，是由国际标准化组织编制的标准文献分类法。它主要用于国际标准、区域标准和国家标准以及相关标准化文献的分类、编目、订购与建库，从而促进国际标准、区域标准、国家标准以及其他标准化文献在世界范围的传播。每个国家标准的封面上都有 ICS 编号。与皮革及革制品相关的 ICS 见图 1-7。

59.140　皮革技术

59.140.01 皮革技术综合[10]	59.140.10 加工和辅助材料[2]	59.140.20 原皮、生皮和毛皮[21]
59.140.30 皮革和裘皮[30]	59.140.35 皮革制品[18]	59.140.40 皮革和毛皮加工机械和设备[0]
59.140.99 有关皮革技术的其他标准[0]		

图 1-7　ICS 分类—59.140 皮革技术

（1）标准快速搜索：在工标网主页（图 1-4）上半部分的搜索框内输入需要查询的标准名称或者标准编号，敲"回车键"或者点击搜索框下面的"标准搜索"按钮，可以找到想要的标准。

（2）多个词语搜索：输入多个词语进行搜索（不同词语之间用空格隔开），可以获得更精确的搜索结果。例如，想查找皮革物理机械性能的检测标准，在工标网主页（图1-4）上半部分的搜索框中输入"皮革 物理"获得的搜索结果（图1-8）会比输入"皮革"得到的结果更好。一般而言，提供的关键字越多，搜索引擎返回的结果越精确。

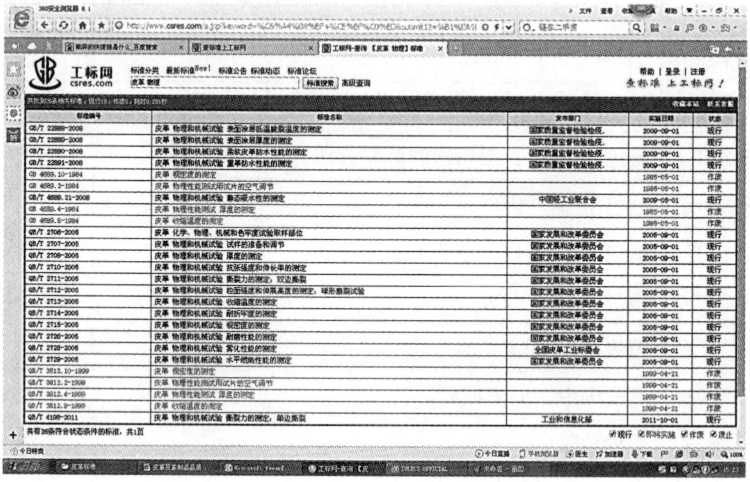

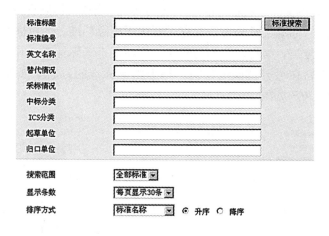

图1-8　检索结果界面

（3）标准高级查询：工标网提供了不同的标准高级搜索方式，便于准确找到想要的标准。具体可以按照以下选项进行搜索：标准标题、标准编号、英文名称、替代情况、采标情况、中标分类、ICS分类、起草单位、归口单位（见图1-9）。

"Y45/49皮革加工与制品类"类目下的标准虽然涉及一部分革制品，但主要还是针对皮革的品质检验。革制品如鞋、服装、手套、箱包等的标准可以通过"标准快速搜索"，在工标网主页的搜索框内分别输入"鞋""服装""手套""箱包"等关键词找到，再从中筛选鞋、服装、手套、箱包的通用检测标准和以皮革为原料制备的制品的标准。截至2017年10月，依据上述方法搜索得到的关于鞋、服装、手套、箱包的革制品的标准如表1-6所示。

图1-9　标准高级查询界面

表 1-6　现行的革制品（鞋、服装、手套、箱包）标准

标准编号	标准名称	实施日期
鞋		
GB/T 3903.6—2005	鞋类 通用试验方法 防滑性能	2005-09-12
DB31/ 203—2003	皮鞋产品标识	2003-10-01
DB31/T 203—2016	皮鞋、皮箱、皮包商品标识	2016-09-01
DB35/T 1121—2011	鞋类橡胶耐磨性能试验方法——耐磨机法	2011-06-01
DB35/T 1124—2011	出口童鞋安全技术规范	2011-06-01
DB35/T 1205—2011	旅游休闲鞋底	2012-03-15
DB35/T 1213—2011	鞋类动态止滑性能试验方法	2012-03-15
DB35/T 1405—2011	鞋带止滑性能试验方法	2014-03-10
DB37/T 2744—2015	制鞋企业胶粘剂使用安全规范	2016-01-22
DB41/T 795—2013	普通劳动防护皮鞋	2013-07-08
DB44/T 1713—2015	鞋类防滑性能安全技术规范	2016-02-05
DB51/T 1790—2014	非金属鞋材中总铅含量的测定	2014-09-01
DB51/T 2003—2015	制鞋用处理剂中有害物质限量	2016-01-01
DB51/T 2015.1—2016	鞋类 化学试验方法 三价铬和六价铬的测定	2016-04-01
DB51/T 2015.2—2016	鞋类 化学试验方法 N-亚硝胺的测定	2016-04-01
DB51/T 2015.3—2016	鞋类 化学试验方法 短链氯化石蜡的测定	2016-04-01
DB51/T 2015.4—2016	鞋类 化学试验方法 醛类物质的测定	2016-04-01
DB51/T 2175—2016	整鞋 帮底粘合性能的检测 剥离实验法	2016-08-01
GA 309—2010	警鞋 男单皮鞋	2010-09-13
GA 310—2010	警鞋 女单皮鞋	2010-09-13
GA 311—2010	警鞋 男棉皮鞋	2010-09-13
GA 312—2010	警鞋 女棉皮鞋	2010-09-13
GA 313—2001	警鞋 男毛皮鞋	2002-04-01
GA 314—2001	警鞋 女毛皮鞋	2002-04-01
GA 570—2010	警鞋 男皮凉鞋	2010-09-13
GA 571—2010	警鞋 女皮凉鞋	2010-09-13
GB/T 11413—2015	皮鞋后跟结合力试验方法	2016-04-01
GB 12011—2009	足部防护 电绝缘鞋	2009-12-01
GB/T 15107—2013	旅游鞋	2014-06-01
GB/T 16641—1996	成鞋动态防水性能试验方法	1997-05-01

标准编号	标准名称	实施日期
GB 19340—2014	鞋和箱包用胶粘剂	2015—05—01
GB/T 19706—2015	足球鞋	2017—01—01
GB/T 19707—2005	冰刀鞋	2005—11—01
GB 20096—2006	轮滑鞋	2006—05—01
GB/T 21284—2015	鞋类 整鞋试验方法 保温性	2016—04—01
GB/T 21396—2008	鞋类 成鞋试验方法 帮底粘合强度	2008—08—01
GB 21536—2008	田径运动鞋	2008—10—01
GB/T 22049—2008	鞋类 鞋类和鞋类部件环境调节及试验用标准环境	2009—05—01
GB/T 22050—2008	鞋类 样品和试样的取样位置、准备及环境调节时间	2009—05—01
GB/T 22756—2008	皮凉鞋	2009—05—01
GB/T 24152—2009	篮排球专业运动鞋	2010—02—01
GB/T 26703—2011	皮鞋 跟面耐磨性能试验方法 旋转辊筒式磨耗机法	2011—12—01
GB/T 26713—2011	鞋类 化学试验方法 富马酸二甲酯（DMF）的测定	2011—12—01
GB/T 2703—2008	鞋类 术语	2009—09—01
GB/T 27723—2011	皮鞋 跟面扭转强度试验方法	2012—07—01
GB 28011—2011	鞋类 钢勾心	2012—08—01
GB/T 29292—2012	鞋类 鞋类和鞋类部件中存在的限量物质	2013—09—01
GB/T 30397—2013	皮鞋整鞋吸湿性、透湿性试验方法	2013—09—01
GB 30585—2014	儿童鞋安全技术规范	2014—12—01
GB/T 31008—2014	足部防护 鞋（靴）材料安全性选择规范	2015—08—01
GB/T 31009—2014	足部防护 鞋（靴）安全性要求及测试方法	2015—08—01
GB/T 32023—2015	鞋类 整鞋试验方法 屈挠部位刚度	2016—04—01
GB/T 32024—2015	鞋类 整鞋试验方法 扭转性能	2016—04—01
GB/T 32027—2015	鞋类 抗弯曲性能 传送带耐折试验方法	2016—04—01
GB/T 32433—2015	鞋类 化学试验方法 重金属含量的测定 微波等离子体原子发射光谱法	2016—07—01
GB/T 32435—2015	鞋类 有机挥发物试验方法	2016—07—01
GB/T 32436—2015	鞋类 合脚性 鞋楦的评价	2016—07—01
GB/T 32440—2015	鞋类 鞋类和鞋类部件中存在的限量物质 邻苯二甲酸酯的测定	2016—07—01
GB/T 32447—2015	鞋类 鞋类和鞋类部件中存在的限量物质 有机锡的测定	2016—07—01
GB/T 3293—2007	中国鞋楦系列	2008—09—01

标准编号	标准名称	实施日期
GB/T 3293.1—1998	鞋号	1998-12-01
GB/T 3294—1998	鞋楦尺寸检测方法	1998-12-01
GB/T 33390—2016	鞋类 鞋类和鞋类部件中存在的限量物质 二甲基甲酰胺的测定	2017-07-01
GB/T 33391—2016	鞋类 鞋类和鞋类部件中存在的限量物质 多环芳烃（PAH）的测定	2017-07-01
GB/T 33393—2016	鞋类 整鞋试验方法 稳态条件下热阻和湿租的测定	2017-07-01
GB/T 3903.1—2008	鞋类 通用试验方法 耐折性能	2009-09-01
GB/T 3903.10—2005	鞋类 内底试验方法 尺寸稳定性	2006-09-01
GB/T 3903.11—2005	鞋类 内底、衬里和内垫试验方法 耐汗性	2006-09-01
GB/T 3903.12—2005	鞋类 外底试验方法 撕裂强度	2006-09-01
GB/T 3903.13—2005	鞋类 外底试验方法 尺寸稳定性	2006-09-01
GB/T 3903.14—2005	鞋类 外底试验方法 针撕破强度	2006-09-01
GB/T 3903.15—2008	鞋类 帮面、衬里和内垫试验方法 隔热性能	2009-05-01
GB/T 3903.16—2008	鞋类 帮面、衬里和内垫试验方法 耐磨性能	2009-05-01
GB/T 3903.17—2008	鞋类 帮面试验方法 防水性能	2009-05-01
GB/T 3903.18—2008	鞋类 帮面试验方法 高温性能	2009-05-01
GB/T 3903.19—2008	鞋类 金属附件试验方法 耐腐蚀性	2009-05-01
GB/T 3903.2—2008	鞋类 通用试验方法 耐磨性能	2009-09-01
GB/T 3903.20—2008	鞋类 粘扣带试验方法 反复开合前后的剥离强度	2009-05-01
GB/T 3903.21—2008	鞋类 粘扣带试验方法 反复开合前后的剪切强度	2009-05-01
GB/T 3903.22—2008	鞋类 外底试验方法 抗张强度和伸长率	2009-05-01
GB/T 3903.23—2008	鞋类 鞋跟和跟面试验方法 跟面结合力	2009-05-01
GB/T 3903.24—2008	鞋类 鞋跟试验方法 持钉力	2009-05-01
GB/T 3903.25—2008	鞋类 整鞋试验方法 鞋跟结合强度	2009-05-01
GB/T 3903.26—2008	鞋类 主跟和包头试验方法 粘合性能	2009-09-01
GB/T 3903.27—2008	鞋类 主跟和包头试验方法 机械性能	2009-09-01
GB/T 3903.28—2008	鞋类 外底试验方法 压缩能	2009-09-01
GB/T 3903.29—2008	鞋类 外底试验方法 剖层撕裂力和层间剥离强度	2009-09-01
GB/T 3903.3—2011	鞋类 外底试验方法 剥离强度	2012-02-01
GB/T 3903.30—2015	鞋类 外底、内底、衬里和内垫试验方法 水溶物含量	2016-04-01
GB/T 3903.31—2008	鞋类 内底试验方法 耐磨性能	2009-09-01

标准编号	标准名称	实施日期
GB/T 3903.32—2008	鞋类 内底试验方法 缝线撕破力	2009-09-01
GB/T 3903.33—2008	鞋类 内底和内垫试验方法 吸水率和解吸率	2009-09-01
GB/T 3903.34—2008	鞋类 勾心试验方法 纵向刚度	2009-09-01
GB/T 3903.35—2008	鞋类 勾心试验方法 抗疲劳性	2009-09-01
GB/T 3903.36—2008	鞋类 鞋带试验方法 耐磨性能	2009-09-01
GB/T 3903.37—2008	鞋类 衬里和内垫试验方法 静摩擦力	2009-09-01
GB/T 3903.38—2008	鞋类 帮面试验方法 可绷帮性	2009-09-01
GB/T 3903.39—2008	鞋类 帮面试验方法 层间剥离强度	2009-09-01
GB/T 3903.4—2008	鞋类 通用试验方法 硬度	2009-09-01
GB/T 3903.40—2008	鞋类 帮面试验方法 形变性	2009-09-01
GB/T 3903.41—2008	鞋类 帮面和衬里试验方法 耐折性能	2009-09-01
GB/T 3903.42—2008	鞋类 帮面、衬里和内垫试验方法 颜色迁移性	2009-09-01
GB/T 3903.43—2008	鞋类 帮面、衬里和内垫试验方法 缝合强度	2009-09-01
GB/T 3903.5—2011	鞋类 整鞋试验方法 感官质量	2012-02-01
GB/T 3903.6—2005	鞋类 通用试验方法 防滑性能	2006-09-01
GB/T 3903.7—2005	鞋类 通用试验方法 老化处理	2006-04-01
GB/T 3903.8—2005	鞋类 内底试验方法 层间剥离强度	2006-04-01
GB/T 3903.9—2005	鞋类 内底试验方法 跟部持钉力	2009-09-01
GSB 16-1450—2014	皮鞋外观缺陷标准样照	2015-02-15
HG/T 2016—2001	篮排球运动鞋	2002-07-01
HG/T 2017—2011	普通运动鞋	2012-07-01
HG/T 2411—2006	鞋底材料90°屈挠试验方法	2007-03-01
HG/T 2489—2007	鞋用微孔材料硬度试验方法	2008-04-01
HG/T 2495—2007	劳动鞋	2008-04-01
HG 2726—1995	微孔鞋底材料撕裂强度试验方法	1996-01-01
HG/T 2870—2014	乒乓球运动鞋	2014-10-01
HG/T 3611—1999	鞋类 模拟行走（寿命）试验方法	2001-01-01
HG/T 3689—2014	鞋类 耐黄变试验方法	2014-10-01
HG/T 3780—2005	鞋类 静态防滑性能试验方法	2006-01-01
HG/T 4620—2014	鞋类 橡胶部件喷霜试验方法	2014-10-01
HG/T 4905—2016	网球鞋	2016-07-01
HG/T 4906—2016	羽毛球鞋	2016-07-01

标准编号	标准名称	实施日期
HG/T 4996—2016	举重鞋	2017－01－01
HG/T 4997—2016	鞋眼拔出力试验方法	2017－01－01
HJ/T 305—2006	环境标志产品技术要求 鞋类	2007－07－01
QB/T 1002—2015	皮鞋	2016－03－01
QB/T 1187—2010	鞋类 检验规则及标志、包装、运输、贮存	2011－04－01
QB/T 1813—2000	皮鞋勾心纵向刚度试验方法	2000－10－01
QB/T 1873—2010	鞋面用皮革	2011－04－01
QB/T 2001—1994	鞋底用皮革	1995－05－01
QB/T 2224—2012	鞋类 帮面低温耐折性能要求	2012－11－01
QB/T 2673—2013	鞋类产品标识	2014－07－01
QB/T 2674—2013	鞋类试穿检验规则	2014－07－01
QB/T 2675—2013	鞋带扯断力试验方法	2014－07－01
QB/T 2676—2013	鞋用主跟和包头材料 热熔型、溶剂型	2014－07－01
QB/T 2680—2004	鞋里用皮革	2005－06－01
QB/T 2695—2013	鞋类用线	2014－07－01
QB/T 2779—2006	鞋面用聚氯乙烯人造革	2006－12－01
QB/T 2780—2006	鞋面用聚氨酯人造革	2006－12－01
QB/T 2863—2007	鞋类 鞋跟试验方法 横向抗冲击性	2007－12－01
QB/T 2864—2007	鞋类 鞋跟试验方法 抗疲劳性	2007－12－01
QB/T 2880—2016	儿童皮鞋	2017－01－01
QB/T 2881—2013	鞋类和鞋类部件 抗菌性能技术条件	2014－07－01
QB/T 2882—2007	鞋类 帮面、衬里和内垫试验方法 摩擦色牢度	2008－03－01
QB/T 2883—2007	鞋类 帮面、衬里和内垫试验方法 撕裂力	2008－03－01
QB/T 2884—2007	鞋类 外底试验方法 耐磨性能	2008－03－01
QB/T 2885—2007	鞋类 外底试验方法 耐折性能	2008－03－01
QB/T 2886—2007	鞋类 整鞋试验方法 帮底粘合强度	2008－03－01
QB/T 2887—2007	鞋类 整鞋试验方法 家用洗衣机中的可洗性	2008－01－01
QB/T 2955—2008	休闲鞋	2008－09－01
QB/T 2956—2008	皮鞋外底	2008－09－01
QB/T 4044—2010	防护鞋用合成革	2010－10－01
QB/T 4108—2010	鞋类金属饰、扣件	2011－03－01
QB/T 4118—2010	鞋类 帮面试验方法 断裂强度和伸长率	2011－04－01

标准编号	标准名称	实施日期
QB/T 4331—2012	儿童旅游鞋	2012—11—01
QB/T 4333—2012	鞋类合脚性评价方法	2012—11—01
QB/T 4334—2012	鞋类运动控制能力评估试验方法	2012—11—01
QB/T 4335—2012	鞋用脚钉	2012—11—01
QB/T 4338—2012	鞋类 化学试验方法 烷基酚聚氧乙烯醚的测定	2012—11—01
QB/T 4339—2012	鞋类 化学试验方法 可萃取重金属含量的测定电感耦合等离子体发射光谱法	2012—11—01
QB/T 4340—2012	鞋类 化学试验方法 重金属总含量的测定电感耦合等离子体发射光谱法	2012—11—01
QB/T 4477—2013	鞋面用聚氨酯超细纤维合成革	2013—12—01
QB/T 4544—2013	皮鞋跟面	2014—07—01
QB/T 4545—2013	鞋用材料耐磨性能试验方法（Taber 耐磨试验机法）	2014—07—01
QB/T 4546—2013	儿童皮凉鞋	2014—07—01
QB/T 4547—2013	皮鞋防寒性能技术条件	2014—07—01
QB/T 4548—2013	高尔夫球鞋	2014—07—01
QB/T 4549—2013	滑板鞋	2014—07—01
QB/T 4550—2013	鞋类 拉链试验方法 崩裂强度	2014—07—01
QB/T 4551—2013	鞋类 拉链试验方法 拉头锁定强度	2014—07—01
QB/T 4552—2013	拖鞋	2014—07—01
QB/T 4553—2013	轻型登山鞋	2014—07—01
QB/T 4554—2013	鞋类 化学试验方法 全氟辛烷磺酸盐和全氟辛酸的测定 液相色谱—串联质谱法	2014—07—01
QB/T 4555—2013	鞋类 化学试验方法 苯乙酮的测定 气相色谱—质谱法	2014—07—01
QB/T 4557—2013	鞋类 弹性材料试验方法 抗疲劳性	2014—07—01
QB/T 4558—2013	鞋类 弹性材料试验方法 拉伸性能	2014—07—01
QB/T 4559—2013	鞋类 换气装置试验方法 换气性能	2014—07—01
QB/T 4861—2015	鞋类附件性能要求	2016—01—01
QB/T 4862—2015	鞋类中底	2016—01—01
QB/T 4886—2015	鞋类 鞋底低温耐折性能要求	2016—03—01
QB/T 4913—2016	运动鞋用聚氨酯合成革安全要求	2016—07—01
QB/T 5004—2016	鞋类鞋钎扣件和鞋扣带试验方法 结合牢度	2017—01—01
SN/T 0720—1997	出口鞋帽、文体用品类商品运输包装检验规程	1998—05—01
SN/T 1309—2015	出口鞋类技术规范	2015—09—01

续表1-6

标准编号	标准名称	实施日期
SN/T 1665—2005	成鞋帮底粘合强度测试方法	2006-05-01
SN/T 2926—2011	鞋材中多环芳烃的测定 气相色谱—质谱法	2011-12-01
SN/T 3840.1—2014	鞋类和鞋材 抗细菌性能测试方法	2014-08-01
SN/T 3840.2—2014	鞋类和鞋材 抗真菌性能测试方法	2014-08-01
SN/T 4126—2015	出口鞋类检验规程	2015-09-01
SN/T 4134—2015	鞋底喷霜试验方法	2015-09-01
服装		
DB65/T 3935—2016	裘皮服装检验鉴定评价技术规范	2016-10-30
FZ/T 73028—2009	针织人造革服装	2010-04-01
FZ/T 80002—2016	服装标志、包装、运输与贮存	2016-09-01
FZ/T 80004—2014	服装成品出厂检验规则	2015-04-01
FZ/T 80010—2016	服装用人体头围测量方法与帽子规格代号标示	2016-09-01
FZ/T 80011.1—2009	服装 CAD 电子数据交换格式 第1部分：版样数据	2010-06-01
FZ/T 80011.2—2009	服装 CAD 电子数据交换格式 第2部分：排料数据	2010-06-01
FZ/T 81009—2014	人造毛皮服装	2015-04-01
FZ/T 81018—2014	机织人造革服装	2015-04-01
GB/T 1335.1—2008	服装号型 男子	2009-08-01
GB/T 1335.2—2008	服装号型 女子	2009-08-01
GB/T 1335.3—2009	服装号型 儿童	2010-01-01
GB/T 15557—2008	服装术语	2009-03-01
GB/T 16160—2008	服装用人体测量的部位与方法	2008-12-01
GB/T 21294—2014	服装理化性能的检验方法	2015-08-01
GB/T 21295—2014	服装理化性能的技术要求	2015-08-01
GB/T 22042—2008	服装防静电性能表面电阻率试验方法	2009-05-01
GB/T 22043—2008	服装防静电性能通过材料的电阻（垂直电阻）试验方法	2009-05-01
GB/T 23317—2009	涂层服装抗湿技术要求	2010-01-01
GB/T 23559—2009	服装名称代码编制规范	2009-09-01
GB/T 23560—2009	服装分类代码	2009-09-01
GB/T 30548—2014	服装用人体数据验证方法 用三维测量仪获取的数据	2015-03-01
GB/T 31901—2015	服装穿着试验及评价方法	2016-04-01
GB/T 31902—2015	服装衬布外观疵点检验方法	2016-04-01

标准编号	标准名称	实施日期
GB/T 31903—2015	服装衬布产品命名规则、标志和包装	2016－04－01
GB/T 31907—2015	服装测量方法	2016－04－01
GB/T 33256—2016	服装商品条码标签应用规范	2017－07－01
QB/T 1615—2006	皮革服装	2006－12－01
QB/T 1872—2004	服装用皮革	2005－01－01
QB/T 2822—2006	毛皮服装	2007－05－01
QB/T 2856—2007	毛革服装	2007－12－01
QB/T 2958—2008	服装用聚氨酯合成革	2008－09－01
QB/T 4342—2012	服装用聚氨酯合成革安全要求	2012－11－01
QB/T 4911—2016	服装用水性聚氨酯合成革技术条件	2016－07－01
SN/T 0068—2010	进出口毛皮服装检疫规程	2005－07－01
SN/T 3317.9—2012	进出口纺织品质量安全风险评估规范 第9部分：服装	2013－07－01
SN/T 3473—2016	进出口纺织品质量符合性评价方法 服装 第4部分：裘皮服装	2016－10－01
SN/T 3474—2014	进出口纺织品质量符合性评价方法 服装 皮革服装及制品	2014－08－01
SN/T 3474—2015	进出口纺织品质量符合性评价方法 服装 裘皮服装	2016－04－01
SN/T 3704.3—2013	进出口纺织服装检验规程 第3部分：皮革服装	2014－06－01
SN/T 3704.4—2015	进出口纺织服装检验规程 第4部分：裘皮服装	2016－04－01
SN/T 3704.7—2015	进出口纺织服装检验规程 第7部分：服饰	2015－09－01
手套		
QB/T 1583—2005	皮制手套号型	2005－09－01
QB/T 1584—2005	日用皮手套	2005－09－01
QB/T 2704—2005	手套用皮革	2005－09－01
QB/T 4875—2015	运动手套用聚氨酯超细纤维合成革	2016－01－01
QB/T 5069—2017	防护手套用聚氨酯超细纤维合成革	2017－07－01
箱包		
DB44/T 1853—2016	拉链与箱包材料缝合强力的测定方法	2016－08－17
GB 19340—2014	针刺非织造纤维浸渍片材	2015－05－01
HJ 569—2010	鞋和箱包用胶粘剂	2010－07－01
QB/T 1586.1—2010	箱包五金配件 箱锁	2011－04－01
QB/T 1586.2—2010	箱包五金配件 箱走轮	2011－04－01

标准编号	标准名称	实施日期
QB/T 1586.3—2010	箱包五金配件 箱提把	2011－04－01
QB/T 1586.4—2010	箱包五金配件 箱用铝合金型材	2011－04－01
QB/T 1586.5—2010	箱包五金配件 拉杆	2011－04－01
QB/T 2155—2010	旅行箱包	2011－04－01
QB/T 2917—2007	箱包五金配件 走轮耐磨试验方法	2008－06－01
QB/T 2918—2007	箱包 落锤冲击试验方法	2008－06－01
QB/T 2919—2007	箱包 拉杆耐疲劳试验方法	2008－06－01
QB/T 2920—2007	箱包 行走试验方法	2008－06－01
QB/T 2921—2007	箱包 跌落试验方法	2008－06－01
QB/T 2922—2007	箱包 振荡冲击试验方法	2008－06－01
QB/T 3639—1999	箱包工业术语	1999－04－21
QB/T 4116—2010	箱包 滚筒试验方法	2011－04－01
QB/T 4120—2010	箱包 手袋用聚氨酯合成革	2011－04－01
QB/T 5083—2017	箱包 容积率的测定	2017－07－01
QB/T 5085—2017	箱包五金配件 磁力扣	2017－07－01
QB/T 5087—2017	箱包用皮革	2017－07－01
T/GZZJ 02—2016	旅行用箱包	2016－07－15

2. 真皮标志生态皮革

"真皮标志"是中国皮革协会于1994年在国家工商行政管理局注册的证明商标，并在德国等18个国家进行了国际注册，国际注册号为705857。它是中高档天然皮革、毛皮及其制品的标志。其中，制品包括皮鞋、旅游鞋、皮革（毛皮）服装、皮箱、皮包、皮具等系列产品。使用真皮标志的皮鞋、皮衣等产品，分别称作"真皮标志皮鞋""真皮标志皮革服装"等。凡佩挂真皮标志的皮革或毛皮或其制品都具有三种特性：①该产品是用优质真皮制作的；②该产品是做工精良的中高档产品；③消费者购买佩挂真皮标志的皮革产品可以享受良好的售后服务。真皮标志需要经过中国皮革协会严格审查、批准后，方可佩挂。中国皮革协会每年都要对其进行质量检测，以保证产品质量。真皮标志的注册商标如图1—10所示，是由一只全羊、一对牛角、一张皮形组成的艺术变形图案。整体图案呈圆形鼓状，图案中央有 GLP 三个字母，是真皮产品（Genuine Leather Product）的英文缩写，图案主体颜色为白底黑色，只有三个字母为红色。图案寓意：牛、羊、猪是皮革制品的三种主要天然皮革原料；图案呈圆形鼓状，一方面象征着制革工业的主要加工设备转鼓，另一方面象征着皮革工业滚滚向前发展。目前已有近500家皮衣、皮鞋、皮包企业佩挂了真皮标志。

图 1—10　真皮标志

"真皮标志生态皮革"（图 1—11）是"真皮标志"的延续，是指有资格使用证明商标"真皮标志"的各种成品革的总称。该类皮革除了符合目前相应的国家或行业标准外，还要达到《真皮标志生态皮革产品规范》（见附录 2）的要求和相关规定，突出了对皮革中可能存在的对生态环境有影响的特殊化学物质六价铬、禁用偶氮染料、五氯苯酚、甲醛的限量规定（见表 1—7），同时还强化了对制革企业的污染治理管理。对于皮革和毛皮，突出了皮革中与生态环境相关的四项特殊化学指标，所以将符合要求的皮革或毛皮称为"真皮标志生态皮革"或"真皮标志生态毛皮"。

图 1—11　真皮标志生态皮革

表 1—7　特殊化学指标

项目	最高限量/（mg/kg）	
	直接与皮肤接触	一般
甲醛	≤75	≤150
铬（CrⅥ）	≤5	
五氯苯酚（PCP）	≤5	
致癌芳香胺	≤30	

思考题

1. 简述皮革及革制品品质检验的意义。

2. 简述产品质量、标准、技术性贸易壁垒与贸易的关系。

3. 皮革及革制品品质检验的主要内容和方法有哪些？

4. 国际上对皮革及革制品的产品要求有哪些？

5. 我国对皮革及革制品的产品要求有哪些？

第 2 章　原料皮、蓝湿革及成品革的品质检验

2.1　制革原料皮的品质检验

原料皮是指经过宰杀后未经处理、或仅经过简单干燥、或经过冷冻处理、或经过盐腌处理、或经过其他保藏处理的生皮。原料皮的价值通常占成品革售价的 50%～80%，因此原料皮的品质检验和控制对皮革生产及原料皮贸易具有重要的意义。

出入境检验检疫行业标准 SN/T 1329—2003《进出口制革原料皮检验规程》适用于进出口制革原料皮的检验，本节参照该标准介绍制革原料皮的抽样、检验及检验结果的判定。

1. 术语及定义

（1）短重率（percentage of short weight）：短重质量与原质量之比。

（2）利用率（percentage of utilization）：可利用面积与原面积之比。

（3）抵补法（compensative method）：对不规则部分进行适当增减的方法。

（4）盐红脱毛（reddening of flesh）：由嗜盐菌繁殖侵袭，造成皮板纤维松弛，皮板发红，毛面用拇指推毛易脱落，严重者破坏粒面层。

（5）虫眼（grub holes）和虫底（healed grub）：牛蝇系寄生虫，寄生在牛脊背部，成虫咬破皮层钻出后形成孔洞者称为虫眼，愈合后或尚未钻出的幼虫在皮板上留有的凹瘪的痕迹者称为虫底。

（6）癣癞伤（mange）：癣、癞均系皮肤病造成的伤残，破坏毛囊。轻者，毛绒粘乱，含有肤皮的称为癣；重者，毛绒脱落，板面呈凹窝的称为癞。

（7）疮疤、伤疤（scar）：牲畜患疮或受外伤，伤口感染溃烂成疮，疮愈合后脱痂称为疮疤，外伤愈合后称为伤疤，初愈，患处无毛发亮；痊愈，患处新生短毛。

（8）烙印伤（brand marks）：用烧红的金属标记，烙在皮板上留下的痕迹。

（9）脂肪浮肉（fat & waste meat）：附着在皮板上凸起成块状（片）的脂肪或浮肉。

（10）鞭伤（whip damage）：鞭子抽在牲口身上留下的伤痕。

（11）刀伤（butcher cuts）：因剥皮不慎造成的伤残，深入皮板厚度三分之一者称为描刀，超过三分之二厚度为刀洞。

（12）霉烂（mildew）：由于贮运不当，导致皮板变质。

（13）脱毛（slipping hair）：由于加工晾晒不及时或方法不当或贮存时水分大、温度高，导致毛囊损坏，毛面用拇指推毛绒脱落，皮板变暗，严重者霉烂变质，失去制革价值。

（14）痘伤（pox marks）：因病毒感染所致，板面呈红色丘疹，逐渐发展到黄豆粒大小，轻者只有几个；重者，成片，影响制革价值。

（15）大型皮张（bigger hides）：牛、马、骡、驴等大动物的皮张。

（16）小型皮张（smaller hides）：猪、羊等小动物的皮张。

2. 抽样

（1）数量。

张数在 1000 张以下按各等级的 10％抽取；1001～10000 张，每增加 20 张增抽 1 张，不足 20 张以 20 张计；10001 张以上，每增加 40 张增抽 1 张，不足 40 张以 40 张计。

（2）方法。

①成包的皮张，从堆放的不同部位，随机抽取。

②未成包的皮张，按上中下或左中右抽取。

3. 检验

（1）工具。

工作台、磅秤、直尺或钢卷尺、割皮刀。

（2）条件。

检验场地要求光线适宜，避免阳光直射。

（3）内容。

①板面。

检验皮形完整程度，肉屑、脂肪块去净程度；盐湿（干）皮还要检验盐渍均匀程度；检验纤维组织粗细、紧密程度。结合刀伤、痘伤、虻眼、虻底、疮疤、霉烂、脱毛等的影响程度，综合判定质量。

②毛面。

检验毛的粗细、疏密、光泽度；检验鞭伤、烙印伤、霉烂、脱毛、癣癫伤及其他皮肤病等伤残。

③面积测量与计算。

板面朝上，平铺于工作台上，长度从颈部中间至尾根量出，宽度在腰间部位按抵补法量出。按下式计算：

$$S = A \times B$$

式中，S——面积（cm^2）；

　　　A——长度（cm）；

　　　B——宽度（cm）。

④脂肪浮肉。

抽取代表性样品（不低于100张），提取带脂肪浮肉的皮，用割皮小刀割下脂肪浮肉，集中称取质量，按下式求得脂肪浮肉百分率：

$$C（\%）=m_2/m_1×100$$

式中，C——脂肪浮肉百分率（%）；

$\quad m_1$——抽取皮的质量（kg）；

$\quad m_2$——割下的脂肪浮肉质量（kg）。

脂肪浮肉不得超过5%，若超过5%，可抽取第二次，两次结果加权平均，求得百分率，仍超过5%则判定为不合格。

⑤衡重。

衡器校验按SN/T 0188规定执行。

实衡毛重：将货物逐件（包、盘、捆）稳放在磅盘上实衡毛重，记录每件毛重，求得全批货物毛重m_1，单位为kg。

实衡皮重：将货物件数的10%拆件，逐张去掉浮盐和杂物，将所有的包装物和浮盐、杂物等堆放在磅盘上，衡取皮重，以此推算全批皮重m_2，单位为kg。

净重：$m_3=m_1-m_2$，单位为kg。

实衡净重：抽取货物件数的10%拆件，将抖净的皮张放在磅盘上，实衡净重，分清重量档次。

（4）结果判定。

①等级规定。

一级皮：利用率≥90%；

二级皮：利用率≥80%；

三级皮：利用率≥70%。

②有下列情况之一者判定为不合格批：

a. 利用率低于上述等级规定的皮张数量超过5%；

b. 等级升降互相抵补后，降级率超过5%；

c. 盐湿大型皮张短重率超过7%，盐湿小型皮张短重率超过5%，盐干、淡干大型皮张短重率超过5%，盐干、淡干小型皮张短重率超过3%；

d. 平均面积短少超过5%。

4. 检验有效期

检验有效期为两个月。

牛皮、羊皮和猪皮是皮革行业利用的主要动物皮资源。受饮食习惯影响，我国的生猪养殖量巨大，猪皮制革也是我国制革工业的一大特色。但是从成品革角度看，猪皮革由于受到外观的限制而无法加工成高档制品，其需求量和应用范围远不及牛皮革。据估算，我国牛皮革产量占皮革总产量的70%以上，羊皮革占20%左右，猪皮革约占10%。下面分别介绍牛皮、羊皮和猪皮原料皮的品质检验。

2.1.1 牛皮的品质检验

生牛皮的品质检验以其皮板的品质检验为主，毛被的品质检验作为参考，根据皮形是否完好、防腐处理是否良好、有无明显伤残等因素确定牛皮的等级，并按照牛皮的质量、面积、缺陷分级等来确定收购价格。

皮板的品质目前主要根据收购人员的经验，靠眼看手摸评定。通常分为板质良好、板质较弱和板质瘦弱三个级别。

（1）板质良好：皮板肥厚壮实，厚薄均匀，板面细致，有油性，弹性好，自然分量重；或者皮板虽然稍薄，但厚薄均匀一致，有油性，弹性好，板面细致。

（2）板质较弱：皮板较薄，厚薄稍显不均匀，油性较小，弹性较弱，自然分量较轻。

（3）板质瘦弱：皮板瘦薄，厚薄不均匀，油性较小，板面粗糙，自然分量轻。

国家标准 GB/T 11759—2008《牛皮》适用于经宰杀后未经处理、或仅经过简单干燥、或经过冷冻处理、或经过盐腌处理、或经过适当保藏处理的生牛皮。下面根据该标准介绍牛皮的分类和分级、检验方法、检验规则及包装、运输、贮存。

1. 分类和分级

（1）质量分类。

牛皮按质量分类见表 2-1。

表 2-1　牛皮按质量分类

类别		质量 m/kg			
		鲜皮（含冻鲜皮）	盐湿皮	盐干皮	淡干皮
未成年牛皮（小牛皮，calf skins）		≤20	≤15	≤10	≤7
成年牛皮	轻量皮（light hides）	20<m≤25	15<m≤20	10<m≤15	7<m≤10
	中量皮（medium hides）	25<m≤30	20<m≤25	15<m≤20	10<m≤15
	重量皮（heavy hides）	30<m≤35	25<m≤30	20<m≤25	15<m≤20
	超重量皮（extra heavy hides）	>35	>30	>25	>20

（2）面积分类。

牛皮按面积分类见表 2-2。

表 2-2　牛皮按面积分类

类别	面积 S/m²
未成年牛皮（小牛皮，calf skins）	≤2.00

类别		面积 S/m^2
成年牛皮	小型皮	$2.00 < S \leqslant 2.56$
	中型皮	$2.56 < S \leqslant 3.11$
	大型皮	$3.11 < S \leqslant 4.00$
	超大型皮	> 4.00

（3）缺陷分级。

①一级。

皮形完好、清洁，经过良好的防腐处理，无可见的腐烂、掉毛；颈部、背部等主要部位无孔洞、剥皮伤等明显伤残，次要部位孔洞、剥皮伤不超过3处，伤残总面积不超过10 cm²；无烙印。

②二级。

皮形完好，经过良好的防腐处理，无可见的腐烂、掉毛；颈部、背部等主要部位无孔洞，次要部位孔洞、剥皮伤不超过3处，伤残总面积不超过40 cm²；背部的剥皮伤不超过5%；可有轻微的寄生虫伤、中等的已愈合的伤残；粪便污迹不超过10%。

③三级。

不符合一级、二级的规定，有下列情况之一者为三级皮：皮形不完整，但程度不超过30%；可利用面积内伤残不超过50%；可利用面积内剥皮伤不超过40%；可利用面积内掉毛受损面积不超过30%；出现腐烂伤残，腐烂面积不超过30%；粪便污迹超过10%。

④四级。

不符合一级、二级、三级的规定为四级皮。

2. 检验方法

（1）称量。

鲜皮：称量时成年牛皮精确至0.5 kg，小牛皮精确至0.1 kg。

盐湿皮：将皮张打开，肉面向上，抖动，并敲打肉面，除去抖出的盐粒，称量，成年牛皮精确至0.5 kg，小牛皮精确至0.1 kg。

盐干皮：除去抖出的盐粒、多余的附着物，称量，精确至0.1 kg。

淡干皮：除去多余的附着物，称量，精确至0.1 kg。

（2）面积测量和计算。

将皮张平铺，使用最小刻度为0.5 cm的量尺，长度从耳根连线与背脊线交点量至尾根，宽度选腰间脐线位置从左、右皮边各向内减15 cm作为测量点衡量，按下式计算面积：

$$S = (A - 20) \times B / 10000$$

式中，S——面积（cm²）；

A——长度（cm）；

B——宽度（cm）。

计算结果保留两位小数。

（3）缺陷检验。

将皮张平铺，分别检验肉面、毛面，并用最小刻度为 0.5 cm 的量尺测量缺陷面积。

3. 检验规则

（1）组批。

以同一品种、同一产地、同一规格（质量、面积）的产品组成一个检验批。

（2）修边。

检验前将无用的头、尾、腿等部分剪除，前腿从膝盖处修剪，后腿从跗关节处剪平。

（3）检验。

逐张进行检验。

4. 包装、运输、贮存

（1）包装。

产品的内外包装应采用适宜的包装材料，防止产品受损。

（2）运输、贮存。

防曝晒、防雨雪；保持通风干燥，防蛀、防潮、防霉，避免高温环境；避免化学物质侵蚀。

2.1.2 羊皮的品质检验

羊皮分为山羊皮和绵羊皮。制革用的山羊皮和绵羊皮常称为山羊板皮和绵羊板皮，指针毛多、绒毛少，不宜用于制裘的山羊皮和绵羊皮。

山羊板皮的品质主要取决于皮板的固有品质，同时与皮板的面积大小、伤残轻重等密切相关。在品质检验时，首先要按照皮板厚薄、厚薄均匀程度、板面粗细程度、油性大小、弹性强弱、毛被特征等鉴定板质的优劣，然后结合伤残轻重、伤残面积大小等确定其等级。

国家标准 GB/T 8132—2009《山羊板皮检验方法》适用于山羊板皮的检验。下面根据该标准介绍山羊板皮的术语和定义、抽样、检验仪器与条件、检验方法和检验结果判定等。

1. 术语和定义

（1）疔伤（boil injury）：有红、白疔之分，面积似绿豆粒大小。红疔指伤处带痂皮，板面透明发红，甚至溃烂成洞，白疔指伤处痂皮已脱落，板面透明发亮显暗白色。

（2）痘伤（pox injury）：板面上呈现大小不一的鼓泡，泡内有淡黄色的粉末，对应的皮表处凹陷或带小疙瘩。

（3）疥癣板（skin of scabies and ringworm）：被毛枯燥粘乱，皮表处带痂皮，板面粗糙，光泽暗淡。

（4）伤痕（wounds）：各种创伤愈合以后留下的痕迹。

（5）老公羊皮（old male goat skin）：皮板厚硬，颈部尤为突出，厚薄不匀，板面发粗，骚味大，被毛粗长，光泽差。

（6）陈板（stale skin）：被毛枯燥光泽差，板面干枯发黄，弹性差。

（7）烟熏板（smoked skin）：板面呈黄肉色，油性差，常带烟熏味。

（8）冻糠板（spongy leather caused by freezing）：皮板显厚或局部皮板略显厚、发糠，呈浅乳白色，油性差。

（9）淤血板（blood－extravasated skin）：板面呈暗红色，枯燥、无光泽，弹性差。

（10）描刀（knife－cutted wound）：在板面上深度不超过皮板厚度三分之一的刀痕。

（11）回水板（re－soaked skin）：干皮水湿以后又重新晾成的干板，板面发暗无光，被毛常带水绺。

（12）漏裆皮（skin with incomplete opening at crotch）：宰剥不当，伤及皮的主要部位。

（13）灼伤板（burn wound）：晾晒时经过太阳曝晒，皮纤维焦化，变硬。

（14）霉烂板（mildewed and rotted skin）：晾晒不干或存放不当受潮，皮板霉烂，失去制革价值。

（15）钉板（nailed skin）：晾晒时，皮上钉板，撑开过度，皮纤维受损，影响皮革质量。

（16）A 类不合格品（not qualitied product A）：单位产品在主要部位出现较严重或较明显疔伤、痘伤、疥癣板、伤痕、老公羊皮、陈板、烟熏板、冻糠板、淤血板、描刀、回水板、漏裆皮、灼伤板、霉烂板、钉板的残缺。

（17）B 类不合格品（not qualitied product B）：单位产品在主要部位不易明显看出的上述已愈外观伤残及轻微冻糠板、回水板、钉板、淤血板、三分之一厚度的描刀、皮板边缘部位的残缺。

2. 抽样

（1）抽样方案。
按照 GB/T 2828.1—2012《计数抽样检验程序 第 1 部分：按接收质量限（AQL）检索的逐批检验抽样计划》的规定，正常检查一次抽样方案。

（2）抽检水平。
按照 GB/T 2828.1—2012《计数抽样检验程序 第 1 部分：按接收质量限（AQL）检索的逐批检验抽样计划》的规定，采用一般检查水平Ⅱ。

（3）合格质量水平 AQL。
A 类不合格品：AQL＝1.0；
B 类不合格品：AQL＝4.0.

（4）方案实施。

根据表 2-3 进行抽样，以同一合同在同一条件下加工的同一品种为一检验批或报检批。根据包装情况及所需抽样数量，以抽样张、件数为准。

表 2-3　一次正常抽样表

批量 N/件（张）	抽验数	A 类不合格品 AQL=1.0		B 类不合格品 AQL=4.0	
		合格 Ac	不合格 Re	合格 Ac	不合格 Re
1～90	13	0	1	1	2
91～150	20	0	1	2	3
151～280	32	1	2	3	4
281～500	50	1	2	5	6
501～1200	80	2	3	7	8
1201～3200	125	3	4	10	11
3201～10000	200	5	6	14	15
10001～35000	315	7	8	21	22

3. 检验仪器与条件

（1）仪器：工作台、磅秤（精确到 0.1 kg）、量尺（精确到 0.01 m）。

（2）条件：检验场地自然光线适宜，避免阳光直射或光线太暗的场地，工作台选择能看清的视距，以感官进行检验。皮张应平展、干燥和洁净。

4. 检验方法

（1）皮板。

检验皮型加工是否完整、洁净，皮板纤维粗细、光泽油润程度，根据皮板颜色确定季节，双手持皮抖弹几次皮张，测试其弹性、厚薄、均匀程度以及重量与面积是否相适应。而后，视力集中于皮的主要部位，由下至头、颈部，转向次要部位，检验全皮的伤残，同时检验伤残部位、处数、面积及其影响程度。对可疑伤残，用左手持皮腹部边缘提起，右手将可疑处毛分开，对准光源看伤残程度。

（2）毛面。

检验毛面结合手摸眼看疏密、毛绒长短、粗细、颜色、毛的光泽及洁净程度等。

（3）面积测量。

板面朝上，长度从颈部中间至尾根量出，宽度在腰间选择适当部位测量（采取抵补法，即对不规则部分进行适当增补的方法）。按下式计算：

$$S = A \times B$$

式中，S——面积（cm²）；

　　　A——长度（cm）；

　　　B——宽度（cm）。

（4）数量。

按照表 2-3 的数量抽检，逐件进行数量核对，实际数量要与包装码单及外包装的数量相符。

（5）衡重。

实衡毛重：将货物逐件（包、盘、捆）稳放在磅盘上实衡毛重，记录每件毛重，求得全批货物毛重 m_1（kg）；

实衡皮重：将货物件数的 10% 拆件，逐张去掉浮盐和杂物，将所有的包装物和浮盐、杂物等堆放在磅盘上，衡取皮重，以此推算全批皮重 m_2（kg）；

净重：$m_3 = m_2 - m_1$，单位为 kg。

5. 检疫卫生要求

山羊板皮来自安全非疫区，炭疽检测阴性。检验出炭疽阳性的山羊板皮应按照 GB 16548、GB/T 16569 的要求进行无害化处理。

6. 检验结果判定

（1）品质判定。

A 类、B 类不合格品数同时小于等于 Ac（接受数），则判定为全批合格；A 类、B 类不合格品数同时大于等于 Re（拒绝数），则判定为全批不合格；A 类不合格品数大于等于 Re，不管 B 类不合格品数是否超出 Re，应判定为全批不合格；B 类不合格品数大于等于 Re，A 类不合格品数小于 Ac，两类不合格品数相加，如小于两类不合格品 Re 总数，则判定为全批合格，如大于或等于两类不合格品 Re 总数，则判定全批不合格。

（2）数量判定。

抽检包装件（张）数的总和与实际数量的总和不符，评定为数量不符。

（3）面积判定。

平均面积不符合合同规定，判定为全批面积不符。

（4）重量判定。

低于合同规定重量，短重率超过 5%，判定为全批不合格。

（5）其他判定。

安全、卫生项目不符合有关强制性规定的，判定为全批不合格。

7. 包装、标志、贮存、运输

（1）包装。

机扎包，麻布或塑编布，铁腰扎紧，包装整洁，无破损。

（2）标志。

标记清晰端正。

（3）贮存。

库房条件：专库专用，定期消毒，保持库内清洁、通风、散热、阴凉。

存放方法：进出口货物应离地面 30 cm 以上，墙距、垛距 50 cm 以上，不同品种、规格应分别放置。

（4）运输。

运输箱体要经过消毒处理，途中防日晒雨淋，勿与其他货物混装。

8. 检验有效期

检验有效期为 60 天。

绵羊板皮的品质检验与山羊板皮的检验基本相同。首先根据皮板厚薄、厚薄均匀程度、板面细致程度、油性大小、弹性强弱等判断板质的好坏，然后根据伤残轻重和面积大小等进行分级。目前，专门规定了绵羊板皮检验方法的出入境检验检疫行业标准 SN 0089—1992《出口绵羊板皮检验方法》已作废，并被 SN/T 1329—2003《进出口制革原料皮检验规程》（详见 2.1 节）代替。

2.1.3 猪皮的品质检验

猪皮的品质主要根据张幅大小、厚薄轻重、皮形完整、伤残轻重等进行鉴定。我国有许多适用于制革的良种猪皮。通常，大型猪的皮板厚，张幅大，皱纹深而多，毛孔大，粒面粗糙；中型猪的皮较厚，张幅稍小，皱折较多，毛孔较大，粒面较粗糙；小型猪的皮板较薄，张幅较小，皱折浅而少，粒面较细致；杂交改良猪的皮板较薄，皱折较浅较少，粒面较细致；引进猪的皮张较大，厚薄较均匀，粒面细；地方本种猪的皮板厚，皱折深而多，毛孔大，粒面粗糙。

国家标准 GB/T 9700—2009《盐湿猪皮检验方法》适用于盐湿猪皮的检验。下面按照该标准介绍盐湿猪皮的术语和定义、抽样、检验、检疫卫生要求、检验结果判定等内容。

1. 术语和定义

（1）缺陷（blemish）：凡是可使生皮价值降低的损伤。

（2）机械伤（mechanical injury）：包括撞击伤、划刺伤、鞭伤、烙印伤、描刀伤、刀洞等，皮上有机械伤的部分，严重的一般没有毛，成硬疤痕，轻的长有白毛，轻微的划伤不易看出，但在成品上显亮痕。

（3）刀伤（butcher cuts）：因剥皮不慎造成的伤残，在板面上深度不超过皮板厚度三分之一的刀痕为描刀，超过三分之二厚度者为刀洞。

（4）烙印伤（brand marks）：用烧红的金属标记，烙在皮板上的痕迹。

（5）抵补法（compensative method）：对不规则部分进行适当增减的方法。

（6）描刀（knife-cutted wound）：在板面上深度不超过皮板厚度三分之一的刀痕。

（7）破洞（damaged hole）：刀伤至皮厚三分之二以上，或挂伤及机械伤加工出现的破洞，主要部位影响制革质量。

（8）红斑（erythema）：由于盐湿猪皮受热、受潮，鳕鱼小球菌引起皮板局部发红，皮上形成红斑，有时红色发展成片。

（9）霉板（mold skin）：存放不当或未腌制好，热闷受潮出现霉变，严重者失去制革意义。

（10）掉毛（hairless spot）：防腐不及时或效果不好，毛局部脱落，露出皮板。

（11）胶化腐烂（gel decay）：红斑不及时控制，到了后期发展成紫色或黑色，皮板蛋白质分解腐烂。

（12）癣癞（mange）：癣、癞均系皮肤病造成的伤残，破坏毛囊。轻者毛绒粘乱，带有肤皮的称为癣；重者毛绒脱落，板面成凹窝的称为癞。

（13）痘痕（blain mark）：猪发生猪痘后在皮肤上留下的疤痕。

（14）疮疤（scar）：猪生长期皮肤上痈疮，已愈或未愈，影响制革质量。

（15）淤血板（blood－extravasated skin）：板面呈暗红色，枯燥、无光泽，弹性差。

（16）削薄（shave skin thin）：机械性面积性损伤。

（17）A 类不合格品（not qualitied product A）：单位产品上出现皮形不整、厚薄不均、描刀、破洞、红斑、霉板、掉毛、胶化腐烂、癣癞、痘痕、疮疤、淤血板、擦伤痕等严重影响制革的外观质量缺陷。

（18）B 类不合格品（not qualitied product B）：单位产品上出现厚薄不均、描刀、破洞、红斑、霉板、掉毛、胶化腐烂、癣癞、痘痕、疮疤、淤血板、擦伤痕等影响制革的外观质量缺陷。

2. 抽样

抽样方法与 2.1.2 节羊皮的品质检验相同。

3. 检验

（1）检验仪器与条件。

工作台、衡器（精确到 0.1 kg）、量尺（精确到 0.01 m）；检验场地自然光线适宜，避免阳光直射。

（2）外观质量检验。

①毛面。

抖净浮盐，将皮张颈部朝前，毛面朝上平放在工作台上检验，检验毛的粗细、疏密、光泽度，查看痘疤、癣癞、掉毛（对疑问掉毛处，用手能轻轻拔掉也视为掉毛）、烙印等伤残缺陷。

②板面。

将皮翻转，抖掉皮上的浮盐及污物，验看皮形是否完整，全皮的脂肪、肉屑是否去净，盐渍是否腌透均匀，手摸皮板厚薄及均匀程度，之后，视力集中于皮板主要部位（参见图 2—1），由下而上至颈部再转向次要部位，查看刀伤（描刀、破洞）、削薄、红斑（用手指轻刮后红斑仍显露者以红斑计，红斑不显者不以红斑计）、肉面发黑、肉面发紫、腐烂穿洞（对疑问处，以用手能顶破或拉破为准）、淤血板等伤残缺陷。

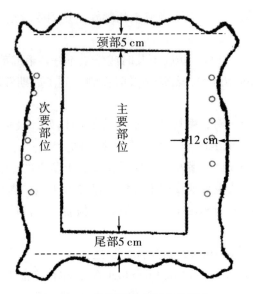

图 2-1　盐湿猪皮主要部位划分

③面积测量。

板面朝上，长度从颈部中间至尾根量出，宽度选腰间适当部位按抵补法（对不规则部分进行适当增补的方法）量出，求得每张面积，以此推算全批平均面积。测量面积采用长乘宽抵补法计算，单位为 cm^2。

④衡重。

实衡毛重：将货物逐件（包、盘、捆）稳放在磅盘上实衡毛重，记录每件毛重，求得全批货物毛重 m_1（kg）。

实衡皮重：将货物件数的 10% 拆件，逐张去掉浮盐和杂物，将所有的包装物和浮盐、杂物等堆放在磅盘上，衡取皮重，以此推算全批皮重 m_2（kg）。

净重：$m_3 = m_1 - m_2$，单位为 kg。

⑤数量。

按照表 2-3 的数量抽取货物拆件，逐件清点张数，对照进出口合同、装箱单，记录每件货物的张数。

4. 检疫卫生要求

盐湿猪皮来自安全非疫区，炭疽检测阴性。检验出炭疽阳性的盐湿猪皮应按照相应的标准方法进行无害化处理。

5. 检验结果判定

（1）品质判定。

A 类、B 类不合格品数同时小于等于 Ac（接受数），则判定为全批合格；A 类、B 类不合格品数同时大于等于 Re（拒绝数），则判定为全批不合格；A 类不合格品数大于等于 Re，不管 B 类不合格品数是否超出 Re，应判定为全批不合格；B 类不合格品数大于等于 Re，A 类不合格品数小于 Ac，两类不合格品数相加，如小于两类不合格品 Re 总数，则判定为全批合格，如大于或等于两类不合格品 Re 总数，则判定全批不合格。

（2）数量判定。

合同规定以张计价的，不管数量缺少多少，则判定为全批不合格。

（3）面积判定。

平均面积不符合合同规定，判定为全批面积不符。

（4）重量判定。

低于合同规定重量，短重率超过 5%，判定为全批不合格。

（5）其他判定。

检疫卫生不符合国家要求，判定为全批不合格。

6. 包装、标志、贮存、运输

（1）包装。

木（塑料）托盘铁腰扎紧，编织布或麻布包，包装整洁，无破损。

（2）标志。

标记清晰端正。

（3）贮存。

库房条件：盐湿猪皮应专库专用，定期消毒，保持库内清洁、通风、散热、阴凉。

存放方法：进出口货物应离地面 30 cm 以上，墙距、垛距 50 cm 以上，不同品种、规格应分别放置。

（4）运输。

运输箱体要经过消毒处理，途中防日晒雨淋，勿与其他货物混装。

7. 检验有效期

检验有效期为 60 天。

2.2　蓝湿革的品质检验

蓝湿革是皮革生产的重要原料之一。为了减少环境污染，降低运输成本，避免因原料皮保管、运输等环节造成的原料皮损伤，一些原料皮集散地将原料皮加工成蓝湿革后才出售。蓝湿革的主要品种有牛皮蓝湿革、羊皮蓝湿革和猪皮蓝湿革。由于蓝湿革品质对皮革产品品质和经济效益的影响远比原料皮带来的影响大，因此在购买蓝湿革时，对其品质的控制尤为重要。

蓝湿革的品质缺陷包括原料皮的所有缺陷以及在蓝湿革加工过程中造成的各种缺陷，如表面有铬斑、颜色发绿或灰暗、粒面粗糙、表面过鞣、鞣制不足等。

合格的蓝湿革应是颜色浅淡（蓝湖色），粒面平细，粒纹清晰，革身柔软丰满有弹性，无僵硬感觉。有轻微颜色发绿、灰暗，有轻微铬斑的蓝湿革应降一级。有严重发绿、粒面粗糙、表面过鞣或鞣制不足的应视为不合格。

出入境检验检疫行业标准 SN/T 0941—2011《进出口铬鞣（蓝）湿革检验检疫监管规程》适用于进出口蓝湿革的检验。下面按照该标准介绍蓝湿革的术语和定义、抽样、检验及检验结果判定。

1. 术语和定义

（1）蓝湿革（wet blue chrome leather）：已经初步经过铬鞣的皮革。

（2）松面（loose grain）：面向内弯曲90°，粒面上出现较大皱纹，放平后皱纹不能消失。

（3）管皱（piping）：网状层与粒面层分离的现象，也称为严重松面。

（4）破洞（holes）：破损面积在 0.25 cm² 以上为破洞，低于 0.25 cm² 的以轻度伤残论。

（5）削磨伤（damages by shaving and buffing）：削匀或磨革不当造成的机械性硬伤，如破洞、严重厚薄不均等。

（6）死折（folded wrinkle，can not repair）：革在熨压过程中造成的伤残，通过整理无法恢复原状。

（7）疤痕（pock marks）：皮张自身所带的或加工时造成的严重影响外观的伤痕。

（8）抵补法（compensative method）：多余部分补齐缺少部分的计算方法。

（9）检验批（lot）：以同一合同，在同一条件下加工的同一品种或进出口报检批为一检验批。

2. 抽样

（1）抽样方案。

按照 GB/T 2828.1—2012《计数抽样检验程序 第1部分：按接收质量限（AQL）检索的逐批检验抽样计划》中正常检查一次抽样方案。

（2）抽检水平。

按照 GB/T 2828.1—2012《计数抽样检验程序 第1部分：按接收质量限（AQL）检索的逐批检验抽样计划》的规定，采用一般检查水平Ⅱ。

（3）合格质量水平 AQL。

A类不合格品：AQL=1.5；

B类不合格品：AQL=4.0。

（4）方案实施。

根据表 2-4 进行抽样。理化样品从感官样品中抽取。

表 2-4 一次正常抽样表

批量 N/件（张）	抽验数	A类不合格品 AQL=1.5		B类不合格品 AQL=4.0	
		合格 Ac	不合格 Re	合格 Ac	不合格 Re
51~90	13	0	1	1	2

批量 N/件（张）	抽验数	A 类不合格品 AQL=1.5		B 类不合格品 AQL=4.0	
		合格 Ac	不合格 Re	合格 Ac	不合格 Re
91～150	20	1	2	2	3
151～280	32	1	2	3	4
281～500	50	2	3	5	6
501～1200	80	3	4	7	8
1201～3200	125	5	6	10	11
3201～10000	200	7	8	14	15
10001～35000	315	10	11	21	22

3. 品质检验

（1）仪器和工具。

物理、化学检验的仪器和工具，见第 3 章和第 4 章。

感官检验的仪器和工具：皮革测厚仪、磅秤、直尺或钢圈尺、量革机及量革板。

（2）检验场地。

应光线适宜，避免阳光直射。

（3）衡重。

按照 SN/T 0188—1993《进出口商品重量鉴定规程 衡器鉴重》的规定执行。

（4）感官检验。

将衡重后的样品回水后待检。

革面：检验颜色是否均匀，有无霉点、破洞、疮疤、松面、烙印、刺挂伤、虮叮、磨刮伤、虻眼、虻底和血管腺。

革里：检验有无刀伤、油腻感，是否清洁及带有皮下组织。

（5）面积测量与计算。

将回水后的蓝湿革用电子量革机对面积进行测量，也可用校准量革板（尺）手工测量，采用长乘宽抵补法计算面积，按下式计算：

$$S = A \times B$$

式中，S——面积（cm^2）；

　　　A——长度（cm）；

　　　B——宽度（cm）。

（6）标准点厚度的测定。

测量方法按 GB/T 4691《皮革成品厚度的测定》有关规定进行，超出限量范围 10%（含 10%）为 A 类不合格品，超出限量范围不足 10% 为 B 类不合格品。标准点厚度的测定仅适用剖层蓝湿革。

（7）缺陷的测量和计算。

蓝湿革的缺陷种类、缺陷面积的测量和计算按照 GB/T 4692—2008《皮革成品缺陷的测量和计算》的规定执行。

（8）部位划分。

主要部位和次要部位的划分按 GB/T 4690《皮革成品部位的区分》的规定执行。

（9）物理、化学检验。

具体要求按 GB/T 4689（皮革的物理、化学检验方法标准）规定进行检验；具体指标应符合 GB 20400—2006《皮革和毛皮 有害物质限量》，QB/T 1872—2004《服装用皮革》及 QB/T 1873—2010《鞋面用皮革》规定的理化指标。出口产品应符合输入国的技术要求。

（10）不合格品判定。

A 类和 B 类不合格品判定见表 2-5。

表 2-5　A 类和 B 类不合格品判定表

等级	A 类不合格品		B 类不合格品	
一级	主要部位重度伤残总面积占全皮比例	>3%	主要部位重度伤残总面积占全皮比例	2%～3%
	主要部位轻度伤残总面积占全皮比例	>6%	主要部位轻度伤残总面积占全皮比例	5%～6%
	全皮利用率	<80%	全皮利用率	80%～90%
二级	主要部位重度伤残总面积占全皮比例	>6%	主要部位重度伤残总面积占全皮比例	5%～6%
	主要部位轻度伤残总面积占全皮比例	>10%	主要部位轻度伤残总面积占全皮比例	8%～10%
	全皮利用率	<70%	全皮利用率	70%～80%

（11）记录。

现场检验结束应填写现场检验记录。

4. 检验结果判定

A 类和 B 类不合格品数均小于或等于 Ac（接受数），该批为合格批；A 类和 B 类不合格品数均大于或等于 Re（拒绝数），判定该批不合格；A 类不合格品数等于或大于 Re，无论 B 类不合格品数是否大于 Re，判定该批不合格；B 类不合格品数等于或大于 Re，A 类不合格品数小于或等于 Ac，两类不合格品数相加，如果小于两类不合格品 Re 总数，判定该批合格，如果大于或等于两类不合格品 Re 总数，判定该批不合格。

安全卫生（六价铬、五氯酚）项目不符合有关强制性检验规定的，判定该批不合格。

2.3　成品皮革的品质检验

成品皮革可按照原料皮的种类分为牛皮革、羊皮革、猪皮革和其他皮革。此外，皮革行业一般按照习惯将皮革分为轻革和重革，这两种皮革的主要区别在于其鞣制方法和用途不同。轻革通常指用铬鞣、结合鞣或其他鞣制方法得到的质地较软、较轻的皮革，其出售时以面积计，用于制造鞋面、服装、家具等。重革通常指用植物鞣剂鞣制得到的质地较硬、较重的皮革，其出售时以重量计，用于制造鞋底、工业用革等特殊用途。我国以制造轻革为主，2016 年 1—10 月我国规模以上制革企业累计销售收入 1447.9 亿元，轻革产量为 5.7 亿平方米。

用皮革为原材料制成的产品包括皮鞋、皮革服装、皮革箱包、皮革沙发和汽车坐垫、小皮件（皮革手套、皮带、皮帽、装饰品）等。统计数据显示，2016 年，我国规模以上制鞋企业累积销售收入为 7833 亿元，利润总额 451.6 亿元，出口量为 92.9 亿双，出口额为 448.9 亿美元；皮革服装出口量为 619.91 万件，出口额为 2.68 亿美元；皮革箱包出口量为 181.41 万个，出口额为 2592.5 万美元。

轻工行业标准 QB/T 1873—2010《鞋面用皮革》、QB/T 1872—2004《服装用皮革》、QB/T 2704—2005《手套用皮革》和 QB/T 2703—2005《汽车装饰用皮革》分别规定了鞋面用皮革、服装用皮革、手套用皮革和汽车装饰用皮革的分类、要求、分级、试验方法、检验规则和标志、包装、运输、贮存。本节根据这些标准对成品皮革的品质检验进行介绍。附录 3 列出了其他用途皮革的产品标准，包括轻工行业标准 QB/T 2680—2004《鞋里用皮革》、国家标准 GB/T 16799—2008《家具用皮革》和轻工行业标准 QB/T 2288—2004《移膜皮革》。

2.3.1　鞋面用皮革

1. 产品分类

产品分类见表 2-6，各品种皮革分类包含该品种的剖层革。

表 2-6　鞋面用皮革产品分类

类别		牛、马、骡皮革	猪皮革	羊皮革	其他皮革
厚度/mm	一型	>1.5		>0.9	>1.5
	二型	1.3~1.5		0.6~0.9	1.0~1.5
	三型	<1.3		<0.6	<1.0

2. 要求

（1）有害物质限量。

应符合 GB 20400—2006《皮革和毛皮 有害物质限量》和表 2-7 的规定。

表 2-7　鞋面用皮革有害物质限量值

项目	限量值		
	A 类 （婴幼儿用品）	B 类 （直接接触皮肤的产品）	C 类 （非直接接触皮肤的产品）
可分解有害芳香胺染料/（mg/kg）	≤30		
游离甲醛/（mg/kg）	≤20	≤75	≤300

注：被禁芳香胺名称见 GB 20400—2006。如果 4-氨基联苯和（或）2-萘胺的含量超过 30 mg/kg，且没有其他证据，以现有的科学知识，尚不能断定使用了禁用偶氮染料。

（2）理化性能指标。

应符合表 2-8 的规定。

表 2-8　鞋面用皮革理化性能指标

项目		类别			
		牛、马、骡皮革	猪皮革	羊皮革	其他皮革
撕裂力/N	一型	≥50		≥20	≥30
	二型	≥36		≥15	≥18
	三型	≥30		≥13	≥12
规定负荷伸长率/% （规定负荷 10 N/mm²）		≤40			
涂层耐折牢度		正面革：50000 次无裂纹（山羊正面革 20000 次）； 修面革：头层革 20000 次、剖层涂饰革 15000 无裂纹			
崩裂高度（光面革）/mm		≥7			
崩破强度/（N/mm）		头层光面革：≥350；绒面革、剖层革：≥300（羊皮革：≥200）			
摩擦色牢度/级	干擦	光面革≥4，绒面革≥3/4			
	湿擦	光面革≥3，绒面革≥2/3			
	无衬里鞋面革内表面	干擦≥4，湿擦≥3			
气味/级		≤3			
收缩温度/℃		≥90 （非铬鞣鞋面革收缩温度大于 80℃，硫化鞋面用皮革收缩温度应大于 100℃）			
pH		3.5～6.0			
pH 稀释差 （当 pH<4.0 时，检验稀释差）		≤0.7			

（3）感官要求。

①全张革厚薄基本均匀，革身平整、柔软、丰满有弹性，无油腻感。

②不裂面、无管皱，主要部位不得松面。

③涂饰革涂饰均匀，涂层粘着牢固，不掉浆，不裂浆。绒面革绒毛均匀，颜色基本一致。

3. 分级

产品经过检验合格后，根据全张革可利用面积的比例进行分级，应符合表 2-9 的规定。

表 2-9　鞋面用皮革分级

项目	等级			
	一级	二级	三级	四级
可利用面积/%	≥90	≥80	≥70	≥60
整张革主要部位（皮心、臀背部）	不应有影响使用功能的伤残		—	
可利用面积内允许轻微缺陷/%	≤5			

注：轻微缺陷，指不影响产品的内在质量和使用，只略影响外观的缺陷，如轻微的色花、革面粗糙、色泽不均匀等。

4. 试验方法

（1）禁用偶氮染料。

按 GB/T 19942—2005《皮革和毛皮 化学试验 禁用偶氮染料测定方法》的规定测定（见 3.7 节）。

（2）游离甲醛。

按 GB/T 19941—2005《皮革和毛皮 化学试验 甲醛含量的测定》的规定测定（见 3.6 节）。当发生争议、仲裁检验时，以色谱法为准。

（3）撕裂力。

按 QB/T 2711—2005《皮革 物理和机械试验 撕裂力的测定：双边撕裂》的规定测定（见 4.4 节）。

（4）规定负荷伸长率。

按 QB/T 2710—2005《皮革 物理和机械试验 抗张强度和伸长率的测定》的规定测定（见 4.5 节）。

（5）涂层耐折牢度。

按 QB/T 2714—2005《皮革 物理和机械试验 耐折牢度的测定》的规定测定（见 4.7 节）。

（6）崩裂高度和崩破强度。

按 QB/T 2712—2005《皮革 物理和机械试验 粒面强度和伸展高度的测定：球形崩

裂试验》的规定测定（见 4.6 节）。

（7）耐摩擦色牢度。

按 QB/T 2537—2001《皮革 色牢度试验 往复式摩擦色牢度》的规定测定（见 4.9 节）。测试头质量：光面革 1000 g，绒面革、无衬里鞋面革内表面 500 g；干擦 50 次，湿擦 10 次。

（8）气味。

按 QB/T 2725—2005《皮革 气味的测定》的规定测定（见 4.12 节）。

（9）收缩温度。

按 QB/T 2713—2005《皮革 物理和机械试验 收缩温度的测定》的规定测定（见 4.10 节）。

（10）pH 及稀释差。

按 QB/T 2724—2005《皮革 化学试验 pH 的测定》的规定测定（见 3.5 节）。

（11）感官要求。

在适宜的光线下，选择能看清的视距，进行感官检验。

5. 检验规则

（1）组批。

以同一品种原料投产、按同一生产工艺生产出来的同一品种的产品组成一个检验批。

（2）出厂检验。

产品必须经过检验，经检验合格并附有合格证方可出厂。

（3）型式检验。

①检验周期。

有下列情况之一者，应进行型式检验。

a. 原料、工艺、化工材料有重大改变时；

b. 产品长期停产（六个月）后恢复生产时；

c. 国家质量监督机构提出进行型式检验要求时；

d. 正常生产时，每半年至少进行一次型式检验。

②抽样数量。

从经检验合格的产品中随机抽取 3 张（片）进行检验。

③合格判定。

a. 单张（片）判定规则。

——禁用偶氮染料、游离甲醛、撕裂力、涂层耐折牢度、崩裂高度、摩擦色牢度、气味中如有一项不合格，或出现裂面、裂浆等影响使用功能的缺陷，即判定该张（片）不合格；

——规定负荷伸长率、崩破强度、收缩温度、pH、pH 稀释差中累计二项不合格，则判定该张（片）不合格；

——规定负荷伸长率、崩破强度、收缩温度、pH、pH 稀释差中有一项不合格，感官要求累计二项不合格，则判定该张（片）不合格；

——有害物质限量、理化性能指标全部合格，感官要求中累计超过三项不合格，则判定该张（片）不合格。

b. 整批判定规则。

在 3 张（片）被测样品中，全部合格，则判定该批产品合格。如有 1 张（片）及以上不合格，则加倍取样 6 张（片）进行复验。6 张（片）如有 1 张（片）及以上不合格，则判定该批产品不合格。

6. 标志、包装、运输、贮存

标志、包装、运输、贮存应符合 QB/T 2801—2010《皮革 验收、标志、包装、运输和贮存》的规定。

2.3.2 服装用皮革

1. 产品分类

产品分类见表 2—10。

表 2—10 服装用皮革产品分类

第一类	第二类	第三类	第四类
羊皮革	猪皮革	牛、马、骡皮革	剖层革及其他小动物皮革

2. 要求

（1）理化性能。

应符合表 2—11 的规定。第一类、第二类、第三类皮革中，厚度不大于 0.5 mm 的皮革，理化性能要求应符合第四类的规定。

表 2—11 服装用皮革理化性能指标

项目		类别			
		第一类	第二类	第三类	第四类
撕裂力/N		≥11	≥13	≥9	
规定负荷伸长率/% （规定负荷 5 N/mm²）		25~60			
摩擦色牢度/级	干擦（50 次）	光面革≥3/4，绒面革≥3			
	湿擦（10 次）	光面革≥3，绒面革≥2/3			
收缩温度/℃		≥90			
pH		3.2~6.0			

项目	类别			
	第一类	第二类	第三类	第四类
pH 稀释差 （当 pH<4.0 时，检验稀释差）	≤0.7			

（2）感官要求。

①革身平整、柔软、丰满有弹性。

②全张革厚薄基本均匀，洁净，无油腻感，无异味。

③皮革切口与革面颜色基本一致，染色均匀，整张革色差不得高于半级。皮革无裂面，经涂饰的革涂层应粘着牢固、无裂浆，绒面革绒毛均匀。标识明示特殊风格的产品除外。

3. 分级

产品经过检验合格后，根据全张革可利用面积的比例进行分级，应符合表2-12的规定。

表 2-12 服装用皮革分级

项目	等级			
	一级	二级	三级	四级
可利用面积/%	≥90	≥80	≥70	≥60
整张革主要部位（皮心、臀背部）	不应有影响使用功能的伤残		—	
可利用面积内允许轻微缺陷/%	≤5			

注：轻微缺陷，指不影响产品的内在质量和使用，只略影响外观的缺陷，如轻微的色花、革面粗糙、色泽不均匀等。

4. 试验方法

（1）理化性能。

①撕裂力。

按 QB/T 2711—2005《皮革 物理和机械试验 撕裂力的测定：双边撕裂》的规定测定（见 4.4 节）。

②规定负荷伸长率。

按 QB/T 2710—2005《皮革 物理和机械试验 抗张强度和伸长率的测定》的规定测定（见 4.5 节）。

③摩擦色牢度。

按 QB/T 2537—2001《皮革 色牢度试验 往复式摩擦色牢度》的规定测定（见 4.9 节）。测试头质量 500 g。

④收缩温度。

按 QB/T 2713—2005《皮革 物理和机械试验 收缩温度的测定》的规定测定（见 4.10 节）。

⑤pH 及稀释差。

按 QB/T 2724—2005《皮革 化学试验 pH 的测定》的规定测定（见 3.5 节）。

（2）感官要求。

在自然光线下，选择能看清的视距，以感官进行检验。

5. 检验规则

（1）组批。

以同一品种原料投产、按同一生产工艺生产出来的同一品种的产品组成一个检验批。

（2）出厂检验。

①产品出厂前应经过检验，经检验合格并附有合格证方可出厂。

②检验项目。

感官要求、摩擦色牢度。

a. 感官要求。

按"4. 试验方法（2）感官要求"的规定逐张（片）进行检验。

b. 摩擦色牢度。

在感官要求全部合格的产品中随机抽取 3 张（片），按"4. 试验方法（1）理化性能③摩擦色牢度"的规定进行检验。

③合格判定。

感官要求应全部符合"2. 要求（2）感官要求"的规定。色牢度检验中，3 张（片）全部合格，则判定该批产品合格。如色牢度检验中出现不合格，则加倍取样对该项进行复验。复验中如有 2 张（片）及以上不符合该项的规定，则判定该批产品不合格。

（3）型式检验。

①有下列情况之一者，应进行型式检验。

a. 原料、工艺、化工材料有重大改变时；

b. 产品长期停产（三个月）后恢复生产时；

c. 正常生产时，每半年至少进行一次型式检验；

d. 国家质量监督机构提出进行型式检验要求时。

②抽样数量。

从经检验合格的产品中随机抽取 3 张（片）进行检验。

③合格判定。

a. 单张（片）判定规则。

撕裂力、摩擦色牢度中如有一项不合格，或出现裂面、裂浆、严重异味等影响使用功能的缺陷，即判定该张（片）不合格。要求中其他各项，累计三项不合格，则判定该张（片）不合格。

b. 整批判定规则。

在 3 张（片）被测样品中，全部合格，则判定该批产品合格；如有 1 张（片）及以上不合格，则加倍取样 6 张（片）进行复验。6 张（片）中如有 1 张（片）及以上不合格，则判定该批产品不合格。

6. 标志、包装、运输、贮存

标志、包装、运输、贮存应符合 GB/T 4694—1984《皮革成品的包装、标志、运输和保管》的规定。

2.3.3 手套用皮革

1. 产品分类

产品分类见表 2-13。

表 2-13 手套用皮革产品分类

第一类	第二类	第三类	第四类
羊皮革	猪皮革	牛、马、骡皮革	剖层革及其他小动物皮革

2. 要求

（1）理化性能。

应符合表 2-14 的规定。第一类、第二类、第三类皮革中，厚度不大于 0.5 mm 的皮革，理化性能要求应符合第四类的规定。

表 2-14 手套用皮革理化性能指标

项目		类别			
		第一类	第二类	第三类	第四类
撕裂力/N		≥15	≥15	≥18	≥12
规定负荷伸长率/%（规定负荷 5 N/mm²）		25～50			
摩擦色牢度/级	干擦（50 次）	光面革≥3/4，绒面革≥3			
	湿擦（10 次）	光面革≥3，绒面革≥2/3			
崩裂高度/mm		≥8			
pH		3.2～6.0			
pH 稀释差（当 pH<4.0 时，检验稀释差）		≤0.7			

（2）感官要求。

①革身平整、柔软、丰满有弹性。

②全张革厚薄基本均匀，洁净，无油腻感，无异味。

③皮革切口与革面颜色基本一致，染色均匀，整张革色差不得高于半级。皮革无裂面，经涂饰的革涂层应粘着牢固、无裂浆，绒面革绒毛均匀。

3. 分级

产品经过检验合格后，根据全张革可利用面积的比例进行分级，应符合表 2-15 的规定。

表 2-15　手套用皮革分级

项目	等级			
	一级	二级	三级	四级
可利用面积/%	≥90	≥80	≥70	≥60
整张革主要部位（皮心、臀背部）	不应有影响使用功能的伤残	—		
可利用面积内允许轻微缺陷/%	≤5			

注：轻微缺陷，指不影响产品的内在质量和使用，只略影响外观的缺陷，如轻微的色花、革面粗糙、色泽不均匀等。

4. 试验方法

（1）理化性能。

①撕裂力。

按 QB/T 2711—2005《皮革 物理和机械试验 撕裂力的测定：双边撕裂》的规定测定（见 4.4 节）。

②规定负荷伸长率。

按 QB/T 2710—2005《皮革 物理和机械试验 抗张强度和伸长率的测定》的规定测定（见 4.5 节）。

③摩擦色牢度。

按 QB/T 2537—2001《皮革 色牢度试验 往复式摩擦色牢度》的规定测定（见 4.9 节）。测试头质量 500 g。

④崩裂高度。

按 QB/T 2712—2005《皮革 物理和机械试验 粒面强度和伸展高度的测定：球形崩裂试验》的规定测定（见 4.6 节）。

⑤pH 及稀释差。

按 QB/T 2724—2005《皮革 化学试验 pH 的测定》的规定测定（见 3.5 节）。

（2）感官要求。

在自然光线下，选择能看清的视距，以感官进行检验。

5. 检验规则

（1）组批。

以同一品种原料投产、按同一生产工艺生产出来的同一品种的产品组成一个检验批。

（2）出厂检验。

①产品出厂前应经过检验，经检验合格并附有合格证方可出厂。

②检验项目。

感官要求、摩擦色牢度。

a. 感官要求。

按"4. 试验方法（2）感官要求"的规定逐张（片）进行检验。

b. 摩擦色牢度。

在感官要求全部合格的产品中随机抽取 3 张（片），按"4. 试验方法（1）理化性能③摩擦色牢度"的规定进行检验。

③合格判定。

感官要求应全部符合"2. 要求（2）感官要求"的规定。摩擦色牢度检验中，3 张（片）全部合格，则判定该批产品合格。如色牢度检验中出现不合格，则加倍取样对该项进行复验。复验中如有 2 张（片）及以上不符合该项的规定，则判定该批产品不合格。

（3）型式检验。

①有下列情况之一者，应进行型式检验。

a. 原料、工艺、化工材料有重大改变时；

b. 产品长期停产（三个月）后恢复生产时；

c. 国家质量监督机构提出进行型式检验要求时；

d. 正常生产时，每半年至少进行一次型式检验。

②抽样数量。

从经检验合格的产品中随机抽取 3 张（片）进行检验。

③合格判定。

a. 单张（片）判定规则。

撕裂力、摩擦色牢度中如有一项不合格，或出现裂面、裂浆、严重异味等影响使用功能的缺陷，即判定该张（片）不合格。要求中其他各项，累计三项不合格，则判定该张（片）不合格。

b. 整批判定规则。

在 3 张（片）被测样品中，全部合格，则判定该批产品合格；如有 1 张（片）及以上不合格，则加倍取样 6 张（片）进行复验。6 张（片）中如有 1 张（片）及以上不合格，则判定该批产品不合格。

6. 标志、包装、运输、贮存

标志、包装、运输、贮存应符合 GB/T 4694—1984《皮革成品的包装、标志、运输和保管》的规定。

2.3.4 汽车装饰用皮革

1. 产品分类

产品分类见表 2—16。

表 2—16 汽车装饰用皮革产品分类

类别	厚度/mm
一型	<1.0
二型	1.0～1.2
三型	1.2～1.4
四型	>1.4

2. 要求

（1）理化性能。

应符合表 2—17 的规定。

表 2—17 汽车装饰用皮革理化性能指标

项目		指标			
		一型	二型	三型	四型
视密度/（g/cm³）		0.6～0.8			
抗张力/N		≥100	≥120	≥130	≥140
断裂伸长率/%		35～70			
撕裂力/N		≥16	≥20	≥20	≥25
摩擦色牢度/级	干擦（2000 次）	≥4/5			
	湿擦（300 次）	≥4			
	碱性汗液（200 次）	≥4			
	汽油（10 次）	≥4			
	中性皂液（20 次）	≥4			
耐折牢度/（100000 次）		无裂纹			
耐光性/级		≥4			

67

项目	指标			
	一型	二型	三型	四型
耐热性（4h/120℃）/级	≥4			
耐磨性（CS-10，1000g，500转）	无明显损伤、剥落			
涂层粘着牢度/（N/10mm）	≥3.5			
阻燃性/（mm/min）	≤100			
雾化值（重量法）/mg	≤5			
气味/级	≤3			
pH	≥3.5			
pH 稀释差（当 pH<4.0时，检验稀释差）	≤0.7			
禁用偶氮染料/（mg/kg）	≤30			
游离甲醛(分光光度法)/（mg/kg）	≤20			

（2）感官要求。

①全张革厚薄基本均匀，无油腻感，无异味。

②革身平整、柔软、丰满有弹性。

③正面革不裂面、无管皱，主要部位不应松面。涂饰革涂饰均匀，涂层粘着牢固，不掉浆，不裂浆。绒面革绒毛均匀，颜色基本一致。

3. 分级

产品经过检验合格后，根据全张革可利用面积的比例进行分级，应符合表2-18的规定。

表2-18　汽车装饰用皮革分级

项目	等级			
	一级	二级	三级	四级
可利用面积/%	≥85	≥75	≥65	≥55
整张革主要部位（皮心、臀背部）	不应有影响使用功能的伤残	—		
可利用面积内允许轻微缺陷/%	≤5			

注：轻微缺陷，指不影响产品的内在质量和使用，只略影响外观的缺陷，如轻微的色花、革面粗糙、色泽不均匀等。

4. 试验方法

（1）理化性能。

①视密度。

按 QB/T 2715—2005《皮革 物理和机械试验 视密度的测定》的规定测定（见4.13

节)。

②抗张力和断裂伸长率。

按 QB/T 2710—2005《皮革 物理和机械试验 抗张强度和伸长率的测定》的规定测定（见 4.5 节）。

③撕裂力。

按 QB/T 2711—2005《皮革 物理和机械试验 撕裂力的测定：双边撕裂》的规定测定（见 4.4 节）。

④摩擦色牢度。

按 QB/T 2537—2001《皮革 色牢度试验 往复式摩擦色牢度》的规定测定（见 4.9 节）。测试头质量 1000 g。

碱性汗液：$C_6H_9O_2N_3HCl \cdot H_2O$（L－组氨酸单盐酸盐）0.5 g＋NaCl 5 g＋$Na_2HPO_4 \cdot 12H_2O$ 5 g（或 $Na_2HPO_4 \cdot 2H_2O$ 2.5 g）配制成 1 L 水溶液，用 NaOH 溶液（0.1 mol/L）调节 pH 至 8.0。

汽油：沸点 80℃～110℃。

中性皂液：中性皂水溶液（2.5％）。

⑤耐折牢度。

按 QB/T 2714—2005《皮革 物理和机械试验 耐折牢度的测定》的规定测定（见 4.7 节）。6 个试样应全部合格。

⑥耐光性。

按 QB/T 2727—2005《皮革 色牢度试验 耐光色牢度：氙弧》进行检验。按曝晒方法 3 进行，其中：

亮周期：黑色标准温度计温度 89℃，箱体温度 62℃，相对湿度（50±5）％，时间 3.8 h；

暗周期：温度 38℃，相对湿度（95±5）％，时间 1 h；

控制波长 340 nm 时的发光度为（0.55±0.01）W/m^2，终点以辐射能量为基础，曝晒终点的总辐射能量为 451.2 kJ/m^2。用灰色变色卡进行等级评定。

⑦耐热性。

裁取 297 mm×210 mm 试样一块，放入 120℃的鼓风干燥箱中 4 h，取出，冷却至室温，用灰色样卡进行比色。

⑧耐磨性。

按 QB/T 2726—2005《皮革 物理和机械试验 耐磨性能的测定》进行检验。取样 3 个，磨轮：CS－10，1000 g，500 转，3 个试样全部符合要求，即为合格。

⑨涂层粘着牢度。

按 GB/T 4689.20—1996《皮革 涂层粘着牢度测定方法》的规定测定（见 4.8 节）。

⑩阻燃性。

按 QB/T 2729—2005《皮革 物理和机械试验 水平燃烧性能的测定》进行检验。取样 3 个，以 3 个试样的最大值为测试结果。

⑪雾化值。

按 QB/T 2728—2005《皮革 物理和机械试验 雾化性能的测定》中的重量法进行检验（见 4.11 节）。取样 4 个，以 4 个试样的平均值为测试结果。

⑫气味。

按 QB/T 2725—2005《皮革 气味的测定》的规定测定（见 4.12 节）。

⑬pH 及稀释差。

按 QB/T 2724—2005《皮革 化学试验 pH 的测定》的规定测定（见 3.5 节）。

⑭禁用偶氮染料。

按 GB/T 19942—2005《皮革和毛皮 化学试验 禁用偶氮染料测定方法》的规定测定（见 3.7 节）。

⑮游离甲醛。

按 GB/T 19941—2005《皮革和毛皮 化学试验 甲醛含量的测定》中的分光光度法进行检验（见 3.6 节）。

（2）感官要求。

在自然光线下，选择能看清的视距，以感官进行检验。

5. 检验规则

（1）组批。

以同一品种原料投产、按同一生产工艺生产出来的同一品种的产品组成一个检验批。

（2）出厂检验。

①产品出厂前应经过检验，经检验合格并附有合格证方可出厂。

②检验项目。

感官要求、摩擦色牢度（干擦、湿擦）、阻燃性。

a. 感官要求。

按"4. 试验方法（2）感官要求"的规定逐张（片）进行检验。

b. 摩擦色牢度、阻燃性。

在感官要求全部合格的产品中随机抽取 3 张（片），按"4. 试验方法（1）理化性能④摩擦色牢度和⑩阻燃性"的规定进行检验。

③合格判定。

感官要求应全部符合"2. 要求（2）感官要求"的规定。摩擦色牢度（干擦、湿擦）、阻燃性检验中，3 张（片）全部合格，则判定该批产品合格。如摩擦色牢度（干擦、湿擦）、阻燃性检验中出现不合格，则加倍取样对该项进行复验。复验项目全部合格，则判定该批产品合格。

（3）型式检验。

①有下列情况之一者，应进行型式检验。

a. 原料、工艺、化工材料有重大改变时；

b. 产品长期停产（六个月）后恢复生产时；

c. 国家质量监督机构提出进行型式检验要求时；

d. 正常生产时，每半年至少进行一次型式检验。

②抽样数量。

从经检验合格的产品中随机抽取 3 张（片）进行检验。

③合格判定。

a. 单张（片）判定规则。

撕裂力、摩擦色牢度、耐折牢度、耐光性、耐热性、耐磨性、涂层粘着牢度、阻燃性、雾化值、气味、禁用偶氮染料、游离甲醛中如有一项不合格，或出现裂面、裂浆等影响使用功能的缺陷，即判定该张（片）不合格。

技术要求中其他各项，累计三项不合格，则判定该张（片）不合格。

b. 整批判定规则。

雾化值、阻燃性、耐磨性三项指标按批进行检验、判定：3 张（片）中各取样一个（其中一张雾化值取样两个）进行检验，三项指标中有一项不合格，即判定该批产品不合格。

其余各项指标先进行单张（片）检验、判定，再进行整批判定。3 张（片）被测样品合格，雾化值、阻燃性、耐磨性三项指标全部合格，则判定该批产品合格；如有 1 张（片）及以上不合格，则加倍取样 6 张（片）进行复验。

复验中，雾化值、阻燃性、耐磨性三项指标按批进行检验、判定，分别取样 4 个、3 个、3 个（单张片取样 1 个），三项指标中有一项不合格，即判定该批产品不合格。其余各项指标先进行单张（片）检验、判定，再进行整批判定。6 张（片）被测样品合格，雾化值、阻燃性、耐磨性三项指标全部合格，则判定该批产品合格。

注：整批判定时，雾化值、阻燃性、耐磨性三项指标不进行单张（片）的合格判定。

6. 标志、包装、运输、贮存

标志、包装、运输、贮存应符合 GB/T 4694—1984《皮革成品的包装、标志、运输和保管》的规定。

2.4　制裘原料皮的品质检验

毛皮加工行业消耗的原料皮资源主要包括两部分：一是绵羊皮、山羊皮及少量牛马皮等畜牧业副产物；二是特种动物养殖业提供的原料皮资源，包括貂、狐、貉、兔等。据统计，2016 年我国水貂取皮数量 2616 万张，狐狸取皮数量 1265 万张，貉子取皮数量 1469 万张，我国已成为毛皮动物养殖大国。此外，我国也从国外进口水貂、蓝狐、貉子等高档毛皮原料皮，它们主要来源于丹麦、芬兰、北美等著名国际毛皮拍卖行。

2.4.1 毛被和皮板的品质检验

制裘原料皮的品质评价以感官检验为主，定量分析检测为辅。检验对象包括毛被和皮板两部分，其中毛被的品质更为重要。

1. 毛被

毛被的品质检验指标有长度、密度、粗细、颜色、色调、花纹、光泽、弹性、强度、柔软度、耐用性以及成毡性等，通过这些指标可以综合评价毛被的品质。

（1）毛的长度、密度。

毛的长度与密度决定了毛皮的保暖性，毛越长越密则保暖性越好。通常对上乘产品使用的定性语言有毛长厚密，底绒丰足、细柔、灵活，针绒俱佳等，大多数的冬皮具有这类特质。对稍差的产品的定性语言有毛被略空疏（略短薄），毛显粗糙、光泽不足，毛欠灵活、欠成熟，针毛略短缺等，这种产品多属于早春皮和晚秋皮。春皮和夏皮多为毛被空疏、短薄、粗涩并粘乱，针毛略有弯曲。部分制裘原料皮的毛的长度、密度和细度见表2—19。

（2）毛的粗细。

毛的粗细常用细度（μm）表示，部分制裘原料皮的毛的细度见表2—19。一般规律是"细绒细针底绒足，粗针粗毛底绒疏"。但品种不同，对毛被粗细的要求不同。例如，绵羊皮毛粗则花弯坚实、清晰，毛细则花弯软而松散；野生毛皮若毛细绒足则质量好，反之则差。

表2—19　部分制裘原料皮的毛的长度、密度和细度

原料皮种类	长度/mm	密度/根·mm^{-2}	细度/μm
细毛绵羊皮	65~70	40~93	16~25
半细毛绵羊皮	60~130	20~40	25~35
粗毛绵羊皮	92~165	15~30	32~40
山羊皮绒毛	35~45	5~20	15~20
山羊皮粗毛	80~150	2~9	20~60
家兔皮	25~35	50~80	15~50
安哥拉兔皮	60~120	50~100	5~30
獭兔皮	13~22	60~100	7~20
麝鼠皮	10~25	80~100	10~20
狗皮	30~70	20~60	25~50
水貂皮	10~28	230~330	12~13
狐皮	40~80	70~100	20~30

原料皮种类	长度/mm	密度/根·mm^{-2}	细度/μm
黄狼皮	10~30	80~120	15~30
家猫皮	20~40	50~100	20~100
旱獭皮	16~30	13~28	33
毛丝鼠皮	18~25	200	9~28
海狸鼠皮	20~35	50~80	50~100
鹅皮绒	20~25	<10	14~19

（3）毛被的颜色、色调及花纹。

毛被的天然颜色、色调和花纹决定着毛皮的价值。如紫貂、海龙皮均以天然色泽著名，价值非常高。在家养的毛皮动物中，为了迎合顾客要求，已培育出彩狐、彩貂、彩兔等新品种。另外，常将低档皮（如家兔皮、狗皮等）进行深加工，仿染成高档的水貂皮、豹皮等。

（4）光泽。

毛的光泽是指洗净的毛对光线的反射和透射能力。毛的光泽取决于鳞片的形状、数目、排列方式、覆盖紧密程度以及毛的透明度等因素。根据光泽的强弱，可分为玻光、丝光、银光和弱光四种。例如，安哥拉山羊毛鳞片平阔，紧贴于毛干上，手感光滑，本身为半透明体，故呈玻光；细毛绵羊毛表面曲率大，光漫反射大，因此光线特别柔和，近似于银光。化学药品和细菌的侵蚀都会损伤鳞片层，导致光泽晦暗、僵涩，使光泽质量降低。

（5）弹性。

弹性是指对毛施加外力时毛会发生形变，当外力消失后毛恢复其原来形状的能力。弹性直接影响毛被的外观。弹性好的毛被，经挤压或折叠后，抖开不留压折痕；弹性差的毛被，经挤压或折叠后，压折痕难以消失或不消失，造成不良外观。

（6）柔软度。

柔软度用手和皮肤触摸毛被来评定。柔软度分为四等：很柔软（细毛绵羊毛），柔软（貂毛），半柔软（猸子毛），硬（獾毛）。毛被的柔软度取决于毛被的构造，即毛细度与毛长度的比值、有髓毛与无髓毛的比例等。例如，由针毛组成的獾皮，其毛被粗硬；安格拉兔毛因长度与细度比值大而柔软；由无髓毛组成的细毛绵羊毛柔软。

（7）松散与成毡。

毛皮要求毛被松散、灵活而不成毡。成毡是毛在外力作用下散乱爬动的结果。当毛在皮板上不能自由移动时，在外力作用下就会产生弯曲缠结，从而形成不可逆的毡结。成毡的因素包括毛鳞片密度、形态，毛的卷曲，以及酸、碱介质等。例如，狐皮的毛又长又细又柔软，易成毡，因此在加工中要采取相应措施以避免成毡。

（8）耐用系数。

耐用系数大多表示毛皮的穿用寿命长。根据实测，将最耐用的海龙毛皮和水獭毛皮的耐用系数定为 100，其他毛皮与其相比较得出相应的耐用系数。例如，貂熊毛皮 100，黑熊毛皮和棕熊毛皮 94，河狸毛皮 90，海豹毛皮 80，金钱豹毛皮 75，水貂毛皮 70，阿拉斯特羊羔毛皮 65，紫貂毛皮 45，狐毛皮 40，海理鼠毛皮 25，黄狼毛皮 25，灰鼠毛皮 25，家兔毛皮 20，毛丝鼠毛皮 15，山羊毛皮 15，鼹鼠毛皮 7，山兔毛皮 5。

2. 皮板

皮板的品质主要通过厚度、面积等指标进行综合评价。

（1）厚度。

皮板厚度取决于动物种类、路别、性别、兽龄、猎宰季节、部位以及防腐方法等。皮板厚度随兽龄增加而增加，雄性比雌性皮板厚。同一张皮，背脊部、臀部最厚，其次为两侧，腹肷部最薄。盐湿皮厚度变化不大；盐干皮和甜干皮厚度减小。

（2）面积。

皮板的面积也与动物的种类、兽龄、性别及防腐方法有关。同种动物皮，雄性比雌性面积大；成年兽皮比幼兽皮面积大；盐湿皮比盐干皮面积大；撑板皮比甜干板皮面积大，但撑板皮因干燥过度，加工回软困难，故不宜采用。

3. 其他因素

制裘原料皮的品质优劣还与原料皮的强度（包括毛的强度、皮板强度以及毛与皮板的结合牢度）密切相关。

（1）毛的强度。

毛的强度表示毛的结实程度，常用绝对强度和相对强度来表示。绝对强度是指单根毛纤维被拉断时所用的力，单位为 N；相对强度是指单根毛纤维拉断时，单位横截面积上的断裂力，单位为 N/cm^2。毛的绝对强度与毛的细度、构造、种类有关。例如，细毛绵羊毛的绝对强度为 0.079～0.0993 N，驼毛的绝对强度为 0.45～0.6 N，家兔绒毛的绝对强度为 0.018～0.031 N，山羊绒毛的绝对强度为 0.045～0.05 N。毛的强度大，其使用寿命长。水獭毛强度大，耐用系数为 100；而驯鹿毛强度极差，易折断，非常不耐用。

（2）皮板强度。

皮板强度取决于动物的种类、屠宰季节、胶原编织、乳头层厚度等因素。胶原纤维粗壮而紧密的皮板强度高，纤维细弱而疏松的皮板强度低。例如，细毛绵羊皮的乳头层发达，纤维编织疏松，其中毛囊、脂腺、汗腺、血管、淋巴管、竖毛肌等密布，故乳头层空松，整个皮板的抗张强度低。水貂皮虽然小而薄，但其胶原纤维粗壮，编织紧密，抗张强度比绵羊皮大 1～2 倍。同一张皮，臀部因厚实紧密，其皮板的抗张强度高；而腹肷部因纤维编织疏松，其抗张强度低。

（3）毛与皮板的结合牢度。

毛与皮板的结合牢度是指毛长在皮板上的牢固程度。该牢度取决于动物种类、毛囊深入乳头层的深度、毛囊包裹毛纤维的紧密程度、毛的季节性及成熟期等因素。毛囊越深、包裹毛纤维越紧，毛的牢固度越大。例如，水貂毛长得牢固的原因是毛囊深、包裹紧而且毛球呈钩状。春皮毛的牢固度差是因为毛过熟、毛根已角质化，毛球与毛乳头开始脱离而进入换毛期。原料皮处理不当也会造成毛与皮板结合牢度降低，造成毛松、溜针、掉毛、脱毛等缺陷。鲜皮未及时干燥、防腐，或贮存条件失当，受细菌、霉菌等微生物侵蚀都会降低毛与皮板的结合牢度，使原料皮质量降低。

2.4.2　毛皮的常见缺陷

影响原料皮质量的伤残缺陷很多，概括起来有自然伤残缺陷和人为伤残缺陷两种。自然伤残缺陷是由动物的性别、年龄、生长环境以及气候、饲料、疾病等原因形成的；人为伤残缺陷是由饲养管理、捕捉方法、捕杀季节以及剥皮、晾晒、保管、运输等原因造成的。

常见的自然伤残缺陷包括癣癫、疮、伤疤、虱叮、痘疤、咬驳伤、白毛针、白毛撮、自咬伤、白绒毛、食毛症、毛锋勾曲、老毛、旋毛、擦毛、塌驳、塌脊、空欧、刺驳、粘驳、病瘦皮、龟盖皮、鸡鸽毛、杂色皮、圈黄。人为伤残缺陷包括缠结毛、捕捉伤、描刀、破洞、硬块、娥食伤、烟熏等。

2.4.3　世家皮草（SAGAFURS）评级系统

世家皮草是北欧第一大皮草原料品牌和首屈一指的皮草原料供应商，它代表着一个严格而全面的质量控制系统，只有品质优良的毛皮才能被赋予"世家皮草（SAGAFURS©）"标签。世家皮草的貂皮、狐皮和芬兰貉子皮评级系统被公认为业内最好的体系。目前国际上多参照或引用世家皮草分级标准来鉴定及分级制裘原料皮的品质。下面根据世家皮草评级系统对制裘原料皮（以貂皮为例）的鉴定及分级进行介绍。

1. 性别

对于貂皮，公貂皮和母貂皮在体积、毛绒和皮板方面差异显著，所以性别是评级过程中的筛选标准之一。公貂皮的体积较大，皮板较厚；母貂皮的体积较小，皮板较薄，如图 2-2 所示。

图 2-2　按照性别分级的貂皮

2. 尺寸

貂皮的尺寸是指鼻尖至尾稍的长度，依据国际标准精密测量。尺寸分级如图 2-3

所示。

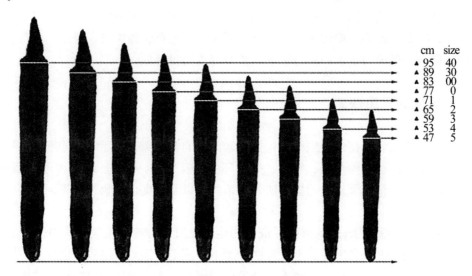

cm	size
▲ 95	40
▲ 89	30
▲ 83	00
▲ 77	0
▲ 71	1
▲ 65	2
▲ 59	3
▲ 53	4
▲ 47	5

图 2-3　按照尺寸分级的貂皮

3. 颜色

貂皮的色泽差异可由深色至浅色和白色阴影，分类级别：黑、++深、+深、深、中等、浅、+浅、++浅、+++浅和++++浅，如图 2-4 所示。

图 2-4　按照颜色分级的貂皮

4. 质量

针毛的长度、密度、柔滑度以及底绒的密度和弹性是决定世家裘皮质量等级的几个因素。底绒对于世家裘皮的质量至关重要，其密度和弹性是决定质量等级的关键因素。针毛和底绒的分级如图 2-5 所示。按照底绒和针毛的密度、针毛的长度、毛皮的柔滑度和弹性，貂皮可以分为两个主要等级：世家皮草皇冠（SAGA Royal）和世家皮草极品（SAGA Superior= SAGA/SAGA I），如图 2-6 所示。

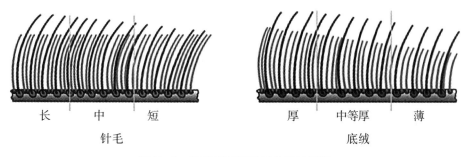

图 2-5　针毛和底绒质量分级示意图

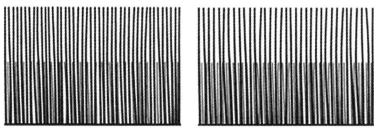

世家皮草皇冠　　　　　　　　世家皮草极品

图 2-6　世家裘皮（貂皮）质量分级示意图

5. 清晰度

貂皮按照清晰度或者毛皮的色调进行评级，可分为五个清晰度类别，如图 2-7 所示。

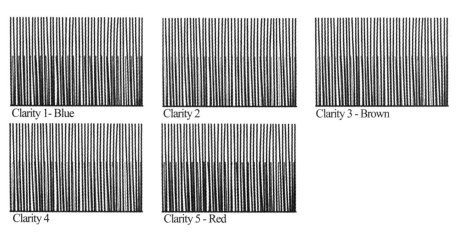

图 2-7　貂皮清晰度和色调评级示意图

2.5　成品毛皮的品质检验

成品毛皮常常根据原料皮的毛质和皮质分为以下五种类型：①小毛细皮，主要包括水貂皮、紫貂皮、黄狼皮、灰鼠皮、栗鼠皮（青紫兰）、水獭皮、艾虎皮、银鼠皮、麝鼠皮、海狸皮、猸子皮等，小毛细皮针毛稠密，制裘价值高，适于做高档裘皮大衣、毛领等；②大毛细皮，主要包括狐皮、貉子皮、猞猁皮、獾皮、狸子皮等，大毛细皮针毛较长，皮张幅大，也具有较高的制裘价值；③粗毛皮，常用的有绵羊皮、山羊皮、狗皮、狼皮、豹皮、旱獭皮等；④杂毛皮，包括兔皮、猫皮等；⑤胎毛皮，主要包括羔皮、胎牛皮、珍珠羔皮、小湖羊皮、猾子皮等，适于制作以美观为主的各种长短大衣、皮领等。

据统计，2016 年 1—8 月，我国规模以上毛皮及制品企业累计完成销售收入 590.48 亿元，同比增长 0.12%；规模以上天然毛皮服装行业累计完成产量 319.50 万件；毛皮鞣制及制品行业利润总额 44.54 亿元；毛皮及制品（含生毛皮）进口 9.9 亿美元，出口 19 亿美元。目前毛皮产品中较大宗的产品为毛皮服装。

轻工行业标准 QB/T 2536—2007《毛革》适用于服装用、鞋用毛革。本节根据该标准介绍毛革的要求、试验方法、分级、检验规则和标志、包装、运输、贮存。

1. 要求

（1）基本要求。

应符合 GB 20400—2006《皮革和毛皮 有害物质限量》的规定。

（2）理化性能。

应符合表 2-20 的规定

表 2-20　成品毛皮理化性能指标

项目		指标	
		服装用毛革	鞋用毛革
撕裂力/N		≥10	≥15
规定负荷伸长率/% （规定负荷 5 N/mm）		20~60 （规定负荷 5 N/mm²）	≤40 （规定负荷 10 N/mm²）
摩擦色牢度 （干/湿）/级	革面	干擦：≥3/4；湿擦：光面≥3，绒面≥2/3	
	毛被	干擦：≥4；湿擦：≥3	
收缩温度/℃		≥80	
pH		4.0~6.5	
pH 稀释差 （当 pH<4.0 时，检验稀释差）		≤0.7	
气味/级		≤3	

（3）感官指标（特殊风格产品除外）。

①革面。

a. 光面涂层均匀，滑爽不粘；不露底，不起毛，不裂浆；颜色均匀，光泽柔和自然。

b. 绒面绒头细致、均匀，色泽一致。

②革身。

柔软、丰满，平整，无油腻感。

③毛被。

毛绒丰满，细致平整，松散、洁净；无锈毛、结毛、脱毛、剪伤；色泽均匀。

2. 试验方法

（1）取样。

按 QB/T 1267—1991《毛皮成品 样块部位和标志》规定的标准部位取样。

（2）禁用偶氮染料。

按 GB/T 19942—2005《皮革和毛皮 化学试验 禁用偶氮染料测定方法》的规定测定（见 3.7 节）。

（3）游离甲醛。

按 GB/T 19941—2005《皮革和毛皮 化学试验 甲醛含量的测定》中规定的分光光度法测定（见 3.6 节）。当发生争议、仲裁检验时，以色谱法为准。

（4）撕裂力。

①试验条件。

在 QB/T 1266—1991《毛皮成品 物理性能测试用试片的空气调节》规定的标准空气中进行测定。

②试样制备。

在 QB/T 1267—1991《毛皮成品 样块部位和标志》中图 3、图 4、图 5 规定的 2 号试样（纵）、4 号试样（横）各取样一个，试样规格符合 QB/T 2711—2005《皮革 物理和机械试验 撕裂力的测定：双边撕裂》的规定（见 4.4 节）。

③测量和计算。

按 QB/T 2711—2005《皮革 物理和机械试验 撕裂力的测定：双边撕裂》的规定进行（见 4.4 节）。

④结果表示。

以两个试样撕裂力的算术平均值为计算结果，计算结果保留小数点后一位。

（5）规定负荷伸长率。

①试验条件。

在 QB/T 1266—1991《毛皮成品 物理性能测试用试片的空气调节》规定的标准空气中进行测定。

②试样制备。

在 QB/T 1267—1991《毛皮成品 样块部位和标志》中图 3、图 4、图 5 规定的 1 号试样（纵）、3 号试样（横）各取样一个。

③测量和计算。

按 QB/T 1270—1991《毛皮成品 伸长率的测定》的规定进行。

④结果表示。

以两个试样规定负荷伸长率的算术平均值为计算结果，计算结果保留整数位。

（6）摩擦色牢度。

按 QB/T 1327—1991《皮革表面颜色摩擦牢度测试方法》的规定测定。

（7）收缩温度。

按 QB/T 1271—1991《毛皮成品 收缩温度的测定》的规定测定。

（8）pH 及稀释差。

按 QB/T 1277—1991《毛皮成品 pH 的测定》的规定测定。

（9）气味。

按 QB/T 2725—2005《皮革 气味的测定》的规定测定（见 4.12 节）。

（10）感官要求。

在自然光线下，选择能看清的视距，以感官进行检验。

3. 分级

产品经过检验合格后，根据革面、毛面可利用面积的比例进行分级，应符合表 2-21 的规定。

表 2-21　成品毛皮分级

项目	等级			
	一级	二级	三级	四级
可利用面积/%	≥90	≥80	≥65	≥50
	皮心、臀背部无影响 使用功能的伤残	—		
可利用面积内允许轻微缺陷/%	≤5			

注：轻微缺陷，指不影响产品的内在质量和使用，只略影响外观的缺陷，如轻微的色花、革面粗糙、色泽不均匀等。

4. 检验规则

（1）组批。

以同一品种原料投产、按同一生产工艺生产出来的同一品种的产品组成一个检验批。

（2）出厂检验。

产品出厂前应经过检验，经检验合格并附有合格证（或检验标志）方可出厂。

（3）型式检验。

①有下列情况之一者，应进行型式检验。

a. 原料、工艺、化工材料有重大改变时；

b. 产品长期停产（三个月）后恢复生产时；

c. 正常生产时，每半年至少进行一次型式检验；

d. 国家质量监督机构提出进行型式检验要求时。

②抽样数量。

从经检验合格的产品中随机抽取 3 张（片）进行检验。

③合格判定。

a. 单张（片）判定规则。

可分解有害芳香胺染料、游离甲醛、撕裂力、摩擦色牢度、气味中如有一项不合格，或出现裂面、裂浆等影响使用功能的缺陷，即判定该张（片）不合格。要求中其他各项，累计三项不合格，则判定该张（片）不合格。

b. 整批判定规则。

在 3 张（片）被测样品中，全部合格，则判定该批产品合格；如有 1 张（片）及以上不合格，则加倍取样 6 张（片）进行复验。6 张（片）如有 1 张（片）及以上不合格，则判定该批产品不合格。

注：测定可分解有害芳香胺染料、游离甲醛时，可分别从 3 张（片）被测样品上取样，制样后均匀混合，混合样的测试结果作为判定依据。

6. 标志、包装、运输、贮存

（1）标志。

经检验合格的产品应有以下标志：

产品名称、采用标准编号、货号、颜色、等级、数量、生产日期、商标、产品合格证（或检验标志）、贮运（防护）标志、生产单位名称、地址、联系电话；必要的产品使用（维护保养）说明。

（2）包装。

产品的内外包装应采用适宜的包装材料，防止产品受损。

（3）运输和贮存。

①防止曝晒、雨雪淋；

②保持通风干燥，不应重压，防蛀、防潮，避免高温环境；

③远离化学物质、液体侵蚀；

④避免尖锐物品的戳、划。

思考题

1. 制革原料皮与制裘原料皮的质量评价有何差异？

2. 简述蓝湿革的品质检验内容和检验结果判定。

3. 轻工行业标准 QB/T 1873—2010《鞋面用皮革》中规定的鞋面用皮革的要求有哪些？你认为是否完善？

4. 试分析鞋面用皮革、服装用皮革和汽车装饰用皮革的质量要求的区别，并阐述原因。

第3章 皮革的化学分析检验

皮革的化学分析是评定其质量的重要环节之一。化学分析主要是分析皮革的组分，这些组分在一定程度上与皮革成品的性质有着密切关系。国家对皮革产品的分析指标和方法有明确的规定，必须将化学指标、物理检验指标以及观感鉴定结合起来综合评价皮革成品的质量。化学分析项目因成革种类、鞣法不同等而略有差异。

3.1 化学分析通则

皮革的化学分析检验应遵循以下化学分析通则：①各试验项目同时取两份试样，进行平行试验；②各项试验的分析结果，除鞣制系数取整数位数值外，其他项目均保留小数后一位；③平行试验的结果，其差数符合"允许误差"时，以平均数值作为测试结果，如超过时，应另取试样重做试验；④报告各项测试结果时，除水分及其他挥发物应为实测数值外，其他项目的结果均按照水分及其他挥发物的百分率为零的标准进行计算（即以绝干计）。计算式如下：

$$报告结果的数值(\%) = 实测结果 \times \frac{100}{100 - 实测水分及其他挥发物百分含量}$$

3.2 皮革的取样

从全部物料（革）中选出具有代表性，能反映物料特征的一部分作为样品进行检验，这一过程称为取样。分析结果的准确性，除了与操作方法和技术的准确性有关外，还同时取决于取样的代表性。

皮革和原料皮一样，是非均一性的物料，不同路别、不同种类的原料皮制成的革性能差异很大。即使是同一张皮革，其不同部位的组织构造也不尽相同。但是对所有的成品革及各个部位进行检验是不现实的，因此只能从全部物料中取出具有代表性的一部分作为样品进行检验，做到取尽可能少的样品，得到尽可能准确的结果。所取样品的代表性取决于取样数量、方法、部位和面积。

3.2.1　取样数量

轻工行业标准 QB/T 2708—2005《皮革 取样 批样的取样数量》规定了从商业批或生产批中抽取整张样品数量的方法。

1. 术语和定义

（1）商业批：商业机构在一个时间段内组织的产品总和，包括一个或多个生产批或生产批的一部分。

（2）生产批：在相同条件下生产出来的一定数量的产品。

（3）批样：从一个商业批或生产批中选择的整张样品。

（4）样品：从批样中选择、切取的整块样块。

2. 取样

如果相关各方对取样没有特别的约定，批样的取样数量按下式计算：

$$n = 0.5\sqrt{N}$$

式中，n——批样的取样数量，应不少于 3；

　　　N——商业批或生产批的产品总数量。

如一批革有 64 张，则取样 $n = 0.5 \times \sqrt{64} = 0.5 \times 8 = 4$（张）（若 $N < 64$，也按 64 张取）。

应保证取样是随机抽取的，可使用适当方式，用随机抽取表进行。

3.2.2　取样方法、部位和面积

下面按照轻工行业标准 QB/T 2706—2005《皮革 化学、物理、机械和色牢度试验 取样部位》介绍从单张（片）皮革上切取实验室样品的部位，以及对切取的实验室样品进行标识的方法。该标准适用于各种哺乳类动物皮加工制成的皮革，不适用于鸟类、鱼类和爬行动物皮加工制成的皮革。

1. 术语和定义

实验室样品：按照规定区域取得的样品。

2. 实验室样品的部位

（1）概述。

①样品的选择。

a. 选择实验室样品的区域不应有明显的各种类型的缺陷，如刮伤和剥皮时的刀伤。

b. 取样的程序适用于物理、化学和色牢度试验的取样。

②物理和色牢度试验的取样。

物理和色牢度试验的样品从图 3—1~图 3—4 中没有影条的区域切取。

③化学试验的取样。

a. 化学试验的样品从图 3—1~图 3—4 中有影条的区域切取。

b. 如果不能取得化学试验所需的最小样块，则从样品背脊线另一侧的相应部位取样。如果还不能取得足够的样品，则从取样部位相邻的部位取样。

c. 除仲裁分析外，在物理试验中没有被污染的清洁试样可以用来进行化学试验。在仲裁分析中，用作化学试验的皮革试样只能从正确的部位取得。

（2）整张革。

按图 3—1 切取无影条的方形块 $GJKH$ 和/或有影条的方形块 $HLMN$。在较小的皮革中，单个试样所需的距离 EF 和 JK 可以适当缩短。当从较小的皮革上取样时，如果取样方法发生了变化，应保持与本程序最小的偏差。

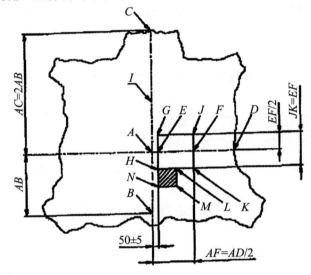

1—背脊线；B—尾根部

图 3—1　整张革（单位：mm）

注：AD 垂直于 BC；GH、JK 平行于 BC；$AC = 2AB$；$AF = FD$；$JK = EF$；$GE = EH$；$HL = LK = HN$；$AE = (50 \pm 5)$ mm。

（3）半臀背革。

按图 3—2 切取无影条的方形块 $GJKH$ 和/或有影条的方形块 $HLMN$。

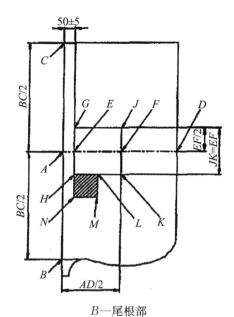

B—尾根部

图 3-2　半臀背革（单位：mm）

注：AD 垂直于 BC；GH、JK 平行于 BC；CA＝AB；AF＝FD；JK＝EF；GE＝EH；HL＝LK＝HN；AE＝(50±5) mm。

（4）肩革。

按图 3-3 切取无影条的方形块 ABCD 和/或有影条的方形块 AEFG。

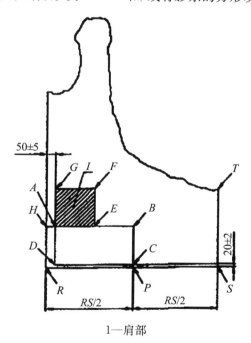

1—肩部

图 3-3　肩革（单位：mm）

注：DC 平行于 RS；BCP 平行于背脊线；AB 平行于 DC；RP＝PS；DC＝2AD；AE＝EB＝AG；CP＝(20±2) mm；AH＝(50±5) mm。

（5）腹边革。

按图 3－4 切取无影条的方形块 $GJKH$ 和/或有影条的方形块 $LMNG$ 和 $HPQR$。

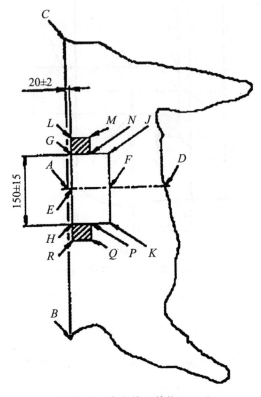

图 3－4　腹边革（单位：mm）

注：AD 垂直于 BC；$CA=AB$；$GE=EH=EF$；$LG=HR=GH/4$；$LG=GN=HP$；$GH=$（150±15）mm；$AE=$（20±2）mm。

3. 实验室样品的贮存

实验室样品贮存时应避免污染和局部热源的影响。

4. 实验室样品的标识

（1）背脊线方向的标识。

在样品靠近背脊线的一侧用箭头作出指向头部的标记。这是由于革纵向与横向纤维束的编织情况不同，所取样块必须记录其方向，以便测量时，为与方向有密切关系的测试项目提供依据。

（2）标签。

实验室样品的标签应包含以下内容：

①本标准编号；

②样品名称、编号、类型；

③批样的数量；

④取样时间；

⑤取样的数量（如果需要）；

⑥实际操作与本标准的不同之处。

3.3　试样的准备

用于皮革化学分析检验的试样应具备一定的标准。下面按照轻工行业标准 QB/T 2716—2005《皮革 化学试验 样品的准备》介绍化学分析用皮革试样的制备方法。该标准适用于各种类型的皮革。

1. 原理

用切割装置将皮革样品切割成适当的颗粒。

2. 切割装置

切割装置装有旋转的切割刀，旋转速度为 700～1000 r/min，切割刀尽可能锋利，配有孔径为 4 mm 的筛网。

注：切割装置、筛网和收集器应在每次使用后完全清洁，但不能用水进行清洗。

3. 取样和试样的准备

（1）取样。

按 QB/T 2706—2005《皮革 化学、物理、机械和色牢度试验 取样部位》的规定进行（见 3.2 节）。化学分析用试样，应取图 3-1、图 3-2、图 3-3 和图 3-4 中不带阴影的部分。

（2）试样的制备。

在切割前，将皮革样品剪切成条形，宽约 10 mm。如果样品中的水分大于 30%，样品应在不超过 50℃的温度下进行预干燥，然后在温度为 20℃和相对湿度为 65% 的条件下调节 24 h，对样品进行称重后再切割。不允许切割潮湿的皮革样品。

注：在某些情况下，应将皮革样品切割成很细小的颗粒。

（3）试样的保存。

将试样完全充分混合，放在洁净、干燥、密封的容器中，容器应远离热源。

4. 试验报告

试验报告应包含以下内容：

（1）本标准编号。

（2）样品名称、编号、类型。

（3）样品的详细信息，取样与 QB/T 2706—2005 不一致的情况。

（4）标准空气（如 20℃/65% 或 23℃/50%）。

（5）实际操作与本标准的不同之处。

3.4 水分及其他挥发物的测定

挥发物含量是指皮革试样在一定条件下干燥至恒重时所损失重量的百分比。挥发物中的主要成分是水分，也包括其他挥发物（低沸点油脂、不稳定化合物的分解物等）。成品的许多物理机械性质，特别是密度、厚度、面积、抗张强度等都会随着水分及其他挥发物含量的变化而改变。革的各组分常以试样绝干重量的百分率表示，实测水分及其他挥发物含量是计算其他组分报告值时不可缺少的基础数据。

皮革中水分及其他挥发物的测定按照轻工行业标准 QB/T 2717—2005《皮革 化学试验 挥发物的测定》进行。该标准适用于各种类型的皮革。

1. 术语和定义

挥发物：在（102±2）℃温度下干燥皮革至恒重时，皮革中减少的质量。

2. 原理

将切割好的皮革试样在（102±2）℃的烘箱内进行干燥，通过检查质量的变化测定挥发物的含量。

采用本方法测定皮革内准确的水分含量是不可能的，这是因为温度升高时其他挥发性物质也会挥发，鞣质和油脂会被氧化，而部分吸收的水分在干燥后还会留在皮革内。

3. 装置

（1）平底称量瓶，浅口，带有磨口玻璃塞，或者平底开口盘。
注：带有磨口玻璃塞的小称量瓶比开口盘有更好的精确度。
（2）烘箱，温度能控制在（102±2）℃的范围内。
（3）分析天平，精确至 0.001 g。

4. 取样和试样的准备

（1）取样。
按 QB/T 2706—2005《皮革 化学、物理、机械和色牢度试验 取样部位》的规定进行（见 3.2 节）。如果不能从标准部位取样（如直接从鞋、服装上取样），应在试验报告中详细记录取样情况。
（2）试样的制备。
按 QB/T 2716—2005《皮革 化学试验 样品的准备》的规定进行（见 3.3 节）。
（3）试样的空气调节。
称样之前，按 QB/T 2707—2005《皮革 物理和机械试验 试样的准备和调节》的规定进行（见 4.2 节）。

5. 程序

对空的、干燥过的称量瓶进行称重，精确到 0.001 g，用称量瓶称取试样约 3 g（精确至 0.001 g），在（102±2）℃的烘箱中干燥 5 h。取出，在干燥器中冷却 30 min，然后称重。重复干燥 1 h，冷却和称重，直到质量的减少小于 3 mg（即试样质量的 0.1%），或总的干燥时间达到 8 h。

记录试样和称量瓶的最后质量。

6. 操作注意事项

（1）对于含有大量可氧化油脂的皮革，通过以下步骤可以进一步得到有用的信息。

按 QB/T 2718—2005《皮革 化学试验 二氯甲烷萃取物的测定》（见 3.17 节）的规定测定油脂和其他可溶物的含量，以及二氯甲烷抽提过的皮革残余物经过烘干的质量，计算质量减少的总量，用试样原始的质量分数，减去萃取物的质量分数，得出挥发物的质量分数。

如果应用了此步骤，应在试验报告中详细说明。

（2）如果使用开口盘进行冷却时，小干燥器中只能放入 1 个，大干燥器中应不超过 2 个。

7. 结果的表示

挥发物，以质量分数计，数值以%表示，按下式计算：

$$挥发物(\%) = \frac{m_1 - m_2}{m_1} \times 100$$

式中，m_1——干燥前试样的重量（g）；

m_2——干燥后试样的重量（g）。

8. 重复性

两次平行试验的结果相差不超过试样原始质量的 2%。

9. 试验报告

试验报告应包含以下内容：

（1）本标准编号。

（2）样品名称、编号、类型。

（3）样品的详细信息，取样与 QB/T 2706—2005 不一致的情况。

（4）试验条件（标准空气：20℃/65% 或 23℃/50%）。

（5）实际操作与本标准的不同之处。

3.5 pH 的测定

皮革的 pH 是指皮革试样浸出液的 pH，用 pH 计测定。正常的皮革都含有一定量的酸，呈弱酸性，如植鞣革的 pH 为 3.5~5.0，铬鞣革的 pH 为 4.5~5.5。成革品质的优劣与其酸度有关，若 pH 低于 3.5，说明革中酸过多，革不耐贮存。

革中的酸分为有机酸和无机酸，无机酸对革纤维的腐蚀较有机酸强，不仅使革的各种强度下降，而且使革不耐贮存。因此，在评定成革品质时，不仅需要确定革中含酸量的多少，还应确定革中的酸是以有机酸为主还是以无机酸为主。确定的方法是先测定革样浸出液的 pH，再测定稀释差。

稀释差是指革试样浸出液的 pH 与浸出液稀释 10 倍之后的 pH 之差。这是衡量酸和碱强度的一种方法，其数值不会超过 1。当溶液含有游离强酸（或游离强碱）时，其稀释差的值在 0.7~1.0 之间。弱酸和弱碱的电离随着溶液的稀释而增大，其稀释差小于强酸和强碱的稀释差。例如，无机酸在稀释 10 倍后 pH 应上升 1 个单位，而有机酸如醋酸稀释 10 倍以后，pH 只增加 0.5 个单位。

pH 的高低在一定程度上反映了酸或碱的多少，稀释差的大小则反映了酸或碱的种类。如果革的浸出液 pH 在 3.5~4.0 之间，且稀释差大于 0.7，则认为革中是以破坏性较大的无机酸为主，革不耐贮存。几乎所有的成品皮革，如鞋面用皮革、服装用皮革、手套用皮革等的相关产品标准里都规定了皮革合格的 pH 和 pH 稀释差。

下面按照轻工行业标准 QB/T 2724—2005《皮革 化学试验 pH 的测定》介绍皮革水萃取液的 pH 和稀释差的测定方法。该标准适用于各种类型的皮革。

1. 原理

用皮革试样制备水萃取液，并用 pH 计测定萃取液的 pH。

2. 试剂和材料

（1）蒸馏水或去离子水。

符合 GB/T 6682 中三级水的规定，pH 为 6~7，在 20℃时导电性不大于 2×10^{-6} S/cm，保存在经过沸煮的低碱性的玻璃容器中。

（2）缓冲溶液。

用于校正电极系统，最好使用购买的标准缓冲溶液，如果缓冲溶液是浓缩型的，每次使用时应重新配制缓冲溶液，缓冲溶液的存放时间取决于它们的组成和使用方法，因此应对缓冲溶液进行控制。

使用过的缓冲溶液应弃去。

3. 装置

（1）振荡器，振荡频率调整到（50±10）r/min。

（2）玻璃电极 pH 计，测量范围为 0～14 pH 单位，分度为 0.05 pH 单位，电极系统应经常用缓冲溶液进行校正。

注：含有较多油脂的皮革的水萃取液有时会将电极弄脏，在这种情况下应使用脱脂棉蘸上丙酮轻轻擦拭薄膜，或者将电极浸泡在 1：1（体积比）的水—丙酮混合液中，清洁电极之后，薄膜应在水中完全浸泡。

（3）天平，精确到 0.05 g。

（4）广口烧瓶，100 mL，带有密封瓶塞。

（5）量筒，100 mL，分度为 1 mL。

（6）容量瓶，100 mL。

（7）移液管，10 mL。

注：全部玻璃仪器应使用低碱性的玻璃制成。在使用前，使用蒸馏水做空白试验，pH 和导电性在试验前后应在规定的范围内（pH＝6～7，20℃时导电性不大于 2×10^{-6} S/cm）。推荐使用聚乙烯和硼硅玻璃。

4. 取样和试样的准备

（1）取样。

按 QB/T 2706—2005《皮革 化学、物理、机械和色牢度试验 取样部位》的规定进行（见 3.2 节）。如果不能从标准部位取样（如直接从鞋、服装上取样），应在试验报告中详细记录取样情况。

（2）试样的制备。

按 QB/T 2716—2005《皮革 化学试验 样品的准备》的规定进行（见 3.3 节）。

5. 程序

（1）称样。

称取剪碎试样（5±0.1）g。

（2）萃取液的制备。

将称重后的试样放入广口烧瓶中，加入温度为（20±2）℃的（100±1）mL 的蒸馏水或去离子水，用手充分摇荡约 30 s，使试样均匀润湿，然后在振荡器上振荡 6 h。在转移萃取液前让萃取物沉降。如果从悬浮液中将萃取液转移出来比较困难，可以用洁净、干燥、无吸附的筛网（如尼龙布或粗糙的多孔玻璃过滤器）进行过滤，或者进行离心分离。

（3）pH 的测定。

①用两种缓冲溶液对 pH 计进行校正，一种缓冲溶液低于待测溶液的 pH，另一种缓冲溶液高于待测溶液的 pH。当 pH 计校正之后，这两种缓冲溶液的 pH 读数与正确读数相差在 0.02 pH 单位之内。

②将萃取液的温度调节到（20±1）℃。用 pH 计测定萃取液的 pH，读数达到稳定时立刻读取 pH，精确到 0.05 pH 单位。读数应在电极浸入萃取液中 30～60 s 内读取。

（4）稀释差的测定。

如果 pH 低于 4 或高于 10，应测定稀释差。使用移液管将萃取液 10 mL 转移到容量瓶中，加水稀释至刻度。用稀释溶液约 20 mL 冲洗电极，然后再按步骤（3）测定 pH。

6. 结果的表示

结果以试样 pH 的算术平均值表示，精确到 0.05 pH 单位。

如果 pH 低于 4 或高于 10，记录稀释差。

7. 试验报告

试验报告应包含以下内容：

（1）本标准编号。

（2）样品名称、编号、类型。

（3）样品的详细信息，取样与 QB/T 2706—2005 不一致的情况。

（4）试验结果（pH、稀释差）。

（5）记录萃取液的任一个不稳定的 pH 读数（导致 pH 或稀释差不能明确记录的读数）。

（6）实际操作与本标准的不同之处。

3.6 皮革及毛皮中游离甲醛含量的测定

甲醛是一种无色、刺激性气味强烈的气体，易溶于水，40% 水溶液被称为"福尔马林"。甲醛因其性质活泼、生产工艺简单及原料充足等优势，在工业生产中得到了极为广泛的应用。含甲醛的树脂及化学品（如含甲醛鞣剂、树脂、含甲醛涂饰剂等）在皮革工业领域占据重要地位，这也导致了皮革及毛皮中游离甲醛的存在。

甲醛对人体健康有极大危害，这使得皮革及毛皮中释放的甲醛成为消费者关注的质量问题，也是国内外重点关注的检测指标。国内外对皮革及毛皮中的甲醛含量有强制性要求。我国对于皮革及毛皮中游离甲醛的限值如下：24 个月及以下婴儿产品≤20 mg/kg；直接接触皮肤≤75 mg/kg；非直接接触皮肤≤300 mg/kg。

皮革及毛皮中游离甲醛的测定原理是在一定条件下，皮革、毛皮中结合不牢的甲醛会自由释放出来被水萃取吸收，萃取液用显色剂显色，甲醛的浓度与显色色度成正比，通过测定色度可以得到甲醛含量。测定方法分为色谱法和分光光度法。下面按照国家标准 GB/T 19941—2005《皮革和毛皮 化学试验 甲醛含量的测定》介绍皮革、毛皮产品中游离水解的甲醛含量的测定方法。该标准适用于各种皮革、毛皮产品及其制品。

1. 甲醛原液的配制和标定

（1）试剂。

除非另有说明，在分析中仅使用确认为分析纯的试剂和蒸馏水或去离子水或相当纯度的水，水应符合 GB/T 6682—1992 中三级水的规定。

①甲醛溶液，浓度为 37%～40%。

②碘液，0.05 mol/L（12.68 g 碘/L）。

③氢氧化钠溶液，2 mol/L。

④硫酸溶液，1.5 mol/L。

⑤硫代硫酸钠溶液，0.1 mol/L。

⑥1%淀粉溶液。

（2）甲醛原液的制备。

①将 5.0 mL 甲醛溶液移入装有 100 mL 蒸馏水的 1000 mL 容量瓶中，用蒸馏水稀释至刻度，该溶液为甲醛原液。

②从甲醛原液中吸取 10 mL 溶液到 250 mL 锥形瓶中，加入 50 mL 碘溶液，混合，加入氢氧化钠溶液，直到变成黄色为止。在 18℃～26℃的环境中放置（15±1）min，然后加入 50 mL 硫酸溶液，振荡。随后加入 2 mL 淀粉溶液，过量的碘用硫代硫酸钠溶液滴定到颜色发生变化（蓝色消失）。平行测定三次。

用同样的方式对空白溶液进行滴定。

（3）甲醛原液浓度的计算。

按下式计算甲醛原液浓度：

$$C_{FA} = \frac{(V_0 - V_1) \times c_1 \times M_{FA}}{2}$$

式中，C_{FA}——甲醛原液浓度（mg/10mL）；

　　　V_0——用于滴定空白溶液的硫代硫酸钠的体积（mL）；

　　　V_1——用于滴定样品溶液的硫代硫酸钠的体积（mL）；

　　　M_{FA}——甲醛分子量，30.08 g/moL；

　　　c_1——硫代硫酸的浓度（mol/L）。

2. 色谱法（HPLC）

（1）原理。

通过液相色谱从其他醛和酮类中分离出萃取液中游离的和溶于水的甲醛，进行测定和定量。本方法具有选择性。

在 40℃条件下萃取试样，萃取液同二硝基苯肼混合，醛和酮与其反应产生各自的腙，通过反相色谱法分离，在 350 nm 处测定和量化。

（2）试剂和材料。

除非另有说明，在分析中仅使用确认为分析纯的试剂和蒸馏水或去离子水或相当纯度的水，水应符合 GB/T 6682 中三级水的规定。

①十二烷基磺酸钠溶液，0.1%（1 g 十二烷基磺酸钠溶于 1000 mL 水中）。

②0.3%二硝基苯肼（DNPH）溶于浓磷酸（85%）中（DNPH 从 25%的乙腈水溶液中重结晶）。

③乙腈。

（3）仪器和设备。

①带有玻璃纤维的过滤器，GF8（或者玻璃过滤器 G3，直径为 70~100 mm）。

②水浴锅，具有搅拌或微波装置，能控制温度为（40±0.5）℃。

③温度计，20℃~50℃，最小刻度 0.1℃。

④高校液相色谱系统（HPLC），具有紫外检测器（UV），350 nm。

⑤聚酰胺过滤膜，0.45 μm。

⑥分析天平，精确到 0.1 mg。

（4）程序。

①取样。

a. 标准部位取样：皮革按 QB/T 2706—2005《皮革 化学、物理、机械和色牢度试验 取样部位》的规定进行（见 3.2 节），毛皮按 QB/T 1267—1991《毛皮成品 样块部位和标志》的规定进行。

b. 非标准部位取样：如果不能从标准部位取样（如直接从鞋、服装上取样），应在可利用面积内的任意部位取样，样品应具有代表性，并在试验报告中详细记录取样情况。

②试样的制备。

a. 皮革按 QB/T 2716—2005《皮革 化学试验 样品的准备》的规定进行（见 3.3 节）。

b. 毛皮按 QB/T 1272—1991《毛皮成品 化学分析试验的制备及化学分析通则》的规定进行，剪切过程中应避免损失毛被，保持毛被完好。

c. 剪碎的试样在称重前进行空气调节，皮革按 QB/T 2707—2005《皮革 物理和机械试验 试样的准备和调节》的规定执行（见 4.2 节），毛皮按 QB/T 1266—1991《毛皮成品 物理性能测试用试片的空气调节》的规定执行，试样应及时测定。

③萃取。

精确称取试样 2 g（精确至 0.1 mg），放入 100 mL 的锥形瓶中，加入 50 mL 已预热到 40℃的十二烷基磺酸钠溶液，盖紧塞子（见注），在（40±0.5）℃的水浴中轻轻振荡烧瓶（60±2）min，温热的萃取液立即通过真空玻璃纤维过滤器过滤到锥形瓶中，密闭在锥形瓶中的滤液被冷却至室温（18℃~26℃）。

注：试样/溶液比例不能改变，萃取和分析应在当日完成。

④与二硝基苯肼（DNPH）反应。

将 4.0 mL 乙腈、5 mL 过滤后的萃取液和 0.5 mL 二硝基苯肼（DNPH）移入 10 mL 的容量瓶中，用蒸馏水稀释到刻度，并用手充分摇动，放置 60 min，但最多不能超过 180 min，经过滤膜过滤后，进行色谱测定，如果样液浓度超过标定的范围，应调整试样的称重量。

⑤色谱（HPLC）条件（推荐）。

流速：1.0 mL/min。

流动相：乙腈∶水=60∶40。

分离柱：Merk 100，CH18.2（高涂布，12%C）＋预处理柱（1 cm PR18）。

紫外（UV）检测波长：350 nm。

注射体积：20 μL。

⑥甲醛标准曲线的制作。

将 0.5 mL 已准确知道含量的甲醛原液，移入装有 100 mL 蒸馏水的 500 mL 容量瓶中，振荡摇匀，用蒸馏水稀释至刻度（含量接近于 2 μg/mL），该溶液即是标准溶液，在 6 个 10 mL 容量瓶中，分别加入 4 mL 乙腈，然后分别加入 0.5 mL、1.0 mL、2.0 mL、3.0 mL、4.0 mL、5.0 mL 的标准溶液，立即加入 0.5 mL 二硝基苯肼（DNPH）溶液，摇匀，用蒸馏水稀释至刻度，放置 60~180 min，经过滤膜过滤后，进行色谱测定，并制作甲醛标准曲线。

通过甲醛标准曲线计算峰面积的比值是有效的。

⑦计算样品中的甲醛含量。

按下式计算样品中的甲醛含量：

$$C_F = \frac{C_s \times F}{E_w}$$

式中，C_F——样品中的甲醛含量（mg/kg），精确至 0.01 mg/kg；

C_S——从标准曲线中查得的甲醛含量（μg/10mL）；

F——稀释倍数；

E_w——试样质量（g）。

⑧回收率的测定。

分别将 2.5 mL 过滤后的萃取液移入两个 10 mL 容量瓶中，一个容量瓶中加入适量的甲醛标准溶液，使加入的甲醛标准溶液中的甲醛含量与样品中的甲醛含量几乎相等，每个容量瓶中加入 4.0 mL 乙腈和 0.5 mL 二硝基苯肼（DNPH），用蒸馏水稀释到刻度。

按步骤④的规定进行测定，添加了甲醛标准溶液的样液中的甲醛含量记作 C_{S2}，未添加甲醛标准溶液的样液中的甲醛含量记作 C_S。平行测定两次，在试验报告中记录两次平行试验的结果和平均值。

按下式计算回收率：

$$RR = \frac{(C_{S2} - C_S) \times 100}{C_{FA1}}$$

式中，RR——回收率（%），准确至 0.1%；

C_{S2}——添加了甲醛标准溶液的样液中的甲醛含量（μg/10mL）；

C_S——未添加甲醛标准溶液的样液中的甲醛含量（μg/10mL）；

C_{FA1}——添加的标准溶液中的甲醛含量（μg/10mL）。

3. 分光光度法

（1）原理。

用水萃取试样，通过分光光度法对萃取液中游离的和溶于水的甲醛进行测定和定量。本方法不仅能测定游离的甲醛，也能测定萃取液中溶于水的甲醛。

在 40℃ 条件下萃取试样，萃取液同乙酰丙酮混合，反应后产生黄色化合物（3,5－二乙酰基－1,4－二氢二甲基吡啶），在 412 nm 处测定和量化。试样的吸光度值与甲醛含量相对应，可从相同条件下得到的标准曲线上获得。

（2）试剂和材料。

除非另有说明，在分析中仅使用确认为分析纯的试剂和蒸馏水或去离子水或相当纯度的水，水应符合 GB/T 6682 中三级水的规定。

①十二烷基磺酸钠溶液，0.1%（1 g 十二烷基磺酸钠溶于 1000 mL 水中）。

②乙酰丙酮溶液（纳氏试剂）：在 1000 mL 容量瓶中加入 150 g 乙酸铵，用 800 mL 蒸馏水溶解，然后加入 3 mL 冰乙酸和 2 mL 乙酸丙酮，用蒸馏水稀释至刻度，用棕色瓶保存在暗处。

注：贮存开始 12 h 颜色逐渐变深，为此，用前应贮存 12 h，试剂 6 星期内有效，经长时间贮存后其灵敏度会稍起变化，故每星期应画一校正曲线与标准曲线校对为妥。

③乙酸铵溶液：乙酸铵 150 g＋冰乙酸 3 mL，溶于 1000 mL 水中。

④双甲酮（5,5－二甲基－环己二酮，CAS126－81－8），5 g，溶于 1000 mL 水中。

注：双甲酮不易溶于纯水中，这种情况下，可先用少量乙醇溶解，再用蒸馏水稀释至 1000 mL。

（3）仪器和设备。

①碘量瓶（或带盖三角瓶），250 mL。

②容量瓶，50 mL、250 mL、500 mL、1000 mL。

③移液管，1 mL、5 mL、10 mL 和 25 mL 单标移液管，5 mL 刻度移液管。

④量筒，10～50 mL。

⑤2 号玻璃漏斗式滤器。

⑥试管及试管架。

⑦水浴锅，能控制温度为（40±0.5）℃。

⑧分析天平，精确到 0.1 mg。

⑨分光光度计，波长 412 nm，配有合适的比色皿，推荐使用 20 mm 的比色皿。

（4）程序。

①取样。

a. 标准部位取样：皮革按 QB/T 2706—2005《皮革 化学、物理、机械和色牢度试验 取样部位》的规定进行（见 3.2 节），毛皮按 QB/T 1267—1991《毛皮成品 样块部位和标志》的规定进行。

b. 非标准部位取样：如果不能从标准部位取样（如直接从鞋、服装上取样），应在可利用面积内的任意部位取样，样品应具有代表性，并在试验报告中详细记录取样情况。

②试样的制备。

a. 皮革按 QB/T 2716—2005《皮革 化学试验 样品的准备》的规定进行（见 3.3 节）。

b. 毛皮按 QB/T 1272—1991《毛皮成品 化学分析试验的制备及化学分析通则》的

规定进行，剪切过程中应避免损失毛被，保持毛被完好。

c. 剪碎的试样在称重前进行空气调节，皮革按 QB/T 2707—2005《皮革 物理和机械试验 试样的准备和调节》规定执行（见 4.2 节），毛皮按 QB/T 1266—1991《毛皮成品 物理性能测试用试片的空气调节》规定执行，试样应及时测定。

③萃取。

精确称取试样 2 g（精确至 0.1 mg），放入 100 mL 锥形瓶中，加入 50 mL 已预热到 40℃的十二烷基磺酸钠溶液，盖紧塞子，在（40±0.5）℃的水浴中轻轻振荡烧瓶（60±2）min，温热的萃取液立即通过真空玻璃纤维过滤器过滤到锥形瓶中，密闭在锥形瓶中的滤液被冷却至室温（18℃～26℃）。

注：试样/溶液比例不能改变，萃取和分析应在当日完成。

④与乙酰丙酮反应。

移取 5 mL 过滤后的萃取液于 25 mL 锥形瓶中，加入 5 mL 乙酰丙酮溶液，盖上塞子，在（40±1）℃水浴中轻轻地振荡锥形瓶（30±1）min，在避光条件下冷却。以 5 mL 十二烷基磺酸钠溶液和 5 mL 乙酰丙酮溶液的混合液作为空白，在 412 nm 处测定吸光度值，吸光度值记作 E_P。

为了测定萃取液自身的吸光度，将 5 mL 过滤液移入 25 mL 锥形瓶中，加入 5 mL 乙酸铵溶液，然后按测定样品的方法进行测定，其吸光值记作 E_e。

注：当甲醛含量较高（>75 mg/kg）时，可减少试样的称取量，移取的过滤液不足 5 mL 时，用蒸馏水补足至 5 mL。

⑤乙酰丙酮中不存在甲醛的验证。

以 5 mL 十二烷基磺酸钠溶液和 5 mL 水混合液为空白，用 20 mm 比色皿在 412 nm 处，测定 5 mL 十二烷基磺酸钠溶液和 5 mL 乙酰丙酮溶液的混合液的吸光度，测定的吸光度值不能大于 0.025，证明乙酰丙酮溶液中没有甲醛成分存在。

⑥同乙酰丙酮显色的其他化合物的检验。

在试管中加入 5 mL 过滤液和 1 mL 双甲酮溶液，混合并摇动，把试管放入（40±1）℃的水浴中（10±1）min，加入 5 mL 乙酰丙酮溶液，摇动，继续放在（40±1）℃的水浴中（30±1）min，取出试管，冷却至室温（18℃～26℃），以蒸馏水为空白，用 20 mm 比色皿在 412 nm 处测定吸光度，测定的吸光度值应低于 0.05。

⑦校准。

将 3 mL 已准确知道甲醛含量的甲醛原液，移入装有 100 mL 蒸馏水的 1000 mL 容量瓶中，振荡混合，并用蒸馏水稀释至刻度，摇匀，该溶液即是用于校准目的的标准溶液（标准溶液中的甲醛浓度约 6 μg/mL）。

分别吸取 3 mL、5 mL、10 mL、15 mL、25 mL 的标准溶液到 50 mL 容量瓶中，用蒸馏水稀释到刻度，这些溶液包含的甲醛浓度范围为 0.4～3.0 μg/mL（在给出的条件下，相当于样品中甲醛浓度范围为 9～75 mg/kg），对于甲醛浓度较高的样品，应取较少的萃取液进行测试。

从上述 5 种溶液中，各吸取 5 mL，分别移入 25 mL 锥形瓶中，加入 5 mL 乙酰丙酮试剂，混合，剧烈振荡，并在（40±1）℃温度下保温（30±1）min。在避光条件下冷却至室温。以 5 mL 乙酰丙酮溶液和 5 mL 蒸馏水的混合液作为空白，用分光光度计在 412 nm 处测定吸光度值。

在测量之前，用空白溶液调整分光光度计的零点，空白溶液与校准溶液应在同样条件下处理。

绘制浓度—吸光度标准曲线，X 轴为浓度（μg/mL），Y 轴为吸光度。

⑧计算样品中的甲醛含量。

按下式计算样品中的甲醛含量：

$$C_P = \frac{(E_P - E_e) \times V_0 \times V_f}{F \times W \times V_a}$$

式中，C_P——样品中的甲醛含量（mg/kg），精确至 0.1 mg/kg；

$\quad\quad E_P$——萃取液与乙酰丙酮反应后的吸光度；

$\quad\quad E_e$——萃取液的吸光度；

$\quad\quad V_0$——萃取液体积（mL）；

$\quad\quad V_a$——从萃取液中移出的体积（mL）；

$\quad\quad V_f$——显色反应的溶液体积（mL）；

$\quad\quad F$——标准曲线斜率（Y/X，μg/mL）；

$\quad\quad W$——试样质量（g）。

⑨回收率的测定。

分别将 2.5 mL（见注 1）过滤后的萃取液移入两个 10 mL 容量瓶中，一个容量瓶中加入适量的甲醛标准溶液，使加入的甲醛标准溶液中的甲醛含量与样品中的甲醛含量几乎相等（见注 2），将两个容量瓶用蒸馏水稀释到刻度。

将容量瓶中的溶液转移至 25 mL 锥形瓶中，加入 5 mL 乙酰丙酮试剂，混合，并在（40±1）℃温度下保温（30±1）min。在避光条件下冷却至室温。以 5 mL 十二烷基磺酸钠溶液和 5 mL 乙酰丙酮试剂的混合液作为空白，在 412 nm 处测定吸光度值。添加了甲醛标准溶液的样液的吸光度值记作 E_A，未添加甲醛标准溶液的样液的吸光度值记作 E_P。

注 1：如果试样中甲醛含量低于 20 mg/kg，应加入 5 mL 萃取液代替 2.5 mL。

注 2：如果试样中甲醛含量为 30 mg/kg，推荐使用 5 mL 甲醛标准溶液。

按下式计算回收率：

$$RR = \frac{(E_A - E_P) \times 100}{E_{ZU}}$$

式中，RR——回收率（％），准确至 0.1％；

$\quad\quad E_A$——添加了甲醛标准溶液的样液的吸光度值；

$\quad\quad E_P$——未添加甲醛标准溶液的样液的吸光度值；

$\quad\quad E_{ZU}$——添加的甲醛标准溶液中的吸光度（从标准曲线上得到）。

如果回收率不在 80％～120％之间，应重新分析检验。

4. 试验报告

试验报告应包含以下内容：

（1）本标准编号。

（2）样品名称、编号、类型、厂家（或商标）。

（3）试验样品的说明和包装方法。

（4）应用的分析方法。

（5）从样品中萃取的甲醛含量（mg/kg）。

（6）试验中出现的异常现象。

（7）实测方法与本标准的不同之处。

（8）试验人员、日期。

3.7　皮革及毛皮中禁用偶氮染料的测定

染色是皮革及毛皮生产过程中的必需环节。然而，染料在赋予皮革及毛皮实用性能的同时，也会导致潜在的健康危害。皮革及毛皮中常用的染料是偶氮染料，部分偶氮染料与人体长期接触的过程中，在光照、汗液及微生物的作用下会被皮肤吸收，或可能进一步发生反应而分解出致癌芳香胺，从而引起人体病变和诱发癌症。目前，市场上流通的合成染料有 2000 种以上，约 70% 的染料为偶氮类，其中可分解出致癌芳香胺的染料在 200 种以上。可分解出致癌芳香胺的偶氮染料是皮革及毛皮化学分析检验的常规项目。

偶氮染料是分子结构中含有偶氮基（—N＝N—），且与其连接部分至少含 1 个芳香族结构的染料。图 3-5 为直接大红 4B、直接黄 GR、直接湖蓝 6B 的结构。偶氮染料色谱齐全，色光良好，牢度较高，几乎能染所有的纤维。某些偶氮染料中可还原出的致癌芳香胺的结构如图 3-6 所示。

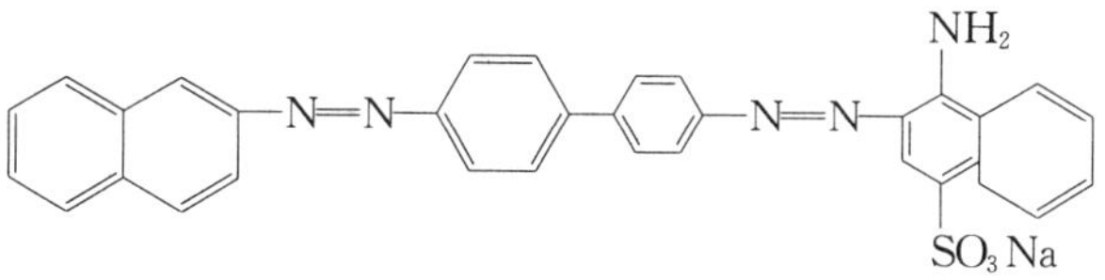

直接大红 4B

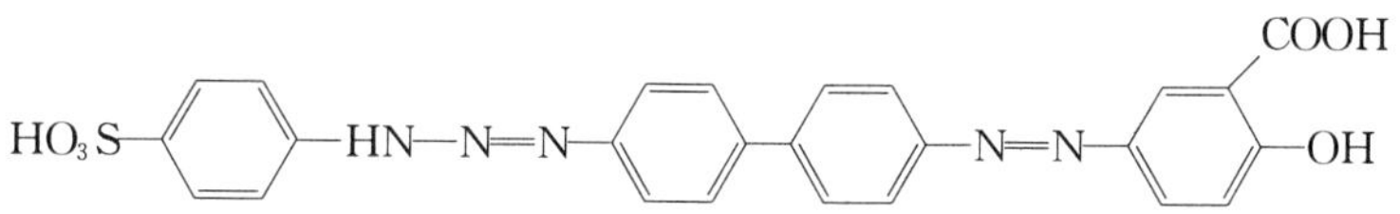

直接黄 GR

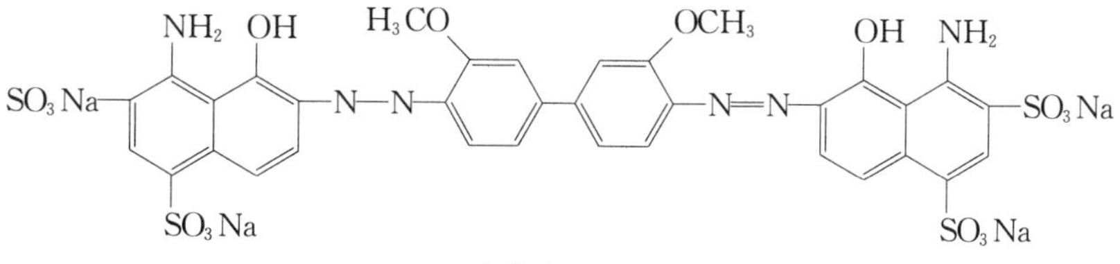

直接湖蓝 6B

图 3-5　常见偶氮染料的结构

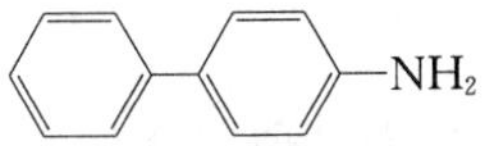

4－氨基联苯

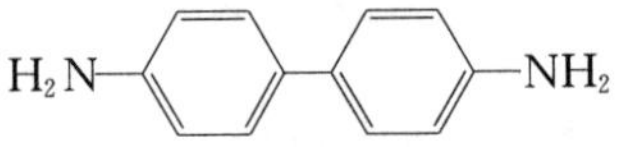

联苯胺

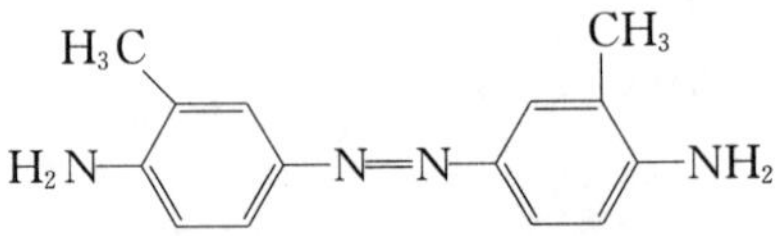

4，4－二氨基－3，3－二甲基偶氮苯

图 3－6　致癌芳香胺的结构

国家标准 GB/T 19942—2005《皮革和毛皮 化学试验 禁用偶氮染料的测定》规定了染色皮革、毛皮产品中能裂解释放出 23 种有害芳香胺的偶氮染料的测定方法。该标准适用于各种经过染色的皮革、毛皮产品及其制品。下面按照该标准介绍皮革及毛皮中禁用偶氮染料的测定方法。

1. 术语和定义

（1）禁用偶氮染料（banned azo colourants）：可裂解一个或多个偶氮基而产生表3－1所列的胺类的染料。

根据现有的科学知识，当染色皮革、毛皮在本试验方法条件下裂解产生表3－1所列的胺类中的一种或多种，经过测试，其含量超过 30 mg/kg 时，视为该样品在加工和处理过程中使用了禁用偶氮染料。

表 3－1　23 种有害芳香胺名称

序号	芳香胺名称	化学文摘编号
1	4－氨基联苯（4－Amindiphenyl）	92－67－1
2	联苯胺（Benzidine）	92－87－5
3	4－氯邻甲苯胺（4－Chloro－o－toluidine）	95－69－2
4	2－奈胺（2－Naphthylamine）	91－59－8
5	邻氨基偶氮甲苯（o－Aminoazotoluene）	97－56－3
6	2－氨基－4－硝基甲苯（2－Amino－4－nitrotoluene）	99－55－8
7	对氯苯胺（*p*－Chloroaniline）	106－47－8
8	2,4－二氨基苯甲醚（2,4－Diaminoanisole）	615－05－4
9	4,4′－二氨基二苯甲烷（4,4′－Diaminodiphenylmethane）	101－77－9
10	3,3′－二氯联苯胺（3,3′－Dichlorobenzidine）	91－94－1
11	3,3′－二甲氧基联苯胺（3,3′－Dimethoxybenzidine）	119－90－4
12	3,3′－二甲基联苯胺（3,3′－Dimethylbenzidine）	119－93－7

序号	芳香胺名称	化学文摘编号
13	3,3′－二甲基－4,4′－二氨基二苯甲烷（3,3′－Dimethyl－4,4′－Diaminodiphenylmethane）	838－88－0
14	3－氨基对甲苯甲醚（p－克利酊）（p－Cresidine）	120－71－8
15	4,4′－次甲基－双－（2－氯苯胺）［4,4′－Methylene－bis－（2－Chloroaniline）]	101－14－4
16	4,4′－二氨基二苯醚（4,4′－Oxydianiline）	101－80－4
17	4,4′－二氨基二苯硫醚（4,4′－Thiodianiline）	139－65－1
18	邻甲苯胺（2－Toluidine）	95－53－4
19	2,4－二氨基甲苯（2,4－Toluylenediamine）	95－80－7
20	2,4,5－三甲基苯胺（2,4,5－Trimethylaniline）	137－17－7
21	邻氨基苯甲醚/2－甲氧基苯胺（2－Anisidine/ 2－Methoxyaniline）	90－04－0
22	2,4－二甲基苯胺（2,4－Xylidine）	95－68－1
23	2,6－二甲基苯胺（2,6－Xylidine）	87－62－7

注：裂解偶氮基产生邻氨基偶氮甲苯（o－Aminoazotoluene）（CAS－No：97－56－3）和2－氨基－4－硝基甲苯（2－Amino－4－nitrotoluene）（CAS－No：99－55－8）的偶氮染料，在本方法中将被检测为邻甲苯胺和（或）2，4－二氨基甲苯。

2. 原理

试样经过脱脂后置于一个密闭的容器，在70℃温度下，在缓冲液（pH＝6）中用连二亚硫酸钠处理，还原裂解产生的胺通过硅藻土柱的液—液萃取，提取到叔丁基甲基醚中。在温和的条件下，用真空旋转蒸发器浓缩用于萃取的叔丁基甲基醚，并将残留物溶解在适当的溶剂中，利用测定胺的方法进行测定。

胺的测定采用具有二极管阵列检测器的高效液相色谱（HPLC/DAD）、薄层色谱（TLC/HPTLC）、气相色谱/火焰离子检测器（GC/FID）和（或）质谱检测器（MSD），或通过带有二极管阵列检测器的毛细管电泳（CE/DAD）测定。

胺应通过至少两种色谱分离方法确认，以避免因干扰物质（如同分异构体的胺）产生的误解和不正确的表述。胺的定量通过具有二极管阵列检测器的高效液相色谱（HPLC/DAD）来完成。

3. 仪器和设备

（1）玻璃反应器，耐高温，可密封。

（2）恒温水浴或沙浴（海沙，0.1～0.3 mm），有控温装置。

（3）温度计在70℃时能精确到0.5℃。

（4）容量瓶。

（5）提取柱，聚丙烯或玻璃柱，内径25～30 mm，长140～150 mm，末端装有多孔的、颗粒状硅藻土（约 20 g，轻击玻璃柱，使装填结实）。

（6）聚乙烯或聚丙烯注射器，2 mL。

（7）真空旋转蒸发器。

（8）移液管，1 mL、2 mL、5 mL、10 mL。

（9）超声波浴，有控温装置。

（10）圆底烧瓶，100 mL，具有标准磨口。

（11）分析仪器，包括：

①带自动显示器的 HPTLC 或 TLC。

②光密度计。

③带 DAD 的毛细管电泳。

④GC 毛细管色谱柱（分流/不分流进样口，最好带 MSD）。

⑤具有梯度控制的 HPLC（最好带 DAD 或 HPLC-MS）。

4. 试剂

除非另有说明，在分析中仅使用分析纯的试剂和蒸馏水或去离子水或相当纯度的水。

（1）甲醇。

（2）叔丁基甲醚。

（3）连二亚硫酸钠，纯度≥87%。

（4）连二亚硫酸钠溶液，200 mg/mL，用时新鲜配制。

（5）正己烷。

（6）芳香胺标准品，23 种有害芳香胺（见表 3-1），最高纯度。

（7）芳香胺储备液，400 mg/L 乙酸乙酯溶液，用于 TLC。

（8）芳香胺储备液，200 mg/L 甲醇溶液，用于 GC、HPLC、CE。

（9）柠檬酸盐缓冲液，0.06 mol/L，pH=6，预加热至 70℃。

（10）芳香胺标准溶液，30 μg（胺）/mL（溶剂），操作控制用，根据分析方法从储备液中制备。

（11）20%氢氧化钠甲醇溶液，20 g 氢氧化钠溶于 100 mL 甲醇中。

（12）蒸馏水或去离子水，符合 GB/T 6682 中三级水的规定。

5. 取样和试样的制备

（1）取样。

①标准部位取样：皮革按 QB/T 2706—2005《皮革 化学、物理、机械和色牢度试验 取样部位》的规定进行（见 3.2 节），毛皮按 QB/T 1267—1991《毛皮成品 样块部位和标志》的规定进行。

②非标准部位取样：如果不能从标准部位取样（如直接从鞋、服装上取样），应在可利用面积内的任意部位取样，样品应具有代表性，并在试验报告中详细记录取样情况。

（2）试样的制备。

①皮革按 QB/T 2716—2005《皮革 化学试验 样品的准备》的规定进行（见 3.3节）。

②毛皮按 QB/T 1272—1991《毛皮成品 化学分析试验的制备及化学分析通则》的规定进行，剪切过程中应避免损失毛被，保持毛被完好。

③尽可能干净地除去样品上面的胶水、附着物，将试样混匀，装入清洁的试样瓶内待测。

6. 试验方法

（1）脱脂。

称取剪碎的试样 1.0 g 于 50 mL 玻璃反应器中，加入 20 mL 正己烷，盖上塞子，置于 40℃的超声波浴中处理 20 min，滗掉正己烷（小心不要损失试样），再用 20 mL 正己烷按同样方法处理一次。脱脂后的试样在敞口的容器中放置过夜，挥干正己烷。

（2）还原裂解。

待试样中的正己烷完全挥干后，加入 17 mL 预热至（70±5）℃的缓冲液，盖上塞子，轻轻振摇使试样湿润，在通风柜中将其置于已预热到（70±2）℃的水浴（或沙浴）中加热（25±5）min。反应器内部始终保持 70℃。

用注射器加入 1.5 mL 连二亚硫酸钠溶液，保持 70℃，加热 10 min，再加入 1.5 mL连二亚硫酸钠溶液，继续加热 10 min，取出。反应器用冷水尽快冷却至室温。

（3）液—液萃取。

用一根玻璃棒将纤维物质尽量挤干，将全部反应溶液小心转移到硅藻土提取柱中，静止吸收 15 min。加入 5 mL 叔丁基甲醚和 1 mL 20％氢氧化钠甲醇溶液于留有试样的反应容器里，旋紧盖子，充分振摇后立即将溶液转移到提取柱中（如试样严重结块，则用玻棒将其捣散）。

分别用 15 mL、20 mL 叔丁基甲醚两次冲洗反应容器和试样，每次洗涤后，将液体完全转移到硅藻土提取柱中开始洗提胺，最后直接加 40 mL 叔丁基甲醚到提取柱中，将洗提液收集到 100 mL 圆底烧瓶中。

在不高于 50℃的真空旋转蒸发器中（真空度 500 mbar±100 mbar）将叔丁基甲醚提取液浓缩至近 1 mL（不要全干），残留的叔丁基甲醚用惰性气体流缓慢吹干。

直接加入 2 mL 甲醇（或乙酸乙酯，TLC 方法用）到圆底烧瓶中溶解残渣，该溶液用于仪器分析。

（4）方法的可行性。

准确度以回收率表示，取 1.0 mL 标准溶液，加入含有 16 mL 预热过的柠檬酸盐缓冲液的反应器中，然后按处理试样的操作步骤（2）进行分析，胺的回收率应符合以下要求：

①2,4-二氨基苯甲醚回收率应大于 20％；

②邻甲苯胺及 2,4-二氨基甲苯回收率应大于 50％；

③其余各芳香胺回收率应大于 70％。

7. 校准

用 30 μg/mL 的芳香胺标准溶液进行校准。

8. 色谱分析

多种符合要求的仪器均可以使用。下列参数已经被成功地测试和应用。

（1）定性和定量分析。

高效液相色谱（HPLC）：

流动相 1：甲醇。

流动相 2：0.575 g 磷酸二氢胺 + 0.7 g 磷酸氢二钠，溶于 1000 mL 水中，pH= 6.9。

固定相：Li Chrospher 60 RP－select B（5 μm）250 mm×4.6 mm。

柱温：40℃。

流速：0.8～1.0 mL/min。

梯度：起始用 15% 流动相 1，在 45 min 内线性转变为 80% 流动相 1。

进样量：10 μL。

检测器：DAD 240 nm、280 nm、305nm。

（2）定性色谱分析。

①毛细管气相色谱（GC）。

毛细管柱：中等极性，如 SE54 或 DB5，长 50 m，内径 0.32 mm，膜厚 0.5 μm。

进样口：分流/不分流。

进样口温度：250℃。

程序升温：70℃，保持 2 min，以 10℃/min 的速率升温至 280℃，保持 280℃，5 min。

检测器：MSD，扫描 45～300 amu。

载气：氦气。

进样量：1 μL，不分流，2 min。

②毛细管电泳（HPCE）。

将 250 μL 试样溶液与 50 μL 盐酸（0.01 mol /L）混合，并通过膜过滤（0.2 μm），该溶液用于毛细管区电泳分析。

毛细管 1：56 cm，无涂饰，内径 50 μm，具有延长的光程。

毛细管 2：56 cm，用聚乙烯醇（PVA）涂饰，内径 50 μm，具有延长的光程。

缓冲液：磷酸盐缓冲液（50 mmol/L），pH=2.5。

柱温：25℃。

电压：30 kV。

进样时间：4 s。

淋洗时间：5 s。

检测器：DAD 214 nm、240nm、280nm、305nm。

③薄层色谱（TLC）。

a. 薄层板（HPTLC）：硅胶，含荧光指示剂 F254，20 cm×10 cm。

应用体积：5 μL，条状，用自动点样器点样。

流动相：三氯甲烷：冰乙酸＝90：10（体积比）。

b. 薄层板（TLC）：硅胶 60，20 cm×10 cm，槽饱和。

应用体积：10 μL，点状，用自动点样器点样。

流动相 1：三氯甲烷：乙酸乙酯：冰乙酸＝60：30：10（体积比）。

流动相 2：三氯甲烷：甲醇＝95：5（体积比）。

试剂 1：0.1% 亚硝酸钠氢氧化钾溶液（1 mol/L）。

试剂 2：0.2% α－萘酚氢氧化钾溶液（1 mol/L）。

9. 结果的计算和表示

芳香胺的含量通过试样溶液中各个芳香胺组分与 30 μg/mL 校准溶液比较后的峰面积进行计算，计算公式如下：

$$W = \frac{A_P \times B_K \times V}{A_K \times E}$$

式中，W——样品中芳香胺的含量（mg/kg）；

　　　A_P——样品单位面积中芳香胺的峰面积；

　　　A_K——校准溶液单位面积中芳香胺的峰面积；

　　　B_K——校准溶液中芳香胺的浓度（μg/mL）；

　　　V——液—液萃取后最终定容体积（mL）；

　　　E——试样质量（g）。

10. 试验报告

试验报告应包含以下内容：

（1）本标准编号。

（2）被检物的种类、来源、名称。

（3）试验中出现的异常现象。

（4）实测方法与本标准的不同之处，特别是附加的步骤。

（5）分离、测试、确认的声明（用两种方法进行确认——第二种方法对第一种方法进行确认）。

（6）样品中芳香胺的含量，单位为 mg/kg。

（7）测量的结果，芳香胺组分含量≤30 mg/kg 时，报告中应写明"在实验范围内，被检物上未检出表 3－1 中所列的有害芳香胺"，说明不能测出能释放出所列芳香胺的偶氮染料。

（8）测量的结果，芳香胺组分含量>30 mg/kg 时，报告中应写明"在实验范围内，被检物上检出表 3－1 中所列的有害芳香胺"，并写出芳香胺名称，说明该皮革、毛皮在生产和处理过程中使用了禁用偶氮染料。

（9）如果 4-氨基联苯和（或）2-萘胺的含量超过 30 mg/kg，且没有其他证据，以现有的科学知识，尚不能断定使用了禁用偶氮染料。

（10）试验人员、日期。

3.8 皮革及毛皮中六价铬含量的测定

六价铬 Cr(Ⅵ) 可以通过呼吸道被人体吸收，引起胃肠道、肝功能、肾功能损害，还可以穿过皮肤进入人体，引起一系列的健康危害。皮肤对六价铬的过敏反应阈值是 10 mg/kg。六价铬是世界各国环境监测必测元素之一。近年来人们的环保意识不断增强，绿色消费的呼声日益强烈，世界各国对皮革及其制品有害物质的控制要求越来越严格。一般要求残留在皮革中的六价铬含量低于 10 mg/kg，欧盟要求低于 3 mg/kg，皮革手套的限量为 2 mg/kg。国内各生产厂家、出口商等对六价铬含量的严格控制也极为重视。

制革是一个复杂的、系统的工艺过程，涉及许多化工材料。含铬复鞣剂及染料等都可能产生六价铬，但产生量微乎其微，可不予考虑。而对于铬粉，只要是对六价铬问题较重视，且技术力量较强的正规厂家生产的铬粉用于鞣制，六价铬不会超标。由试验得知，蓝湿革中的六价铬虽然不超标，但成品革中的六价铬有时反而非常高，从 3.5 mg/kg 到 80 mg/kg 都有，有时可高达 120 mg/kg。究其原因，可能是部分加脂剂中含有促使铬鞣剂中的三价铬 Cr(Ⅲ) 转化为六价铬。

基于上述原因，需要对皮革及毛皮中的六价铬进行测定和控制。我国测定皮革和毛皮中六价铬含量的标准方法是国家标准 GB/T 22807—2008《皮革和毛皮 化学试验 六价铬含量的测定》。下面按照该标准介绍皮革、毛皮中六价铬含量的测定方法。该标准适用于各类皮革、毛皮产品及其制品。

1. 原理

用 pH 在 7.5~8.0 之间的磷酸盐缓冲液萃取试样中的可溶性六价铬，需要时，可用脱色剂除去对试验有干扰的物质。滤液中的六价铬在酸性条件下与 1,5-二苯卡巴肼反应，生成紫红色络合物，用分光光度法在 540 nm 处测定，与标准曲线相对照，以确定六价铬的含量。

萃取条件对本方法的试验结果有直接的影响，用不同的萃取条件（萃取剂、pH、萃取时间等）得到的结果与本方法得到的结果没有可比性。

2. 试剂和材料

除非另有说明，在分析中仅使用分析纯的试剂盒蒸馏水或去离子水或相当纯度的水。

（1）磷酸氢二钾缓冲液（$K_2HPO_4 \cdot 3H_2O$）：0.1 mol/L。将 22.8 g 磷酸氢二钾（相对分子质量 228）溶解在 1000 mL 水中，用磷酸将 pH 调至 8.0 ± 0.1，再用氩气或

氮气排出空气。

（2）1,5－二苯卡巴肼：称取 1,5－二苯卡巴肼 1.0 g，溶解在 100 mL 丙酮中，加一滴乙酸，使其呈酸性。

注：已配好的 1,5－二苯卡巴肼溶液应保存在棕色瓶中，在 4℃时遮光存放，有效期 14 d，溶液出现明显变色（特别是粉红色）时不能再使用。

（3）磷酸溶液（H_3PO_4）：将浓度为 85%、密度为 1.71 g/mL 的磷酸 700 mL，用蒸馏水稀释至 1000 mL。

（4）重铬酸钾（$K_2Cr_2O_3$）标准品：在（102±2）℃干燥（16±2）h。

（5）六价铬标准储备溶液：称取 0.2829 g $K_2Cr_2O_3$，用蒸馏水溶解、转移、洗涤、定容到 1000 mL 容量瓶中，每 1 mL 该溶液中含有 0.1 mg 铬。

（6）六价铬标准溶液：用移液管移取 10 mL 六价铬标准储备溶液至 1000 mL 容量瓶中，用磷酸氢二钾缓冲液稀释至刻度，每 1 mL 该溶液含有 1 μg 铬。

（7）氩气（或氮气，最好是氩气）：不含氧气，纯度至少为 99.998%。

注：用氩气代替氮气，因其相对密度大，开启时不易向上逸出，而氮气相对密度比空气小，容易逸出容器。

3. 装置

（1）机械振荡器，做水平环形振荡，频率为 50~150 次/min。

（2）碘量瓶，250 mL，具磨口塞。

（3）导气管和流量计。

（4）带玻璃电极的 pH 计，读数精确到 0.1 单位。

（5）容量瓶，25 mL、100 mL、1000 mL。

（6）移液管，0.5 mL、1.0 mL、2.0 mL、5.0 mL、10.0 mL、20.0 mL、25.0 mL。

（7）分光光度计或滤光光度计，波长 540 nm。

（8）石英比色皿，厚度为 2 cm，或其他厚度适合的比色皿。

（9）脱色柱，玻璃或聚丙烯小柱，内径约 3 cm，装有适当的脱色剂，如 PA 脱色剂（约 4 g）。

注：试验表明，PA 脱色剂适用于本方法，是较为理想的脱色材料。某些情况下其他脱色剂也适用。不管在什么情况下，都应进行回收率试验。试验表明，活性炭不适合用于萃取液脱色。

4. 试样制备

（1）取样。

①标准部位取样：皮革按 QB/T 2706—2005《皮革 化学、物理、机械和色牢度试验 取样部位》的规定进行（见 3.2 节），毛皮按 QB/T 1267—1991《毛皮成品 样块部位和标志》的规定进行。

②非标准部位取样：如果不能从标准部位取样（如直接从鞋、服装上取样），应在

可利用面积内的任意部位取样，样品应具有代表性，并在试验报告中详细记录取样情况。

（2）试样的制备。

①皮革按 QB/T 2716—2005《皮革 化学试验 样品的准备》的规定进行（见 3.3 节）。

②毛皮按 QB/T 1272—1991《毛皮成品 化学分析试验的制备及化学分析通则》的规定进行，剪切过程中应避免损失毛被，保持毛被完好。

③尽可能干净地除去样品上面的胶水、附着物，将试样混匀，装入清洁的试样瓶内待测。

5. 程序

（1）称取剪碎的革试样（2±0.01）g，精确至 0.001 g。

（2）用移液管吸取 100 mL 排去空气的磷酸盐缓冲溶液，置于 250 mL 碘量瓶中，插入导气管（导气管不得接触液面），往碘量瓶中通入不含氧气的氩气（或氮气），流量（50±10）mL/min，时间 5 min，加入试样，盖好磨口塞，放在振荡器上萃取 3 h± 5 min。

注：适当调节振动器的频率和振幅，使悬浮在溶液中的试样做顺畅的圆周运动，应避免使试样粘附在液面上方的瓶壁上。

（3）萃取 3 h 后，检查溶液的 pH，应在 7.5~8.0 之间，如果超出这一范围，则需要重新调整称样质量进行测定。

萃取结束后，立即将碘量瓶中的溶液通过玻璃小柱过滤至玻璃烧瓶中，并盖好瓶塞，得到过滤萃取液。

（4）测定萃取液中六价铬含量。

用移液管移取 10 mL 滤液于 25 mL 容量瓶中，用磷酸氢二钾缓冲液稀释至该容量瓶容积的四分之三处，加入 0.5 mL 磷酸溶液，然后再加入 0.5 mL 1,5-二苯卡巴肼溶液，用磷酸氢二钾缓冲液稀释至刻度并混匀，静置（15±5）min，用比色皿测量该溶液在 540 nm 处相对于空白溶液的吸光度，该吸光度记作 E_1。

同时用移液管移取另外 10 mL 滤液，置于 25 mL 容量瓶中。除不加 1,5-二苯卡巴肼溶液外，其余按上述步骤（2）操作，用相同方法测量吸光度，并记作 E_2。

（5）空白溶液。

空白溶液是指除了不加过滤萃取液，其余配置同上的溶液，即取一个 25 mL 容量瓶，加入磷酸氢二钾缓冲液稀释至该容量瓶容积的四分之三处，加入 0.5 mL 磷酸溶液，然后再加入 0.5 mL 1,5-二苯卡巴肼溶液，用磷酸氢二钾缓冲液稀释至刻度并混匀。

（6）校准。

校准溶液用六价铬标准溶液制备，校准溶液中铬的含量应覆盖测量的范围。

校准溶液配置在 25 mL 容量瓶中。

在 0.5~15 mL 标准溶液的范围内，至少配制 6 个校准溶液，绘制一条合适的校准曲线。将一定量的标准溶液用移液管分别移入几个 25 mL 的容量瓶中，每个容量瓶中加入 0.5 mL 磷酸溶液和 0.5 mL 1,5－二苯卡巴肼溶液，用磷酸氢二钾缓冲液稀释至刻度并混匀，静置（15±5）min。

用与测量试样相同的比色皿测量校准溶液在 540 nm 处相对于空白溶液的吸光度。

用六价铬浓度（μg/mL）对吸光度绘制校准曲线，六价铬浓度为 X 轴，吸光度为 Y 轴。

注：试验表明，2 cm 比色皿是最合适的，上述标准溶液是供 2 cm 比色皿测试用的，在某些情况下，可能适合用更长或更短光程的比色皿，这时应注意确保校准曲线的范围在光度计的线性范围内。

（7）回收率的测定。

①基体的影响。

测定回收率的重要性在于可提供有关影响试验结果的基体效应的信息。

用移液管移取过滤萃取液 10 mL，加入合适体积的六价铬标准溶液，使得六价铬的量接近于原萃取液中六价铬的量的 2 倍（约 25%）。添加的六价铬标准溶液的浓度的选择方法是：添加六价铬标准溶液后溶液的最终体积不超过 11 mL。加入六价铬标准溶液后的溶液用与试样相同的方法处理，测定吸光度（吸光度记作 E_{1s} 和 E_{2s}）。

吸光度应在标准曲线的范围内，否则减少移取体积重做，回收率应大于 80%。

②脱色剂的影响。

移取一定体积的六价铬标准溶液至 100 mL 容量瓶中，使得该溶液中六价铬的量与试样中六价铬的量相当，用磷酸氢二钾缓冲液稀释至刻度。

用与试样萃取液相同的方法处理该溶液，并用相同方法测量该溶液中六价铬的含量，与计算结果相比较。如果样品中未检出六价铬，那么该溶液的浓度应为 6 μg/100mL，回收率应大于 90%。如果回收率小于或等于 90%，则该脱色剂不适合使用。

注 1：如果添加的六价铬不能被检测到，表明样品中含有还原剂，在这种情况下，如果所得回收率大于 90%，那么可以得出的结论是这样的样品中不含六价铬（低于检测限）。

注 2：回收率表明试验步骤是否可行或基体效应是否影响检测结果，通常回收率大于 80%。

6. 结果的表述

（1）六价铬含量的计算。

$$w_{\mathrm{CrVI}} = \frac{(E_1 - E_2) \times V_0 \times V_1}{A_1 \times m \times F}$$

式中，w_{CrVI}——样品中可溶性六价铬含量（以样品实际质量计算）（mg/kg）；

E_1——加 1,5－二苯卡巴肼溶液的试样溶液的吸光度；

E_2——未加 1,5－二苯卡巴肼溶液的试样溶液的吸光度；

A_1——移取萃取液的体积（mL）；

V_0——萃取液的体积（mL）；

V_1——A_1稀释后的体积（mL）；

m——称取试样的质量（g）；

F——校准标准曲线的斜率（Y/X）（mL/μg）。

（2）回收率的计算。

$$R = \frac{(E_{1s} - E_{2s}) - (E_1 - E_2)}{M_2 \times F}$$

式中，R——回收率（%）；

E_{1s}——加 1,5－二苯卡巴肼溶液、六价铬标准溶液的试样溶液的吸光度；

E_{2s}——加了六价铬标准溶液，但未加 1,5－二苯卡巴肼溶液的试样溶液的吸光度；

E_1——加 1,5－二苯卡巴肼溶液的试样溶液的吸光度；

E_2——未加 1,5 二苯卡巴肼溶液的试样溶液的吸光度；

M_2——添加的六价铬含量（mg/kg）；

F——校准标准曲线的斜率（Y/X）（mL/μg）。

（3）结果表示。

①六价铬含量应注明是以样品实际质量为基准，还是以样品绝干质量计算为基准，用 mg/kg 表示，修约至 0.1 mg/kg。当发生争议或仲裁试验时，以绝干质量为准，挥发物用%表示，修约至 0.1%。

②以两次平行试验结果的算术平均值作为结果，两次平行试验结果的差值与平均值之比应小于 10%。

③本方法检测限为 3 mg/kg。

④如果检测到的六价铬含量超过 3 mg/kg，应将测试溶液与标准溶液的紫外光谱相比较，以判定阳性结果是否由干扰物质引起。

7. 试验报告

试验报告应包含以下内容：

（1）本标准编号。

（2）样品的种类、名称、取样的详细信息。

（3）脱色剂种类。

（4）如果不使用 2 cm 的比色皿，说明比色皿的厚度。

（5）样品中的六价铬含量应注明是以样品实际质量为基准，还是以样品绝干质量计算为基准，应注明样品中挥发物含量（%）。

（6）试验结果保留一位小数。

（7）如果回收率小于 80% 或大于 105%，详细注明回收率。

（8）试验中出现的异常现象。

（9）实测方法与本标准的不同之处。

（10）试验人员、日期。

3.9 皮革及毛皮中重金属含量的测定

广义上，重金属是指化学元素周期表金属栏内相对原子质量超过 40 的元素。但基于这些元素在现实环境中的实际存在量以及其环境毒性，在工业上划入重金属范围的通常为 10 种金属元素，即铜、铅、锌、锡、镍、钴、锑、汞、镉和铋。重金属的毒性及其在生物体内的累积性、迁移性早已受到研究者的广泛关注。欧美各国已将重金属列入皮革的生态质量指标中。皮革中的重金属主要来源于加工过程中所使用的化工材料，如铬鞣剂、含有重金属的染料和颜料膏等。

我国的国家标准 GB/T 22930—2008《皮革和毛皮 化学试验 重金属含量的测定》发布了皮革、毛皮中铅（Pb）、镉（Cd）、镍（Ni）、铬（Cr）、钴（Co）、铜（Cu）、锑（Sb）、砷（As）、汞（Hg）九种元素的总量和可萃取量的测定方法。该标准适用于各类皮革、毛皮及其制品。

1. 原理

重金属总量：试样经微波消解后，将消解液定容，用电感耦合等离子体发射光谱（ICP－AES）法同时测定铅、镉、镍、铬、钴、铜、锑、砷、汞等重金属的浓度，计算出试样中重金属总量。

重金属可萃取量：试样经人造汗液萃取后，萃取液用电感耦合等离子体发射光谱（ICP－AES）法同时测定铅、镉、镍、铬、钴、铜、锑、砷、汞等重金属的浓度，计算出试样中重金属可萃取量。

2. 试剂和材料

除非另有说明，在分析中仅使用确认为分析纯的试剂和符合 GB/T 6682 的二级水或相当纯度的水。

（1）硝酸，优级纯。

（2）过氧化氢，优级纯。

（3）酸性汗液，按 GB/T 3922—2013《纺织品 色牢度试验 耐汗渍色牢度》配制，即每升试液含有 L－组氨酸盐酸盐一水合物（$C_6H_9O_2N_3 \cdot HCl \cdot H_2O$）0.5 g，氯化钠（NaCl）5.0 g，磷酸二氢钠二水合物（$NaH_2PO_4 \cdot 2H_2O$）2.2 g，用 0.1 mol/L 的氢氧化钠溶液调整试液 pH 至 5.5±0.2。现配现用。

（4）铅、镉、镍、铬、钴、铜、锑、砷、汞各重金属标准储备溶液（标准物质，介质为 HCl 或 HNO_3），1000 μg/mL。

3. 仪器和装置

（1）电感耦合等离子体发射光谱（ICP－AES），氩气纯度大于等于 99.9%，以提供稳定清澈的等离子体焰炬，在仪器合适的工作条件下进行测定。仪器工作参考条件如下：

①辅助气流量 0.5 L/min。

②泵速 100 r/min。

③积分时间：长波（>260 nm）5 s，短波（<260 nm）10 s。

④参考分析波长：铜 327.395 nm，钴 238.892 nm，镍 231.604 nm，锑 206.834 nm，镉 228.802 nm，铬 205.560 nm，铅 220.353 nm，砷 193.696 nm，汞 194.164 nm。

（2）微波消解仪，具有压力控制系统，配备聚四氟乙烯消化罐。

（3）可控温加热板。

（4）分析天平，精确至 0.1 mg。

（5）机械振荡器，圆周运动，可控温（37±2）℃，振荡频率（100±10）r/min。

（6）2 号砂芯漏斗。

4. 试样制备

（1）取样。

①标准部位取样：皮革按 QB/T 2706—2005《皮革 化学、物理、机械和色牢度试验 取样部位》的规定进行（见 3.2 节），毛皮按 QB/T 1267—1991《毛皮成品 样块部位和标志》的规定进行。

②非标准部位取样：如果不能从标准部位取样（如直接从鞋、服装上取样），应在可利用面积内的任意部位取样，样品应具有代表性，并在试验报告中详细记录取样情况。

注：切取样块过程中避免损伤毛被，保持毛被完好。

（2）试样的制备。

①皮革按 QB/T 2716—2005《皮革 化学试验 样品的准备》的规定进行（见 3.3 节）。

②毛皮按 QB/T 1272—1991《毛皮成品 化学分析试验的制备及化学分析通则》的规定进行，剪切过程中应避免损失毛被，保持毛被完好。

③除去样品上面的胶水、附着物，将试样混匀，装入清洁的试样瓶内待测。

5. 试验步骤

（1）重金属总量的测定。

①消解。

称取约 0.5 g 试样（精确至 0.1 mg）置于聚四氟乙烯消化罐内，加入 1 mL 过氧化氢和 4 mL 硝酸，在可控温加热板上于 140℃加热 10 min。冷却后盖上内盖，套上外罐，拧紧罐盖，放入微波消解仪中，按以下程序消解：压力 0.5 MPa 消解 1 min，压力 2.0 MPa 消解 2 min，压力 3.0 MPa 消解 4 min。消解完成后，消化罐在微波消解仪中冷却 10~20 min，然后取出消化罐，打开外盖和内盖。待冷却至室温后，将消解液转移到 25 mL 容量瓶中，用蒸馏水洗涤消化罐，洗涤液合并至容量瓶中，用水定容至刻度，供电感耦合等离子体发射光谱测定用。

空白试验：不加试样，用与处理试样相同的方法和等量的试剂做空白试验。

②测定。

将铅、镉、镍、铬、钴、铜、锑、砷、汞各重金属标准储备溶液稀释为一系列合适浓度的标准工作溶液，用电感耦合等离子体发射光谱仪在参考波长下同时测定铅、镉、镍、铬、钴、铜、锑、砷、汞等重金属的光谱强度，以光谱强度为纵坐标，重金属浓度为横坐标，制作标准工作曲线。

将消解所得的试样溶液和空白溶液分别用电感耦合等离子体发射光谱仪在参考波长下同时测定铅、镉、镍、铬、钴、铜、锑、砷、汞等重金属的光谱强度，对照标准工作曲线计算各重金属的浓度。

（2）重金属可萃取量的测定。

①萃取。

称取约 2.0 g 试样（精确至 0.1 mg），置于 100 mL 具塞三角烧瓶中，准确加入 50 mL 酸性汗液，盖上塞子后轻轻振荡，使样品充分湿润。然后在机械振荡器上于 (37±2)℃振荡（60±5）min。萃取液用 2 号砂芯漏斗过滤。

空白试验：不加试样，用与处理试样相同的方法和等量的试剂做空白试验。

②测定。

按照"（1）重金属总量的测定②测定"的方法测定。

6. 结果的表述

（1）重金属含量的计算。

按下式计算试样中的重金属含量：

$$w_i = \frac{(c_i - c_{i0}) \times V}{m}$$

式中，w_i——试样中的重金属 i 的含量（mg/kg）；

　　　c_i——由标准工作曲线计算出的试样溶液中重金属 i 的浓度（μg/mL）；

　　　c_{i0}——由标准工作曲线计算出的空白溶液中重金属 i 的浓度（μg/mL）；

　　　V——试样溶液的体积（mL）；

　　　m——试样称取的质量（g）。

（2）结果表示。

重金属含量应注明是以试样实际质量为基准，还是以试样绝干质量计算为基准，用 mg/kg 表示，修约至 0.1 mg/kg。当发生争议或仲裁试验时，以绝干质量为准。挥发物用%表示，修约至 0.1%。

两次平行试验结果的差值与平均值之比应不大于 10%，以两次平行试验结果的算术平均值作为结果。

（3）检测限和回收率。

①检测低限，见表 3-2。

表 3-2　检测低限

元素	Cu	Co	Ni	Sb	Cd	Cr	Pb	As	Hg
可萃取量/（mg/kg）	0.05	0.03	0.05	0.26	0.04	0.02	0.11	0.36	0.50
总量/（mg/kg）	0.17	0.06	0.07	0.38	0.07	0.09	0.27	0.86	0.64

②加标回收率。

在表 3-3 所列的加标浓度下，铅、镉、镍、铬、钴、铜、锑、砷、汞的总量的回收率为 80%～115%。

表 3-3　加标浓度

元素		Cu	Co	Ni	Sb	Cd	Cr	Pb	As	Hg
加标浓度/（mg/L）	1	0.8	0.08	0.08	0.6	0.02	0.4	0.02	0.02	0.2
	2	4	0.4	0.4	3	0.1	2	0.1	0.1	1
	3	8	0.8	0.8	6	0.2	4	0.2	0.2	2

7. 试验报告

试验报告应包含以下内容：

（1）本标准编号。

（2）样品名称、种类、取样的详细信息。

（3）样品中的重金属含量（mg/kg），注明是总量还是可萃取量。

（4）应注明试验结果是以样品实际质量为基准，还是以样品绝干质量计算为基准，如果以样品绝干质量计算为基准，应注明样品中的挥发物含量（%）。

（5）试验中出现的异常现象。

（6）实测方法与本标准的不同之处。

（7）试验人员、日期。

3.10　皮革及毛皮中残留五氯苯酚含量的测定

五氯苯酚和其他氯苯酚类物质因为优异稳定的抗菌和杀菌性能，可以作为杀菌剂、防霉剂在皮革生产中使用。在氯苯酚体系中，五氯苯酚的毒性最大。国际癌症研究机构将五氯苯酚归为一类致癌物质。五氯苯酚具有明显的刺激性和蓄积毒性，在环境中代谢缓慢，而且有可能会转化为高毒性的二噁英，被国际上列为"持久性有机污染物"。随着社会对生态和健康的关注，五氯苯酚在皮革上的使用受到了越来越多的限制。Adidas、Deichmann、Clarks、Nike 等品牌产品，限制五氯苯酚在皮革中的含量低于 1 mg/kg。

下面按照国家标准 GB/T 22808—2008《皮革和毛皮 化学试验 五氯苯酚含量的测

定》介绍皮革、毛皮中五氯苯酚及其盐和酯含量的测定方法。该标准适用于各类皮革、毛皮产品及其制品。

1. 原理

首先将试样用水蒸气蒸馏，然后将五氯苯酚（PCP）用乙酸酐乙酰化，再将五氯苯酚乙酸酯萃取至正己烷中。用带有电子捕获检测器（ECD）或质量选择检测器（MSD）的气相色谱对五氯苯酸乙酸酯进行分析。外标法定量，同时用内标物校准。

2. 试剂和材料

除非另有说明，在分析中仅使用分析纯的试剂和蒸馏水或去离子水或相当纯度的水。

（1）五氯苯酚溶液。

以五氯苯酚的含量表示的浓度可以包括五氯苯酚及其盐和酯。

①五氯苯酚标准溶液：$100\ \mu g/mL$，用五氯苯酚乙酸酯标准品和丙酮配制。

②五氯苯酚乙酸酯标准储备溶液：$10\ \mu g/mL$，用五氯苯酚乙酸酯标准品和正己烷配制。

③五氯苯酚乙酸酯标准溶液：$0.04\ mg/mL$，用正己烷配制（相当于每升溶液中含 $0.0346\ mg$ 五氯苯酚）。

（2）四氯邻甲氧基苯酚（TCG）标准溶液（tetrachloro－O－methoxyphenol），$100\ \mu g/mL$，用四氯邻甲氧基苯酚标准品和丙酮配制，内标物，熔点 $118℃\sim119℃$。

（3）硫酸：$1\ mol/L$。

（4）正己烷：残留分析用。

（5）碳酸钾：K_2CO_3。

（6）乙酸酐：$C_4H_6O_3$。

（7）无水硫酸钠。

（8）三乙胺。

（9）丙酮。

3. 装置

（1）气相色谱仪，带电子捕获检测器（ECD）或质量选择检测器（MSD）。

（2）分析天平，精确至 $0.1\ mg$。

（3）合适的水蒸气蒸馏装置。

（4）振荡器。

（5）容量瓶，$50\ mL$、$500\ mL$。

（6）锥形瓶，$100\ mL$。

（7）分液漏斗，$250\ mL$，或其他能分离有机相和水相的合适容器，能密封并剧烈振荡。

（8）单标移液管，刻度移液管，合适的自动移液器。

（9）带玻璃纤维滤器的过滤装置 GF8 或玻璃纤维过滤器 G3，直径 125 mm。

4. 试样制备

（1）取样。

①标准部位取样：皮革按 QB/T 2706—2005《皮革 化学、物理、机械和色牢度试验 取样部位》的规定进行（见 3.2 节），毛皮按 QB/T 1267—1991《毛皮成品 样块部位和标志》的规定进行。

②非标准部位取样：采用随机取样方式，样品应具有代表性，并在试验报告中详细记录取样情况。

（2）试样的制备。

①皮革按 QB/T 2716—2005《皮革 化学试验 样品的准备》的规定进行（见 3.3 节）。

②毛皮按 QB/T 1272—1991《毛皮成品 化学分析试验的制备及化学分析通则》的规定进行，剪切过程中应避免损失毛被，保持毛被完好。

③尽可能干净地除去样品上面的胶水、附着物，将试样混匀，装入清洁的试样瓶内待测。

5. 程序

（1）水蒸气蒸馏。

称取剪碎的试样约 1.0 g（精确至 0.001 g），置于蒸馏器中，加入 20 mL 1 mol/L 硫酸和 0.1 mL 四氯邻甲氧基苯酚标准溶液，用合适的水蒸气蒸馏装置对蒸馏器中的内容物进行水蒸气蒸馏。用装有 5 g 碳酸钾的 500 mL 容量瓶作为接收器。

蒸馏出约 450 mL 溶液，用水稀释至刻度。

如果蒸馏时过度沸腾，应降低蒸馏温度。

（2）液液萃取和乙酰化。

①将步骤（1）所得的馏出物 100 mL 转移至 250 mL 分液漏斗中。

②加入 20 mL 正己烷、0.5 mL 三乙胺和 1.5 mL 乙酸酐，在机械振荡器上充分振荡 30 min（衍生化步骤是两相反应，与振荡的强度密切相关，应使用振荡频率至少 500 r/min 的机械振荡器，不要用手摇，否则易得出错误的结果；分液漏斗用振荡器振荡前，应进行放气操作）。

③两相分层后，将有机层转入 100 mL 锥形瓶中，水相中加入 20 mL 正己烷再萃取一次。

④合并正己烷层，在 100 mL 锥形瓶中用无水硫酸钠脱水约 10 min。

⑤用过滤器将正己烷层全部滤入 50 mL 容量瓶中，并用正己烷洗涤残渣，洗涤液并入 50 mL 容量瓶中。

⑥用正己烷稀释至刻度，此溶液用气相色谱仪分析。

（3）乙酰化 PCP 和 TCG 混合校准溶液的制备。

①用于回收率试验的 PCP 和 TCG 标准溶液的衍生化。

为计算回收率，用与试样相同的方法处理 PCP/TCG 标准混合液。

量取 100 μL PCP 标准溶液和 100 μL TCG 标准溶液，置于蒸馏器中，并加入 20 mL硫酸，用与试样相同的方法处理该溶液，回收率应大于 90％。

②PCP 乙酸酯标准溶液（外标溶液）。

将 PCP 乙酸酯标准溶液直接用气相色谱分析，该溶液浓度为 0.04 mg/L。

该标准溶液包含在计算公式中。

③TCG 标准溶液的衍生化。

将 20 μL TCG 标准溶液加入 30 mL 浓度为 0.1 mol/L 的 K_2CO_3 溶液中，用与试样相同的方法乙酰化，并将有机层转移到 50 mL 容量瓶中。

用与试样相同的方法处理该溶液。

（4）毛细管气相色谱（GC）。

下列色谱条件仅作举例。

毛细管色谱柱：熔融石英毛细柱（中等极性），长 50 m，内径 0.32 mm，膜厚 0.25 μm。如 95％二甲基硅油－5％二苯基硅油。

检测器/测试温度：ECD/280℃。

进样系统：分流/不分流，60 s。

进样量：2 μL。

进样口温度：250℃。

载气：氦气。

补偿气：氩气（95％）/甲烷（5％）。

色谱柱温度：80℃保持 1 min，6℃/min升温至 280℃，保持 10 min。

6. 结果的表述

（1）PCP 含量的计算。

将试样溶液的峰面积与同时进样的标准溶液的峰面积进行比较。

$$w_{PCP} = \frac{A_{PCP} \times c_{PCPSt} \times V \times \beta \times F_{TCG}}{A_{PCPSt} \times m}$$

其中：

$$F_{TCG} = \frac{A_{TCG校准液}}{A_{TCG样品}}$$

式中，w_{PCP}——样品中 PCP 含量（以样品实际质量计算）（mg/kg）；

$\quad A$——峰面积；

$\quad c$——PCP 标准溶液浓度（μg/mL）（0.04 mg PCP 乙酸酯相当于 0.0346 mg 游离 PCP）；

$\quad m$——称取试样的质量（g）；

$\quad V$——试样最终定容体积（mL）；

$\quad \beta$——稀释倍数；

$\quad F$——内标物（TCG）的校准系数；

下标 PCPSt——五氯苯酚标准溶液；

下标 TCG——内标溶液。

（2）结果表示。

①五氯苯酚含量应注明是以样品实际质量为基准，还是以样品绝干质量计算为基准，用 mg/kg 表示，修约至 0.1 mg/kg。当发生争议或仲裁试验时，以绝干质量为准，挥发物用％表示，修约至 0.1％。

②以两次平行试验结果的算术平均值作为结果，两次平行试验结果的差值与平均值之比应小于 10％。

7. 试验报告

试验报告应包含以下内容：

（1）本标准编号。

（2）样品的种类、名称、取样的详细信息。

（3）样品中的五氯苯酚含量（mg/kg），应注明是以样品实际质量为基准，还是以样品绝干质量计算为基准，应注明样品中挥发物含量（％）。

（4）试验中出现的异常现象。

（5）实测方法与本标准的不同之处。

（6）试验人员、日期。

3.11　皮革及毛皮中富马酸二甲酯含量的测定

同五氯苯酚一样，富马酸二甲酯也是皮革加工过程中可能要加入的抗菌剂和防霉剂。富马酸二甲酯对皮肤有一定的刺激作用，会导致部分人群皮肤过敏，2008 年发生的"富马酸二甲酯致敏事件"为其中最典型的案例。基于健康和生态的考虑，目前国内外对富马酸二甲酯的残留量做了明确限制。欧盟、Oeko-Tex Standard 100 及美国 AAFA-RSL 规定，富马酸二甲酯的限值为 0.1 mg/kg。我国国家标准 GB 30585—2014《儿童鞋安全技术规范》也规定了富马酸二甲酯的残留量不超过 0.1 mg/kg。

下面按照国家标准 GB/T 26702—2011《皮革和毛皮 化学试验 富马酸二甲酯含量的测定》介绍皮革、毛皮中富马酸二甲酯含量的气相色谱—质谱测定方法。该标准适用于各种皮革、毛皮及其制品。

1. 原理

在超声波作用下，用乙酸乙酯萃取出试样中的富马酸二甲酯，萃取液净化后，用气相色谱—质谱（GC-MS）检测，外标法定量。

2. 试剂和材料

（1）乙酸乙酯，色谱纯；或使用分析纯试剂，经分子筛脱水。

（2）中性氧化铝，6 mL，1 g 填料。

（3）无水硫酸钠，使用前在 400℃下处理 4 h，在干燥器中冷却，备用。

（4）富马酸二甲酯（CAS 号：624－49－7）标准品，纯度≥99％。

（5）标准溶液的配制：称取富马酸二甲酯标准品约 0.02 g（精确至 0.0001 g）于具塞容量瓶中，用乙酸乙酯溶解并定容至刻度，摇匀，作为标准储备溶液。用乙酸乙酯逐级稀释标准储备溶液，配制成分浓度分别为 0.1 $\mu g/mL$、0.2 $\mu g/mL$、0.5 $\mu g/mL$、1 $\mu g/mL$、2 $\mu g/mL$、5 $\mu g/mL$ 的标准工作溶液，于 0℃～4℃冰箱中保存备用。

3. 仪器和设备

（1）分析天平，感量 0.0001 g。

（2）具塞锥形瓶，100 mL。

（3）超声波提取器。

（4）梨形烧瓶（150 mL），或氮吹仪管。

（5）旋转蒸发仪或氮吹仪。

（6）容量瓶：25 mL。

（7）容量瓶：5 mL。

（8）有机滤膜：0.45 μm。

（9）气相色谱—质谱联用仪（GC－MS）。

4. 试样制备

（1）取样。

①标准部位取样：皮革按 QB/T 2706—2005《皮革 化学、物理、机械和色牢度试验 取样部位》的规定进行（见 3.2 节），毛皮按 QB/T 1267—1991《毛皮成品 样块部位和标志》的规定进行，取样过程应避免损伤毛被，保持毛被完好。

②非标准部位取样：如果不能从标准部位取样（如直接从鞋、服装上取样），应在可利用面积内的任意部位取样，样品应具有代表性，并在试验报告中详细记录取样情况。

（2）试样的制备。

①皮革按 QB/T 2716—2005《皮革 化学试验 样品的准备》的规定进行（见 3.3 节）。

②毛皮按 QB/T 1272—1991《毛皮成品 化学分析试验的制备及化学分析通则》的规定进行。

③剪碎的试样在称重前进行空气调节。皮革按 QB/T 2707—2005《皮革 物理和机械试验 试样的准备和调节》的规定执行（见 4.2 节），毛皮按 QB/T 1266—1991《毛皮成品 物理性能测试用试片的空气调节》的规定执行。试样应及时测定。

5. 分析步骤

（1）萃取。

用分析天平称取约 5 g（精确至 0.0001 g）的试样，将试样置于具塞锥形瓶中，加入 40 mL 乙酸乙酯，在超声波提取器中萃取 15 min（频率 45 kHz，控制体系温度 35℃

以下）后，将具塞锥形瓶中的萃取液经滤纸过滤到梨形烧瓶（或氮吹仪管）中；再加入 15 mL 乙酸乙酯于具塞锥形瓶中，摇动 1 min，使试样与乙酸乙酯充分混合，并将滤液过滤到梨形烧瓶（或氮吹仪管）中；最后加入 10 mL 乙酸乙酯于锥形瓶中，重复上述操作，合并滤液。

（2）浓缩。

可选用下述两种方法之一浓缩萃取液：

①旋转蒸发浓缩。

在 45℃下，用旋转蒸发仪将梨形烧瓶中的萃取液浓缩至 1 mL。

注：操作中注意不能暴沸或蒸干。

②氮吹仪浓缩。

在 50℃下，用氮吹仪将氮吹仪管中的萃取液浓缩至 1 mL。

（3）净化。

试验前，往中性氧化铝小柱上添加约 0.5 cm 厚的无水硫酸钠，再用约 5 mL 的乙酸乙酯将中性氧化铝小柱湿润，待用。

用吸管将浓缩后的萃取液注入中性氧化铝小柱内，流出液收集到 5 mL 容量瓶中；用少量乙酸乙酯多次洗涤梨形烧瓶（或氮吹仪管），洗涤液依次注入中性氧化铝小柱内，流出液合并收集于该容量瓶中，并用乙酸乙酯定容到刻度，摇匀后用聚酰胺滤膜过滤制成试液（若容量瓶中的溶液浑浊，用离心方法分离后再取上层清液过滤），用气相色谱—质谱联用仪（GC－MS）测试。

（4）气相色谱—质谱联用仪（GC－MS）测定。

①工作参数。

由于测试结果取决于所使用的仪器，因此不可能给出气相色谱—质谱分析的通用参数。设定的参数应保证色谱测定时被测组分与其他组分能够得到有效的分离，下列给出的参数证明是可行的：

a. 色谱柱：DB－5MS 柱，30 m×0.25 mm×0.25 μm，或相当者；

b. 进样口温度：250℃；

c. 色谱—质谱接口温度：280℃；

d. 进样方式：不分流进样，1 min 后开阀；

e. 载气：氦气，纯度≥99.999％；控制方式：恒流，流速 1.0 mL/min；

f. 色谱柱温度：初始温度 60℃，以 5℃/min 升至 100℃，再以 25℃/min 升至 280℃，保持 10 min；

g. 进样量：1 μL；

h. 电离方式：EI；

i. 电离能量：70 eV；

j. 扫描方式：选择离子扫描（SIM）或全扫描（Scan）；

k. 四级杆温度：150℃；

l. 离子源温度：230℃；

m. 溶剂延迟时间：3 min。

②气相色谱—质谱分析及阳性结果确证。

根据试液中富马酸二甲酯的含量情况，选取 3 种或以上浓度相近的标准工作溶液，标准工作溶液和试液中富马酸二甲酯的响应值均应在仪器的线性范围内。在上述气相色谱—质谱条件下，富马酸二甲酯的保留时间约为 6.5 min。

如果试液与标准工作溶液的总离子流色谱图中，在相同保留时间有色谱峰出现，则根据富马酸二甲酯的特征离子碎片及其丰度比对其进行确证。

定性离子 (m/z)：113，85，59（其丰度比为 100：60：30）；

定量离子 (m/z)：113。

（5）空白试验。

除不加试样外，按上述步骤进行。

6. 结果计算

按下式计算富马酸二甲酯的含量：

$$X = \frac{(c_s - c_0)V}{m}$$

式中，X——试样中富马酸二甲酯含量（mg/kg）；

$\quad c_s$——由标准工作曲线所得的试液中富马酸二甲酯的含量（mg/L）；

$\quad c_0$——由标准工作曲线所得的空白试液中富马酸二甲酯的含量（mg/L）；

$\quad V$——试液的定容体积（mL）；

$\quad m$——试样质量（g）。

7. 回收率

在阴性样品中添加适量标准溶液，然后按"5. 分析步骤"进行分析，富马酸二甲酯的回收率应为 80%～120%。

8. 检出限

方法的检测低限为 0.1 mg/kg。

9. 精密度

在重复条件下获得的两次独立测定结果的绝对差不超过算术平均值的 10%。

10. 结果表示

样品中富马酸二甲酯含量以 mg/kg 表示，以两次平行试验结果的算术平均值作为结果，精确至 0.1 mg/kg。

11. 试验报告

试验报告应包含以下内容：

（1）本标准编号。

（2）样品的名称、编号、类型、厂家（或商标）。

（3）试验样品的说明和包装方法。

（4）应用的分析方法。

（5）从样品中提取的富马酸二甲酯含量（mg/kg）。

（6）试验中出现的异常现象。

（7）实测方法与本标准的不同之处。

（8）试验人员、日期。

3.12 皮革及毛皮中有机锡化合物的测定

有机锡化合物是至少含有 1 个碳锡键（C—Sn）的化合物的总称。有机锡化合物常见的有二丁基锡（DBT）和三丁基锡（TBT）。有机锡化合物具有良好的杀菌效果，可用于袜类、鞋类以及运动服装中，赋予产品抗菌防臭功能。另外，有机锡化合物可用作聚氨酯及有机硅树脂的催化剂，如二丁基锡用于皮革涂饰剂和手感剂的制备过程。虽然关于有机锡类化合物对人体健康的直接危害的报道并不多，但其在水体环境中的大量存在已经对水生生物表现出显著的毒性。国内外对有机锡化合物的使用进行了限制。Oeko−Tex Standard 100 和我国对有机锡化合物的限值为 2.0 mg/kg，其中婴儿用品限值为 1.0 mg/kg。

下面按照国家标准 GB/T 22932—2008《皮革和毛皮 化学试验 有机锡化合物的测定》介绍皮革、毛皮中二丁基锡和三丁基锡含量的测定方法。该标准适用于各类皮革、毛皮及其制品。

1. 原理

用酸性汗液萃取试样，在 pH＝4.0±0.1 的酸度下，以四乙基硼化钠为衍生化试剂，正己烷为萃取剂，对萃取液中的二丁基锡和三丁基锡直接萃取衍生化。用气相色谱—质谱仪（GC−MS）测定，外标法定量。

2. 试剂和材料

除非另有说明，在分析中仅使用确认为分析纯的试剂和符合 GB/T 6682 的三级水或相当纯度的水。

（1）正己烷。

（2）酸性汗液，按 GB/T 3922—2013《纺织品 色牢度试验 耐汗渍色牢度》配制，即每升试液含有 L−组氨酸盐酸盐—水合物（$C_6H_9O_2N_3 \cdot HCl \cdot H_2O$）0.5 g，氯化钠（NaCl）5.0 g，磷酸二氢钠二水合物（$NaH_2PO_4 \cdot 2H_2O$）2.2 g，用 0.1 mol/L 的氢氧化钠溶液调整试液 pH 至 5.5±0.2。现配现用。

（3）乙酸钠。

（4）冰乙酸。

（5）乙酸盐缓冲液：1 mol/L 乙酸钠溶液，用冰乙酸调至 pH＝4.0±0.1。

（6）四乙基硼化钠。

（7）四乙基硼化钠溶液：称取 0.2 g 四乙基硼化钠（NaBEt$_4$）于 10 mL 棕色容量瓶中，用水溶解定容。此溶液浓度为 20 g/L（质量浓度）。

注：此溶液不稳定，宜现用现配，配制时宜尽可能隔绝空气。

（8）有机锡标准储备溶液：各有机锡标准储备溶液用浓度大于或等于 99％的有机锡标准物质配制，浓度以有机锡阳离子浓度计，配制方法如下：

①三丁基锡标准储备溶液（1000 μg/mL），准确称取氯化三丁基锡（C$_{12}$H$_{27}$SnCl）标准品 0.112 g，用少量甲醇溶解后，转移至 100 mL 容量瓶中，用水稀释至刻度。

②二丁基锡标准储备溶液（1000 μg/mL），准确称取氯化二丁基锡（C$_8$H$_{18}$SnCl$_{12}$）标准品 0.130 g，用少量甲醇溶解后，转移至 100 mL 容量瓶中，用水稀释至刻度。

注：有机锡标准储备溶液宜保存在棕色试剂瓶中，4℃条件下保存期为六个月。

（9）有机锡混合标准溶液：分别移取一定体积的三丁基锡标准储备溶液和二丁基锡标准储备溶液，置于同一个棕色容量瓶中，用水稀释至刻度，摇匀。混合标准溶液的浓度可根据实际需要配制。

3. 仪器和装置

（1）气相色谱—质谱联用仪（GC－MS）。

（2）恒温水浴振荡器，可控温度（37±2）℃，振荡频率可达 60 次/min。

（3）旋涡振荡器，振荡频率可达 2200 r/min。

（4）离心机，转速可达 2000 r/min。

（5）天平，感量 0.1 g。

4. 试样制备

（1）取样。

①标准部位取样：皮革按 QB/T 2706—2005《皮革 化学、物理、机械和色牢度试验 取样部位》的规定进行（见 3.2 节），毛皮按 QB/T 1267—1991《毛皮成品 样块部位和标志》的规定进行。

②非标准部位取样：如果不能从标准部位取样（如直接从鞋、服装上取样），应在可利用面积内的任意部位取样，样品应具有代表性，并在试验报告中详细记录取样情况。

注：切取样块过程应避免损伤毛被，保持毛被完好。

（2）试样的制备。

①皮革按 QB/T 2716—2005《皮革 化学试验 样品的准备》的规定进行（见 3.3 节）。

②毛皮按 QB/T 1272—1991《毛皮成品 化学分析试验的制备及化学分析通则》的规定进行。

③除去样品上面的胶水、附着物，将试样混匀，装入清洁的试样瓶内待测。

5. 试验步骤

（1）萃取液制备。

称取约 4.0 g 试样（精确至 0.01 g），置于 150 mL 具塞三角烧瓶中，加入 80 mL 酸性汗液，盖上塞子后轻轻摇动使样品充分浸湿，放入恒温水浴振荡器中与（37±2）℃，60 次/min 振荡 60 min，冷却至室温。

（2）衍生化。

用移液管准确移取上述样液 20 mL 置于 50 mL 具塞试管中。加入 2 mL 乙酸盐缓冲溶液，摇匀。依次加入 2 mL 四乙基硼化钠溶液和 2.0 mL 正己烷，用旋涡振荡器振荡 15 min。静置、分层后，吸出上层有机相，置于离心管中，于 2000 r/min 离心 5 min。该样液供 GC—MS 分析用。

（3）标准工作曲线的制作。

准确吸取浓度为 1 μg/mL、5 μg/mL、25 μg/mL 和 100 μg/mL 的混合标准溶液 1 mL，置于一个 50 mL 具塞试管中，加入酸性汗液至总体积为 20 mL，衍生化。所得溶液进行 GC—MS 测定，以峰面积为纵坐标，有机锡浓度为横坐标，绘制工作曲线。

（4）气相色谱—质谱测定。

①GC—MS 分析条件。

由于测试结果取决于所使用的仪器，因此不可能给出气相色谱—质谱分析的通用参数。采用下列参数已被证明对测试是合适的：

a. 色谱柱：DB—5MS 柱，30 m×0.25 mm×0.25 μm，或相当者；

b. 色谱柱温度：初始温度 70℃，以 20℃/min 升至 280℃，保持 3 min；

c. 进样口温度：270℃；

d. 色谱—质谱接口温度：270℃；

e. 离子源温度：230℃；

f. 四级杆温度：150℃；

g. 电离方式：EI，能量 70 eV；

h. 数据采集：SIM，选择离子见表 3—4；

i. 载气：氦气，纯度≥99.999%，流量 1.0 mL/min；

j. 进样方式：分流，分流比为 1∶10；

k. 进样量：1 μL。

表 3—4 二丁基锡和三丁基锡衍生物的保留时间、选择离子特征

序号	有机锡名称	化学文摘编号	衍生物名称	保留时间/min	特征离子	
					定量	定性
1	氯化二丁基锡	683—18—1	二乙基二丁基锡	5.84	207	149，179，263
2	氯化三丁基锡	1461—22—9	乙基三丁基锡	6.79	207	235，263，291

②GC－MS 测定。

将衍生化的试样溶液用 GC－MS 测定，对照标准工作曲线计算有机锡的浓度。试样溶液中有机锡的响应值应在仪器检测的线性范围内，以保留时间和选择离子的丰度比定性，峰面积定量。

6. 结果表述

（1）有机锡化合物含量的计算。

按下式计算试样中的有机锡化合物含量：

$$w_i = \frac{c_i \times V \times 4}{m}$$

式中，w_i——试样中的有机锡化合物 i 的含量（mg/kg）；

c_i——由标准工作曲线计算出的试样溶液中有机锡化合物 i 的浓度（μg/mL）；

V——试样最终定容体积（mL）；

m——试样称取的质量（g）。

（2）结果表示。

有机锡含量应注明是以试样实际质量为基准，还是以试样绝干质量计算为基准，用 mg/kg 表示，修约至 0.1 mg/kg。当发生争议或仲裁试验时，以绝干质量为准。挥发物用％表示，修约至 0.1％。

两次平行试验结果的差值与平均值之比应不大于 10％，以两次平行试验结果的算术平均值作为结果。

（3）检测限和回收率。

①检测低限为 0.5mg/kg。

②加标回收率。

二丁基锡、三丁基锡加标浓度为 1～10 μg/mL 时，加标回收率为 96.9％～110.4％。

7. 试验报告

试验报告应包含以下内容：

（1）本标准编号。

（2）样品名称、种类，取样的详细信息。

（3）样品中的有机锡化合物含量（mg/kg）。

（4）应注明试验结果是以样品实际质量为基准，还是以样品绝干质量计算为基准，如果以样品绝干质量计算为基准，应注明样品中的挥发物含量（％）。

（5）试验中出现的异常现象。

（6）实测方法与本标准的不同之处。

（7）试验人员、日期。

3.13　皮革及毛皮中邻苯二甲酸酯类增塑剂的测定

邻苯二甲酸酯又称为酚酸酯，是一类有机化合物的总称，一般为无色透明的油状黏稠液体，难溶于水，不易挥发，凝固点低，易溶于甲醇、乙醇、乙醚等有机溶剂。邻苯二甲酸酯主要用于聚氯乙烯（PVC）的增塑，即增加这类材料的可塑性及柔软度，也可用于橡胶、润滑剂、高分子助剂、油墨、农药、化工、医药及食品包装等领域。在皮革领域，邻苯二甲酸酯可能会用于皮革后整饰工段，以防止涂膜发硬发脆，增加其柔性和塑性。邻苯二甲酸酯能引发肝脏组织的癌变，扰乱内分泌系统，对生殖和发育造成影响，对于成长阶段的婴幼儿影响更明显。在邻苯二甲酸酯类化合物中，邻苯二甲酸二正丁酯（DBP）的危害已受到全球的公认。欧美等国家对 6 种邻苯二甲酸酯（见表 3−5）的使用进行了全面限制，限值为 0.1%。我国规定玩具用涂料和生态纺织品中，6 种邻苯二甲酸酯的限值为 0.1%。

表 3−5　6 种限制邻苯二甲酸酯

序号	邻苯二甲酸类化合物名称	英文名称	化学文摘编号	化学分子式
1	邻苯二甲酸二丁酯	dibutyl phthalate（DBP）	000084−74−2	$C_{16}H_{22}O_4$
2	邻苯二甲酸丁基苄基酯	benzyl butyl phthalate（BBP）	000085−68−7	$C_{19}H_{20}O_4$
3	邻苯二甲酸二（2−乙基）己酯	di（2−ethylhexyl）phthalate（DEHP）	000117−81−7	$C_{24}H_{38}O_4$
4	邻苯二甲酸二异壬酯	diisononyl phthalate（DINP）	028553−12−0	$C_{26}H_{42}O_4$
5	邻苯二甲酸二辛酯	dinoctyl phthalate（DNOP）	000117−84−0	$C_{24}H_{38}O_4$
6	邻苯二甲酸二异癸酯	diisodecyl phthalate（DIDP）	026761−40−0	$C_{28}H_{46}O_4$

下面按照国家标准 GB/T 22931—2008《皮革和毛皮 化学试验 增塑剂的测定》介绍皮革、毛皮中如表 3−5 所示的 6 种邻苯二甲酸酯类增塑剂含量的测定方法。该标准适用于各类皮革、毛皮及其制品。

1. 原理

试样经三氯甲烷超声波萃取，萃取液经氯化铝层析柱净化、定容，用气相色谱—质谱联用仪（GC−MS）测定，外标法定量。

2. 试剂和材料

除非另有说明，在分析中仅使用确认为分析纯的试剂和符合 GB/T 6682 的三级水或相当纯度的水。

（1）三氯甲烷，重蒸备用。

（2）正己烷，重蒸备用。

（3）丙酮，重蒸备用。

（4）丙酮正己烷洗脱液，10 mL 丙酮和 100 mL 正己烷混合配制。

（5）氧化铝，层析用中性氧化铝，100～200 目，105℃干燥 2 h，置于干燥器中冷却至室温，每 100 g 中加入约 2.5 mL 水降活，混匀后密封，放置 12 h 后使用。

不同厂家和不同批号氧化铝的活性有差异，降活时应根据具体购置的氧化铝产品略作调整，降活后氧化铝活性应符合氧化铝活性试验［见"5. 试验步骤（1）氧化铝活性试验"］中规定的要求。

（6）氧化铝层析柱，在直径约 1 cm 的玻璃层析柱底部塞入一些脱脂棉，干法装入氧化铝约 2 cm 高，轻轻敲实后备用。

（7）标准品，6 种邻苯二甲酸酯类增塑剂，纯度大于等于 98%。

（8）标准储备溶液，分别准确称取适量的每种邻苯二甲酸酯类增塑剂标准品，用正己烷分别配制成浓度为 1 mg/mL 的标准储备溶液。

注：该溶液可在 0℃～4℃冰箱中保存，有效期为 12 个月。

（9）混合标准溶液，根据需要再用正己烷将标准储备溶液稀释成合适浓度的混合标准溶液。

3. 仪器和装置

（1）气相色谱—质谱联用仪（GC－MS）。

（2）分析天平，精确至 0.1 mg。

（3）旋转蒸发仪。

（4）超声波发生器，工作频率为 50 kHz。

4. 试样制备

（1）取样。

①标准部位取样：皮革按 QB/T 2706—2005《皮革 化学、物理、机械和色牢度试验 取样部位》的规定进行（见 3.2 节），毛皮按 QB/T 1267—1991《毛皮成品 样块部位和标志》的规定进行。

②非标准部位取样：如果不能从标准部位取样（如直接从鞋、服装上取样），应在可利用面积内的任意部位取样，样品应具有代表性，并在试验报告中详细记录取样情况。

注：切取样块过程应避免损伤毛被，保持毛被完好。

（2）试样的制备

①皮革按 QB/T 2716—2005《皮革 化学试验 样品的准备》的规定进行（见 3.3 节）。

②毛皮按 QB/T 1272—1991《毛皮成品 化学分析试验的制备及化学分析通则》的规定进行。

③除去样品上面的胶水、附着物，将试样混匀，装入清洁的试样瓶内待测。

5. 试验步骤

(1) 氧化铝活性试验。

取氧化铝层析柱，先用 5 mL 正己烷淋洗，然后将 1 mL 混合标准溶液加入层析柱中，用 30 mL 正己烷分多次淋洗，弃去淋洗液。再用 30 mL 丙酮正己烷洗脱液分多次洗脱，收集洗脱液于 100 mL 平底烧瓶中，于旋转蒸发仪中（60±5）℃低真空浓缩至近干，缓氮气流吹干，准确加入 1 mL 正己烷溶解残渣。按"（5）测定"用 GC−MS 测定，计算回收率，回收率应大于 90％。

(2) 萃取。

称取约 1.0 g 试样（精确至 0.001 g），置于 100 mL 具塞三角烧瓶中，加入 20 mL 三氯甲烷，于超声波发生器中常温萃取 15 min。将萃取液用定性滤纸过滤至圆底烧瓶中，残渣再用相同方法萃取两次，合并滤液。滤液于旋转蒸发仪中（60±5）℃低真空浓缩至近干，加 2 mL 正己烷溶解残渣。

(3) 净化。

取氧化铝层析柱，先用 5 mL 正己烷淋洗，然后将样品萃取液加入层析柱中，用少量正己烷洗涤容器，洗涤液并入层析柱中。用 30 mL 正己烷分多次淋洗，弃去淋洗液。再用 30 mL 丙酮正己烷洗脱液分多次洗脱，收集洗脱液于 100 mL 平底烧瓶中，于旋转蒸发仪中（60±5）℃低真空浓缩至近干，缓氮气流吹干，准确加入 1 mL 正己烷溶解残渣，供 GC−MS 测定和确证。

注：溶解残渣时，可根据实际需要确定加入正己烷的体积，但注意正己烷的体积对检测限的影响。

(4) 标准工作曲线的制作。

将混合标准溶液用正己烷逐级稀释成适当浓度的系列工作液，按"（5）测定"用 GC−MS 测定，以峰面积为纵坐标，增塑剂浓度为横坐标，绘制工作曲线。

(5) 测定。

①GC−MS 分析条件。

由于测试结果与使用的仪器和条件有关，因此不可能给出色谱分析的普遍参数。采用下列参数已被证明对测试是合适的：

a. 色谱柱：DB−5MS 柱，30 m×0.25 mm×0.25 μm，或相当者；

b. 色谱柱温度：初始温度 70℃，以 20℃/min 升至 260℃，保持 20 min；

c. 进样口温度：270℃；

d. 色谱—质谱接口温度：270℃；

e. 离子源温度：230℃；

f. 四级杆温度：150℃；

g. 电离方式：EI，能量 70 eV；

h. 数据采集：SIM，选择离子参见表 3−6；

i. 载气：氦气，纯度≥99.999％，流量 1.0 mL/min；

j. 进样方式：分流，分流比为 1：10；

k. 进样量：1 μL。

表 3-6　6 种邻苯二甲酸酯类增塑剂的保留时间、选择离子特征

序号	邻苯二甲酸酯类增塑剂名称	保留时间/min	特征离子	
			定量	定性
1	邻苯二甲酸二丁酯	8.33	149	205，223
2	邻苯二甲酸丁基苄基酯	10.76	149	91，206
3	邻苯二甲酸二（2-乙基）己酯	12.46	149	167，279
4	邻苯二甲酸二异壬酯			
5	邻苯二甲酸二辛酯	14~25	149	167，279，293，307
6	邻苯二甲酸二异癸酯			

②GC-MS 测定。

将净化后的试样溶液用 GC-MS 测定，对照标准工作曲线计算增塑剂的浓度。试样溶液中增塑剂的响应值应在仪器检测的线性范围内，以保留时间和选择离子的丰度比定性，峰面积定量。

6. 结果表述

（1）增塑剂含量的计算。

按下式计算试样中的增塑剂含量：

$$w_i = \frac{c_i \times V}{m}$$

式中，w_i——试样中增塑剂 i 的含量（mg/kg）；

c_i——由标准工作曲线计算出的试样溶液中增塑剂 i 的浓度（μg/mL）；

V——试样最终定容体积（mL）；

m——试样称取的质量（g）。

（2）结果表示。

增塑剂含量应注明是以试样实际质量为基准，还是以试样绝干质量计算为基准，用 mg/kg 表示，修约至 0.1 mg/kg。当发生争议或仲裁试验时，以绝干质量为准。挥发物用%表示，修约至 0.1%。

两次平行试验结果的差值与平均值之比应不大于 10%，以两次平行试验结果的算术平均值作为结果。

（3）检测限和回收率

①检测低限：DBP、BBP、DEHP 和 DNOP 为 20 mg/kg，DINP 和 DIDP 为 100 mg/kg。

②加标回收率。

DBP、BBP、DEHP 和 DNOP 的加标浓度为 50~100 μg/mL，DINP 和 DIDP 的加标浓度为 200~500 μg/mL 时，加标回收率为 80%~120%。

7. 试验报告

试验报告应包含以下内容：
（1）本标准编号。
（2）样品名称、种类、取样的详细信息。
（3）样品中的增塑剂含量（mg/kg）。
（4）应注明试验结果是以样品实际质量为基准，还是以样品绝干质量计算为基准，如果以样品绝干质量计算为基准，应注明样品中的挥发物含量（%）。
（5）试验中出现的异常现象。
（6）实测方法与本标准的不同之处。
（7）试验人员、日期。

3.14　皮革中全氟辛烷磺酸的测定

全氟辛烷磺酸是由 17 个氟原子和 8 个碳原子组成烃链，末端碳原子上连接一个磺酸基的化合物。全氟辛烷磺酸主要用作全氟化整理剂和全氟化表面活性剂。全氟辛烷磺酸是拒水拒油性化合物，被用作防水、拒油、易去污整理剂（如不粘锅）和特殊表面活性剂，并在皮革涂饰加工中得到应用，从而导致皮革中可能含有该类物质。以全氟辛烷磺酸为代表的全氟化合物对肝脏、神经、心血管系统、生殖系统和免疫系统等具有毒性和致癌性，还会造成呼吸系统病变。而且，全氟化合物在人体和环境中具有高持久性，因而会在人体中累积，在环境中聚集，难以分解。美国已禁止全氟辛烷磺酸的生产和使用。欧盟规定制品中全氟辛烷磺酸的含量必须小于 0.005%，半成品或其中的一部分中全氟辛烷磺酸的含量必须小于 0.1%，织物或其他膜层材料中全氟辛烷磺酸的含量必须小于 1 $\mu g/m^2$。我国是氟化有机物生产和使用的大国，对全氟辛烷磺酸的使用并无明确限制。但美国、欧盟的禁令已经影响到我国的出口行业。

下面按照出入境检验检疫行业标准 SN/T 2449—2010《皮革及其制品中全氟辛烷磺酸的测定 液相色谱—质谱/质谱法》介绍皮革及其制品中全氟辛烷磺酸的液相色谱—质谱测定方法。该标准适用于皮革及其制品中全氟辛烷磺酸的测定。

1. 原理

样品用甲基叔丁基醚和四丁基硫酸氢铵水溶液超声萃取，将有机相萃取液浓缩、定容后用液相色谱—质谱联用仪进行定性、定量分析。

2. 试剂和材料

除非另有说明，所用试剂均为分析纯，试验用水符合 GB/T 6682 的一级水或去离子水。
（1）四丁基硫酸氢铵。

（2）甲基叔丁基醚。

（3）甲醇：色谱纯。

（4）乙酸铵（纯度≥98%）。

（5）全氟辛烷磺酸标准品：纯度≥98%（CAS：1763−23−1）。

（6）四丁基硫酸氢铵水溶液（0.5 mol/L）：称取 16.98 g 四丁基硫酸氢铵溶于 100 mL 水中。

（7）全氟辛烷磺酸标准储备溶液：准确称取适量全氟辛烷磺酸标准品，用甲醇配制成浓度为 10 mg/L 的标准储备溶液。

（8）全氟辛烷磺酸标准溶液：准确移取适量的全氟辛烷磺酸储备溶液，用甲醇稀释，配制成一系列不同浓度的标准溶液。

（9）尼龙滤膜：0.2 μm 有机相。

3. 仪器和设备

（1）高效液相色谱—质谱联用仪。

（2）分析天平：感量 0.1 mg。

（3）超声波萃取仪。

（4）氮吹仪。

4. 分析步骤

（1）样品制备。

将样品剪碎成小于 0.5 cm×0.5 cm，备用。

（2）提取。

准确称取 1~2 g 样品（精确至 0.01 g）于比色管中，依次加入 5 mL 四丁基硫酸氢铵水溶液和 20 mL 甲基叔丁基醚。将比色管放入超声波萃取仪中超声萃取 1 h。超声提取后取出比色管，静置分层后取出上层有机相；再用 5 mL 甲基叔丁基醚萃取下层水相 2 次，合并有机相。将上述有机相用氮吹仪浓缩至近干后，用甲醇定容至5~10 mL，最后用 0.2 μm 尼龙滤膜过滤后上机测定。

（3）液相色谱—质谱条件。

①色谱柱：C_{18} 反相柱（4.6×150 mm，5 μm），或相当者。

②柱温：30℃。

③流动相：甲醇+2 mmol/L 乙酸铵水溶液（90+10）等度洗脱。

④流速：0.6 mL/min。

⑤进样量：10 μL。

⑥电离方式：电喷雾离子源（ESI−）。

⑦扫描方式：负离子扫描。

⑧采集方式：质谱多反应检测 MRM（m/z：499>80，499>99）。

⑨定性离子对（m/z）：499>80，499>99。

⑩定量离子对（m/z）：499>80。

⑪电离电压（IS）：-3000 V。

⑫离子源温度（TEM）：550℃。

⑬CUR：10。

⑭GS1：50。

⑮GS2：60。

⑯锥孔电压（DP）：-70 V。

⑰Q0电压（EP）：-10 V。

⑱碰撞能量（CE）：-50 eV。

（4）液相色谱—质谱测定。

将配制好的一系列标准溶液和处理好的样品提取液吸取到样品瓶中，采用自动进样器进行测定，并绘制标准工作曲线。

（5）空白试验。

除不加样品外，均按上述步骤进行。

5. 结果计算

用数据处理软件中的外标法（或绘制标准工作曲线）得到测定液中待测组分的浓度，按下式计算试样中全氟辛烷磺酸的含量：

$$X = \frac{(c - c_0) \times V}{m}$$

式中，X——样品中待测组分的含量（mg/kg）；

c——测定液中待测组分的浓度（mg/L）；

c_0——空白液中待测组分的浓度（mg/L）；

V——样液最终定容体积（mL）；

m——试样量（g）。

6. 检测低限

检测低限为 0.025 mg/kg。

7. 回收率和精密度

回收率为 95%～105%，相对标准偏差为 0.02%～1.40%。

3.15　皮革中短链氯化石蜡的测定

短链氯化石蜡，也称为短链氯代正构烷烃，是氯化石蜡中碳链长度在 C_{10}～C_{13} 的一系列化合物，外观通常为液体，其分子式为 $C_n H_{(2n+2-m)} Cl_m$，其中 $n=10$～13，$m=1$～13。短链氯化石蜡具有持久性、生物蓄积性、远距离环境迁移能力及潜在的致癌性。世界卫生组织指出58%氯含量的短链氯化石蜡经过28天有氧条件降解和51天无氧条件降解处理后，其含量均未发生变化。英国环境局认为，在厌氧环境中，短链氯化石蜡在湖泊中的持久性可能超过 50 年。同时，大量研究表明短链氯化石蜡在鱼类体内的生物浓缩系数很高。在制革工业，氯化石蜡常作为加脂剂成分被添加到皮革中，可赋予皮革良好的柔软性、填充性、耐光性以及特殊的手感，氯含量高的氯化石蜡还具有一定的阻燃性。由于氯化石蜡的加脂性能接近于天然牛蹄油，因此它又被称为"合成牛蹄油"。氯化石蜡在皮革加工过程中的应用导致其可能含有的成分——短链氯化石蜡残留在皮革中。欧盟规定在物质或制剂中短链氯化石蜡的含量要小于 1%，美国规定鞋服产品中短链氯化石蜡的含量要小于 0.1%。我国目前尚无针对短链氯化石蜡的限用规定，但考虑到皮革在出口产品中所占的比例，关于皮革中短链氯化石蜡的限制和检测仍然十分重要。

下面按照出入境检验检疫行业标准 SN/T 2570—2010《皮革中短链氯化石蜡残留量检测方法 气相色谱法》介绍皮革中 $C_{10} \sim C_{13}$ 短链氯化石蜡残留量的气相色谱检测方法。该标准适用于皮革中 $C_{10} \sim C_{13}$ 短链氯化石蜡残留量的测定。

1. 原理

样品经超声波萃取、弗罗里硅土柱净化，氢气作为载气，在氢气的作用下经过氯化钯（$PdCl_2$）催化后短链氯化石蜡变成直链烷烃，用氢火焰检测器进行检测，内标法定量。

催化反应公式：

（以任意六氯取代氯化石蜡为例）

警告：H_2 为危险性气体，注意室内通风。

2. 试剂和材料

除另有规定外，所有试剂均为分析纯，水为去离子水或相当纯度的水。

（1）氨水。

（2）乙酸：36%。

（3）乙酸溶液（5%）：取 14 mL 乙酸至 100 mL 容量瓶，用去离子水定容，摇匀后备用。

（4）正己烷：农残级。

（5）乙醚。

（6）洗脱液：正己烷－乙醚（90＋10，体积比）。

（7）环戊烷。

（8）氯化钯。

（9）碳酸钙。

（10）玻璃珠：60～80目。

（11）弗罗里硅土固相萃取 SPE 小柱：1 g，6 mL。

（12）脱活单锥衬管：内径 4 mm。

（13）1，2，4－三甲基苯。

（14）C_{10}～C_{13} 短链氯化石蜡混合标准溶液：100 μg/mL，55.5％平均氯化程度。

（15）C_{10}、C_{11}、C_{12}、C_{13} 直链烷烃标准品：纯度大于 99.5％。

（16）直链烷烃混合标准溶液：精密称取适量 C_{10}、C_{11}、C_{12}、C_{13} 直链烷烃标准品，用正己烷配成 1.0 mg/mL 的储备溶液，然后分别吸取储备溶液配成 100 μg/mL 的混合标准溶液。

（17）内标溶液：精密称取适量 1，2，4－三甲基苯，用正己烷配成 1.0 mg/mL 的储备溶液，再稀释成 100 μg/mL 和 10 μg/mL 的工作溶液。

（18）标准工作溶液：用正己烷将直链烷烃混合标准溶液配成 1 μg/mL、5μg/mL、10μg/mL、15μg/mL、20 μg/mL 工作溶液，内标含量为 10 μg/mL。

（19）氯化钯催化剂：将 0.08 g 的氯化钯加入 10 mL 5％的乙酸溶液中，水浴加热，缓缓搅拌，使氯化钯溶解，然后转移到装有 19 g 玻璃珠的表面皿中，将表面皿置于沸水浴上，不断搅拌使水挥发至干，然后加入蒸馏水至表面皿，用氨水将 pH 调至 9（可以用 pH 试纸测定，试纸范围 5～10），然后用蒸汽浴将水蒸干，再将玻璃珠转移至 100 mL 的砂芯漏斗中，加 50 mL 环戊烷淋洗，将表面具氯化钯催化剂的玻璃珠晾干备用。

（20）碳骨架反应衬管：在单锥衬管中依次加入 0.5 cm 高的脱活玻璃棉、0.2 cm 高的碳酸钙、2 cm 高的氯化钯催化剂和 0.5 cm 高的脱活玻璃棉，进样前在 300℃的进样口上老化 1 h。进样针进样时不应穿过氯化钯催化剂柱床，以免影响催化效率。

3. 仪器和设备

（1）气相色谱仪：配有氢火焰检测器。

（2）超声波萃取仪：工作频率 40 kHz。

（3）氮吹仪。

（4）移液管：1 mL，5 mL。

（5）具塞玻璃锥形瓶：100 mL。

（6）容量瓶：50 mL。

（7）具塞玻璃离心管：10 mL。

（8）天平：感量 0.01 g。

4. 试样

取具有代表性的适量皮革样品，剪成 5 mm×5 mm 以下小片，样品应避光保存。

5. 分析步骤

（1）萃取。

称取 1.0 g（精确至 0.01 g）样品于 100 mL 具塞锥形瓶中，加入正己烷 30 mL，具塞后用超声波萃取仪超声萃取 30 min，将正己烷过滤至 50 mL 容量瓶，然后用 10 mL×2 正己烷洗涤残渣，合并正己烷相，并用正己烷定容至 50 mL，摇匀后待净化。

（2）净化。

弗罗里硅土固相萃取 SPE 小柱先用 10 mL 正己烷淋洗，取 1 mL 萃取液上柱，然后用 2 mL 正己烷淋洗，弃去流出液，最后用 5 mL 洗脱液洗脱，收集洗脱液，流速 2 滴/s，将洗脱液在 45℃ 的水浴中用氮吹仪缓缓吹干，用 2 mL 浓度为 10 μg/mL 的内标溶液定容、混匀，待测定。

（3）空白试验。

随行试样做空白试验。

（4）仪器操作条件。

仪器操作条件如下：

①色谱柱：DB-5MS 柱，30 m×0.25 mm×0.25 μm，或相当者。

②色谱柱温度：初始温度 50℃，保持 3 min，以 10℃/min 升至 280℃，保持 10 min。

③进样口温度：300℃。

④检测器温度：300℃。

⑤载气（H_2）：103.425 kPa（15 psi），恒压方式，纯度≥99.999%。

⑥进样方式：不分流进样，0.5 min 后打开分流阀，吹扫流量 50 mL。

⑦燃烧气：氢气，流量 30 mL/min。

⑧助燃气：空气，流量 300 mL/min。

⑨进样量：1 μL。

（5）气相色谱测定。

按上述仪器操作条件，待仪器稳定后，对处理好的样品溶液进样测定。在上述色谱条件下，1，2，4－三甲基苯、C_{10}、C_{11}、C_{12}、C_{13} 的保留时间分别为 5.83 min、6.42 min、8.21 min、9.93 min、11.50 min。本方法采用单点式内标法定量，根据样液中短链氯化石蜡含量情况，选定峰面积相近的标准工作溶液。标准工作溶液和样液中的经催化后的直链烷烃响应值均应在仪器检测的线性范围内。标准工作溶液和样液等体积参插进样测定。测定过程中同时还要穿插进氯化石蜡的标样，以确保碳骨架反应称管的催化效果，如果催化效率低于 80%，则需要重新填充碳骨架反应称管并重新进样，催化效率计算见下面的结果计算。

6. 结果计算

（1）按下式计算氯化石蜡转化到直链烷烃的转化因子：

$$k = \frac{100 - z + \dfrac{z}{35.5}}{100}$$

式中，k——氯化石蜡转化到直链烷烃转化因子；

z——短链氯化石蜡的平均氯化度；

35.5——氯的原子量。

例如：平均氯化程度为 55.5% 的氯化石蜡，转化因子 $k = [(100 - 55.5) + 55.5/35.5]/100 = 0.471$。

（2）按下式计算样液中直链烷烃的含量：

$$c_i = \frac{A_i \times A_{ii}}{A_x \times A_{ix}} \times c_x$$

式中，c_i——相应各直链烷烃的含量（$\mu g/mL$）；

A_i——相应直链烷烃的面积；

c_x——标准溶液中各直链烷烃的含量（$\mu g/mL$）；

A_x——标准溶液中直链烷烃的面积；

A_{ix}——样液中内标的面积；

A_{ii}——标准溶液中内标的面积。

（3）按下式计算样品中短链氯化石蜡的催化效率，以百分率表示：

$$r = \frac{\sum c_i}{k \times c_p} \times 100$$

式中，r——催化效率（%）；

c_i——各直链烷烃的含量（$\mu g/mL$）；

k——氯化石蜡转化到直链烷烃的转化因子；

c_p——用于检查催化效率的短链氯化石蜡浓度（$\mu g/mL$）。

（4）按下式计算样品中短链氯化石蜡的含量，以质量分数表示：

$$x = \frac{\sum c_i \times V \times 50 \times 10^{-6}}{W_s \times k} \times 100$$

式中，x——样品中短链氯化石蜡的质量分数（%）；

c_i——各直链烷烃的含量（$\mu g/mL$）；

V——定容体积（mL）；

50——稀释倍数；

W_s——样品质量（g）。

注：结果需要扣除空白值。

两次平行测定结果的偏差不超过 10%，结果取平均值，保留到小数点后两位，并以短链氯化石蜡（$C_{10} \sim C_{13}$，55.5%）表述。

7. 方法的检测限和回收率

（1）检测限为 0.1%。

（2）在空白皮革样品中添加短链氯化石蜡的测定结果为：

①添加 0.1%，相对标准偏差为 6.15%，回收率为 83%～99%。

②添加 0.5%，相对标准偏差为 5.89%，回收率为 86%～105%。

③添加 1.0%，相对标准偏差为 5.66%，回收率为 83%～99%。

3.16　皮革中挥发性有机物的测定

挥发性有机物（Volatile Organic Compounds，VOC），通常是指常温常压下任何在大气中可挥发的液体或固体有机物。挥发性有机物的种类多样，按其结构可以分为烷类、芳烃类、烯类、卤烃类、酯类、醛类、酮类和其他等。目前已鉴定出的挥发性有机物有 300 多种。挥发性有机物的毒性可概括为非特异性毒性和特异性毒性。非特异性毒性主要表现为头痛、注意力不集中、厌倦、疲乏等。特异性毒性可导致过敏和癌症，如正己烷和一些酮类具有神经毒性，甲醇可使视觉和听觉受损，长期或短期记忆消失、混淆、迷向等。挥发性有机物无效应水平为 0.2～0.3 mg/m³，大于 3 mg/m³，会使人感到不舒服；大于 25 mg/m³，将出现毒性。汽车行业对内饰材料中的挥发性有机物的含量有严格要求。皮革及纺织品是汽车内饰材料的常用面料，因此汽车行业制定了用于皮革、纺织品等内饰材料中挥发性有机物的检测标准。

下面按照环境保护行业标准 HJ/T 400—2007《车内挥发性有机物和醛酮类物质采样测定方法》介绍车内挥发性有机物的测定方法。该标准中的挥发性有机组分是指利用 Tenax 等吸附剂采集，并用极性指数小于 10 的气相色谱柱分离，保留时间在正己烷和正十六烷之间的具有挥发性的化合物的总称。

1. 术语和定义

（1）二级脱附。

采样管被加热后，有机组分从吸附剂上脱附，载气将有机组分带入仪器内部的捕集管中再次吸附，然后再迅速加热脱附，有载气带入色谱柱中进行分离测定。

（2）采样管（吸附管）。

不锈钢、玻璃、内衬玻璃不锈钢或熔融硅不锈钢管，通常外径为 6 mm，内部装有 200 mg 左右的固体吸附材料。

（3）捕集管。

填装少量吸附剂的吸附管或空管（内径＜3 mm），在常温或低温的条件下吸附，当有机组分在该管富集后，再迅速升温，有机组分被快速脱附后，带入色谱柱中分析。

（4）毛细管气相色谱柱。

极性指数＜10，柱长 50～60 m，内径 0.20～0.32 mm，膜厚 0.2～1.8 μm。

（5）总离子流图（TIC）。

质谱检测器以全扫描模式产生的重构离子谱图。

2. 方法原理

选用填充有固相吸附剂的采样管采集一定体积的车内空气样品,将样品中的挥发性有机组分捕集在采样管中。用干燥的惰性气体吹扫采样管后经二级脱附进入毛细管气相色谱—质谱联用仪,进行定性、定量分析。

3. 试剂和材料

分析过程中使用的试剂均应为色谱纯。

(1) 标准样品(标准物质)。

用标准气体或液体配制成所需浓度的标准气体,用恒流气体采样器将其定量采集于活化好的采样管中,形成标准系列。所配制标准系列的分析物浓度与拟分析的样品浓度相似。在采集过程中,应以与采样相同的流速采集标准气体。

可直接购买国家主管部门批准的附有证书的预装有挥发性有机组分的标准管。预装标准物对于每种分析物来说,μg 水平精度应为 $\pm 5\%$,ng 水平精度应为 $\pm 10\%$。任何预装标准管应提供以下信息:

①装填标准物之前空白管的色谱图和相关的分析条件和日期。

②装填标准物的日期。

③标准化合物的含量和不确定度。

④标准物的实例分析(与空白管的分析条件相同)。

⑤标准制备方法的简要描述。

⑥有效期限。

(2) 吸附剂。

吸附剂为固相,粒径为 60~80 目,可参考"1. 术语及定义(4)毛细管气相色谱柱"选择适用的吸附剂。吸附剂在装管前应在其最高允许使用温度以下,用惰性气流活化,冷却密封,低温保存。使用时,脱附温度应低于活化温度。

(3) 载气。

惰性,99.999%高纯氦气。载气气路中应安装氧气和有机过滤器。这些过滤器应根据厂商说明定期更换。

4. 仪器和设备

(1) 采样管。

可购买商业化的采样管或自行填装。采样管应标记编号和气流方向。吸附床应完全在采样管的热脱附区域内。

(2) 热脱附/毛细管气相色谱—质谱系统。

热脱附/毛细管气相色谱—质谱系统应保证样品的完整性。系统包括二级脱附装置、热脱附/毛细管气相色谱传输线、毛细管气相色谱—质谱联用仪等。采样管在进行热脱附前应完全密封,样品气路应均匀加热,使用接近环境温度的载气吹扫系统去除氧气。

①热脱附装置。

能对采样管进行二级热脱附，并将脱附气用载气载带进入气相色谱，脱附温度、脱附时间及流速可调，冷阱能实现快速升温。

二级热脱附用于高选择性毛细管气相色谱，由采样管脱附出来的分析物在迅速进入毛细管气相色谱柱之前应重新富集。可选择冷阱浓缩设备。

②热脱附/毛细管气相色谱传输线。

传输线应具有加热功能，并通过传输线/接口与毛细管柱直接连接。

（3）采样管活化设备。

如果热脱附装置不具有采样管活化功能，需使用采样管活化设备。

采样管活化设备应能够阻止空气进入，温度控制精度±5℃，温度控制范围至少和热脱附装置的使用温度相当，惰性气体流速为 50～100 mL/min。

5. 样品预处理

在样品脱附前，将采样管安装在热脱附装置上，气流方向与采样时方向相反。对样品气路的所有部分进行严格检漏，如果样品气路有任何泄露，应停止采样管的脱附。

检漏通过后，用载气在室温下吹扫采样管、样品气路和冷阱。

在样品脱附时，加热使挥发性有机组分从吸附剂上脱附，由载气带入冷阱，进行预浓缩；然后二次热脱附，经传输线进入气相色谱—质谱联用仪。传输线温度接近脱附温度，防止待测组分凝结。样品热脱附条件见表 3-7。

表 3-7　样品热脱附条件

脱附温度	250℃～325℃
脱附时间	5～15 min
脱附气流量	30～50 mL/min
冷阱温度	−180℃～20℃
冷阱加热温度	250℃～350℃
载气	高纯氦气
分流比设定	依据样品实际浓度确定采样管和冷阱之间以及冷阱和分析柱之间的分流比

6. 分析

车内空气污染物中挥发性有机组分的测定采用热脱附/毛细管气相色谱—质谱联用法，选用固相吸附剂测定挥发性有机组分。

（1）气相色谱分析参考条件。

选用极性指数<10 的毛细管柱，可选择柱长 50～60 m、内径 0.20～0.32 mm、膜厚 0.2～1.0 μm 的毛细管柱。

程序升温，初始温度 50℃，保持 10 min，以 5℃/min 的速率升温至 250℃，保持至所有目标组分流出。

（2）质谱分析参考条件。

全扫描方式，扫描范围 35～350 amu，电子轰击能量 70 eV，选择化合物特征质量离子峰面积（或峰高）定量。

（3）校准曲线的绘制。

①用恒流气体采样器将 100 $\mu g/m^3$ 标准气体分别准确抽取 100 mL、400 mL、1 L、4 L、10 L 通过采样管，作为标准系列；或者选用购买的系列标准管作为标准系列。

②用热脱附气相色谱—质谱联用法分析标准系列，以目标组分的质量为横坐标，以扣除空白响应后的特征质量离子峰面积（或峰高）为纵坐标，绘制校准曲线。校准曲线的斜率即是响应因子 RF，线性相关系数至少应达到 0.995。如果校准曲线实在不能通过零点，则曲线方程应包含截距。

③每一个新的校准曲线都应用不同源的标准物质进行分析验证。标准物质连续分析 6 次，在显著性水平 $\alpha=5\%$ 条件下，分析结果和标准物质标称值无显著性差异；否则，应采取正确的措施来消除由两种不同源标准物质引起的误差。

④日常分析质量控制采用质量控制图来完成。在一定时间间隔内，取两份平行的控制样品，至少重复分析 20 次，制作均数控制图（$\bar{X}$ 图）。在日常的分析工作中依据样品测定频率，取两份平行控制样随待分析样品同时测定。将控制样品的分析结果依次点在控制图上，按照下面的规则来判断分析过程是否处于控制状态：

a. 如果此点在上下警告线之间，则测试过程处于受控状态，样品分析结果有效；

b. 如果此点超出上下警告线，但仍在上下控制限制区域内，表面分析质量开始变劣，有失控的趋势，应进行初步的检查，采取相应的校正措施；

c. 如果此点落在上下控制限外，应立即检查原因，样品应重新测定；

d. 虽然所有的数据都在控制范围内，但是遇到七点连续上升或者下降，表明分析过程有失控的趋势，应查明原因，予以纠正。

（4）样品分析。

将样品按照绘制校准曲线的操作步骤和相同的分析条件，用质谱进行定性和定量分析。

7. 结果计算

（1）质量浓度计算。

$$c_m = \frac{m_F - m_B}{V} \times 1000$$

式中，c_m——分析样品的浓度（mg/m^3）；

m_F——采样管所采集到的挥发性有机物的质量（mg）；

m_B——空白管中挥发性有机物的质量（mg）；

V——采样体积（L）。

若要将浓度换算成标准状态下的浓度，则上式变为

$$c_c = c_m \cdot \frac{p_0}{p} \cdot \frac{T}{T_0}$$

式中，c_c——标准状态下分析样品的浓度（mg/m^3）；

　　　p_0——标准状态下的大气压力（101.3 kPa）；

　　　p——采样时的大气压力（kPa）；

　　　T_0——标准状态下的温度（273 K）；

　　　T——采样现场的温度（t,℃）与标准状态的绝对温度之和，（$t+273$）K。

（2）结果计算的要求。

结果计算应符合以下要求：

①应对沸点范围在 50℃～260℃之间的浓度水平大于 5 $\mu g/m^3$ 的所有有机组分进行定性分析。

②根据单一的校准曲线，对尽可能多的挥发性有机组分进行定量分析，至少应对 25 个最高峰进行定量分析，同时对规定的特殊物质进行定量分析，得到挥发性有机组分测量值。

③若要计算没有单一校准曲线的挥发性有机组分测量值，选用甲苯的响应系数来计算。

④车内空气污染物浓度值是挥发性有机组分测量值扣除空白值。

8. 方法特性

（1）检测下限。

对于单一挥发性有机组分，采样量为 3 L 时，检测下限为 1.5 $\mu g/m^3$。

（2）线性范围。

10^3。

（3）精密度。

在采样管上填充苯、甲苯、乙酸丁酯、乙苯、对间二甲苯、苯乙烯、邻二甲苯、十一烷和二氯苯各 0.5 μg 的标准气体，使用 Tenax-TA 固相吸附剂 6 次分析结果的相对标准偏差范围为 0.5%～3.0%。

（4）准确度。

在温度为 20℃、相对湿度为 50% 的条件下，在 Tenax-TA 采样管上充装 0.5 μg 甲苯，分析（5 次测量结果的平均值）的相对误差为 5.0%。

9. 质量保证和控制

（1）吸附剂的干扰。

①必须采用严格的条件处理系统和采样管，包括温度、气流和时间等因素；认真地密封和贮存采样管。

②一些含碳金属，在高温热脱附过程中会加速某些有机物的降解，从而产生误差和造成回收率偏低。

（2）湿度的影响。

①选择疏水性吸附剂来降低水的影响。

②如果采集的样品量大，通常采取样品分流的方式来消除水分引起的分析干扰。

③分析前吹扫采样管和冷阱,一般选用干燥的惰性气体进行吹扫,吹扫温度接近大气温度。

(3) 共存物干扰。

选择合适的色谱柱和分析条件,将多种挥发性有机组分分离,使共存物干扰问题得以解决。

(4) 热脱附仪与气相色谱装置的连接。

不宜使用金属注射器型的针或没有加热的长熔融硅管插入常规气相色谱进样口的方法,这样的连接会产生冷点,引起谱带变宽,也易漏气。

(5) 响应的校准。

在分析过程时,作为一个系统性能的校准,建议每 10 个样品进行一次单水平校正(即选取样品中中等浓度水平的样品)。所有超过校准范围的样品需要在分析结果中附上数据质量合格的说明。

(6) 实验室空白。

对于如 Tenax 等固相吸附剂,实验室内单一化合物空白水平一般为 0.01~0.1 ng。吸附剂本底的峰面积或峰高≥样品的 10%时,实验结果应作标记。

(7) 现场空白。

如果现场空白的峰形与样品相同,当浓度水平≥5%样品浓度时,应对采样的密封情况、贮存条件进行检查。当浓度水平≥10%样品浓度时,采集的样品无效。

10. 结果报告

结果报告应至少包括以下内容:
(1) 分析条件。
(2) 计算结果,应包括:25 个最大量车内空气污染物的浓度值、挥发性有机组分测量值、环境污染物背景值、空白值。
(3) 分析谱图。

3.17　皮革中二氯甲烷萃取物的测定

二氯甲烷萃取物是指能用二氯甲烷从皮革中萃取出来的物质(脂肪和其他可溶物),其中主要是油脂。制革过程中,绝大部分存在于脂肪细胞内的天然油脂已经被去除,为了提高成革的柔软性、弹性、机械强度,增加革的耐磨性和防水性能,需要通过加脂引入一定的油脂。各种油脂在不同的有机溶剂中溶解度不同,我国国家标准规定以二氯甲烷为萃取溶剂萃取皮革,以获得皮革中的油脂组分。皮革中二氯甲烷萃取物的测定对于检验加脂工序和鉴定成品质量具有重要意义,同时也可以用于原料皮中油脂含量的测定和检验加工过程中的脱脂效果。

下面按照轻工行业标准 QB/T 2718—2005《皮革 化学试验 二氯甲烷萃取物的测定》介绍皮革中二氯甲烷萃取物的测定方法。该标准适用于各种类型的皮革。

1. 术语和定义

萃取物：用二氯甲烷从皮革中萃取出来的油脂和其他可溶物。

2. 原理

将准备好的皮革试样用二氯甲烷连续萃取，蒸发萃取物中的溶剂，在（102±2）℃的温度下干燥萃取物并称重。

油脂和类似的物质不可能用有机溶剂全部从皮革中萃取出来，一部分是可溶解的，一部分可能与皮革相结合。另一方面，溶剂可能会溶解皮革中的非油脂物质，如硫黄和填充物质，两者都会影响测定油脂的酸值和皂化值。

注：本方法规定的装置和程序也适用于二氯甲烷以外的溶剂对皮革进行萃取，如果因其他原因使用了另外的溶剂或溶剂混合物，应在试验报告中进行说明。

3. 试剂和材料

在分析过程中，只能使用分析纯的试剂。

二氯甲烷，沸点 38℃～40℃，应是新蒸馏过的并保存在棕色瓶中，棕色瓶置于氧化钙上。

警告：二氯甲烷含有毒性物质成分，小心使用。

注 1：二氯甲烷经长时间存放后，应进行有无形成盐酸存在的试验，操作如下：将 0.1 mol/L 硝酸银溶液 1 mL 加入 10 mL 二氯甲烷中振荡，如果硝酸银溶液变浑浊，二氯甲烷应重新蒸馏，并保存在棕色瓶中，棕色瓶置于氧化钙上。

注 2：经过本方法使用过的二氯甲烷，经过回收蒸馏，仍可使用。

4. 装置

（1）索氏萃取器，包括容量适宜的萃取烧瓶和冷凝管，如图 3－7 所示。

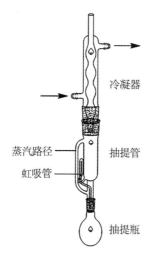

冷凝器

蒸汽路径

抽提管

虹吸管

抽提瓶

图 3－7　索氏萃取器烧瓶和冷凝管

（2）滤纸筒，尺寸合适的滤纸筒或合适的玻璃滤钟。

（3）烘箱，温度能控制在 (102±2)℃的范围内。

5. 取样和试样的准备

（1）取样。

相关方如无特殊约定，按轻工行业标准 QB/T 2708—2005《皮革 取样 批样的取样数量》的规定从批产品中抽样（见 3.2 节），并按轻工行业标准 QB/T 2706—2005《皮革 化学、物理、机械和色牢度试验 取样部位》的规定取样（见 3.2 节）。其他取样，按合同或协议执行。如果不能从标准部位取样（如直接从鞋、服装上取样），应在试验报告中详细记录取样情况。

（2）试样的制备。

按轻工行业标准 QB/T 2716—2005《皮革 化学试验 样品的准备》的规定进行（见 3.3 节）。

6. 程序

（1）称取试样 (10±0.1) g，将其均匀压到滤纸筒或玻璃滤钟内，在试样表面覆盖一薄层事先用二氯甲烷脱过脂的棉花。

（2）将盛有两个玻璃珠的萃取烧瓶在 (102±2)℃的烘箱中加热 30 min，放入干燥器中冷却，然后称重。

（3）用二氯甲烷连续萃取（见注 3），在溶剂至少进行 30 次回流后，从含有萃取物的烧瓶中将二氯甲烷蒸出（见注 4）。

（4）将萃取物在 (102±2)℃的烘箱中干燥 4 h（如果在干燥前有水珠存在，加入乙醇 1~2 mL），放入干燥器中冷却 30 min 后称重。

（5）重复干燥 1 h，冷却和称重操作至少 3 次，直到两次称重相差不超过 0.01 g，或总的干燥时间不超过 8 h（见注 5）。

注 3：二氯甲烷也能从皮革中溶解非油脂物质，如硫黄（如果烧瓶底部有黄色的沉淀物出现，则证明有硫黄存在）。由于硫黄能引起分析的困难，可以通过以下方法除去：用最少量的乙醚溶解萃取物，并通过一小块棉花过滤到已称重的烧瓶中，用乙醚彻底洗涤过滤器后，在热水浴中蒸馏，将乙醚从萃取物中除去。在进行此项操作前应预先与明火隔开。如果硫黄再次沉淀，重复此操作。在乙醚蒸发后，将烧瓶和萃取物称重。

注 4：萃取物可以用于分析，如测定脂肪的酸值和皂化值，或者测定皮革中的游离脂肪酸含量。

注 5：溶剂去掉后，萃取物可以按轻工行业标准 QB/T 2721—2005《皮革 化学试验 水溶物、水溶无机物和水溶有机物的测定》测定水溶物的含量。

7. 结果的表示

（1）计算。

二氯甲烷（或其他规定的溶剂）萃取物，以质量分数计，数值以％表示，按下式计算：

$$萃取物(\%) = \frac{m_1}{m_0} \times 100$$

式中，m_0——试样的质量（g）；

m_1——萃取物的质量（g）；

结果以算术平均值表示，保留一位小数。

（2）重复性。

在同一实验室，由同一操作者所做的平行双份测定结果，相差不超过试样原始质量的 0.2%。

（3）再现性。

在不同实验室，不同的操作者对同一样品进行测定的结果，相差不超过试样原始质量的 0.5%。

8. 试验报告

试验报告应包含以下内容：

（1）本标准编号。

（2）样品名称、编号、类型。

（3）样品的详细信息，取样与 QB/T 2706—2005 不一致的情况。

（4）溶剂的特性。

（5）试验结果及其平均值（%）。

（6）对试验结果有影响的任何特殊情况。

（7）实际操作与本标准的不同之处。

9. 影响油脂含量的因素

（1）所用溶剂的性质。

用不同溶剂萃取油脂，所得结果差别较大。测定皮革中的油脂常用的溶剂除二氯甲烷外，还有石油醚、乙醚、三氯甲烷、四氯化碳等。其性质如下：

①石油醚只能溶解纯油脂，而不能溶解油脂中的非皂化物，这是它的优点。其缺点是对硫酸化油的油脂抽提量只能达到三分之一，不能溶解蓖麻油，并且能溶解革中的硫及铬皂。此外，沸点为 40℃~70℃，易燃，操作不安全，使用时应注意防火。

②乙醚除溶解油脂外，还能溶解少量磷脂肥皂及氯化钠，因此测得结果偏高。沸点为 84.6℃，易燃，与石油醚一样不安全，使用时也应特别注意防火。

③三氯甲烷除能溶解油脂外，还能溶解磷脂及胆固醇。不燃，但有麻醉性。

④四氯化碳除能溶解油脂外，还能将革中 90% 的硫酸化油溶解，也能溶解部分涂饰剂。不燃。

还有人研究用乙烷为溶剂，它只能萃取革中油脂，而不能溶出涂饰剂的组分和鞣质。

（2）革样的粉碎程度、抽提时间和温度。

影响测定结果的因素还有样品的粉碎程度、抽提时间和温度，故要严格遵守操作规程。

（3）脱脂情况。

（4）加脂剂的品种及加脂工艺。

3.18　皮革中含氮量和皮质的测定

皮质是指革中的皮蛋白质，它是原料皮经过加工以后保留下来的蛋白质（主要是胶原），因而测定皮质就可初步了解加工工艺方案是否正确。各种革的皮质含量变化范围很大，一般底革含皮质 37%～40%，面革含皮质 50%～65%。若皮质含量太低，说明生皮在制造过程中酸、碱、酶以及机械等作用过强，皮质损失过多；若皮质含量过高，成革显得生硬，说明鞣料结合不够。

皮质测定的传统方法是先用凯氏定氮法测出革的含氮量，然后乘以系数 5.62，得出皮蛋白质的总量。换算系数 5.62 是根据各种生皮的胶原中含氮百分率换算而来的，例如牛皮、马屁、猪皮的胶原中含氮量为 17.8%，则换算系数为 100÷17.8＝5.62。山羊皮的换算系数为 5.75，绵羊皮的换算系数为 5.85，为了便于计算，各种皮革的换算系数均记为 5.62。

下面按照轻工行业标准 QB/T 2722—2005《皮革 化学试验 含氮量和"皮质"的测定：滴定法》介绍测定皮革中含氮量和"皮质"的方法——滴定法。该标准适用于各种类型的皮革。

1. 术语和定义

皮质：将皮革中的含氮量乘以 5.62 计算出来的含氮物质。

2. 原理

用凯氏定氮法消解试样，用蒸馏方法将游离氨蒸出，并用酚酞作指示剂，用硫酸或盐酸滴定氨的含量。更加详细的原理解释见附录 4。

根据 Schroder 和 Passler 所获得的结果，各种动物皮张的油脂和无灰分的"干物质"，其含氮量是不同的，但事实上某些动物皮中的含氮量是稳定的，所以可以从含氮量来测定"皮质"含量。

注：某些含氮物质（如某些固定剂、合成鞣剂、阳离子油和染料）会影响"皮质"值。如果这些物质存在，不可能得到准确的"皮质"含量。

3. 试剂和材料

除非另有说明，在分析中仅使用确认为分析纯的试剂和蒸馏水或去离子水或相当纯度的水。

（1）发烟硫酸，质量分数为 7% 的游离三氧化硫（SO_3），或质量分数为 98% 的硫酸。

（2）催化剂混合物，能够有效地缩短消解时间的合适的催化剂混合物都可以使用。以下是一些催化剂混合物的示例：

①无水硫酸铜 100 mg、无水硫酸钾 6～8 g。

②硒 10 g、无水硫酸铜 25 g、无水硫酸钾 350 g。

催化剂的制备（最好在球磨机中进行混合），大约使用比例为催化剂 5 g 和试验组分 3 g。

③硼酸，无硼酸盐的饱和水溶液，可加入合适的指示剂。例如，在 1 L 中可加入下列混合指示剂溶液 2 mL：质量分数为 0.06％的甲基红和质量分数为 0.04％的次甲基蓝溶于体积分数为 96％的乙醇中。

④氢氧化钠，质量分数为 35％的溶液。

⑤硫酸标准溶液 $\left[c\left(\frac{1}{2}H_2SO_4\right)=0.5\ mol/L\right]$，或者盐酸标准溶液 $\left[c(HCl)=0.5\ mol/L\right]$。

⑥酚酞指示剂，指示剂（10 g/L）溶于体积分数为 50％的乙醇中。

4. 装置

（1）凯氏烧瓶，如果使用外部的蒸汽来蒸馏，具有 230～300 mL 的合适容量。

（2）合适的蒸馏设备。

（3）滴定管，具有合适的量程。

5. 取样和试样准备

（1）取样。

相关方如无特殊约定，按轻工行业标准 QB/T 2708—2005《皮革 取样 批样的取样数量》的规定从批产品中抽样（见 3.2 节），并按轻工行业标准 QB/T 2706—2005《皮革 化学、物理、机械和色牢度试验 取样部位》的规定取样（见 3.2 节）。其他取样，按合同或协议执行。如果不能从标准部位取样（如直接从鞋、服装上取样），应在试验报告中详细记录取样情况。

（2）试样的制备。

按轻工行业标准 QB/T 2716—2005《皮革 化学试验 样品的准备》的规定进行（见 3.3 节）。

6. 程序

（1）称样。

用称量瓶称取试样 3 g（铬鞣革 2 g），精确到 0.001 g，并将其等量转移到凯氏烧瓶中。

（2）测定。

加入硫酸 30 mL 和催化剂混合物约 5 g 到装有试样的凯氏烧瓶中，然后加热，开始时用小火焰，然后用较大的火焰，直到沸腾。在全部炭被氧化后再加热 1 h。

如果使用外来蒸汽，让消解物冷却，用水约 50 mL 进行稀释。再冷却后，将其转移到蒸馏瓶。用水洗涤凯氏烧瓶两次，加入酚酞溶液几滴，用过量（约 70 mL）的氢氧化钠溶液使溶液呈碱性，用蒸汽蒸馏。如果在 700 mL 的凯氏烧瓶中进行消解，冷却后用水 250 mL 进行稀释，加入几个防暴沸材料和酚酞溶液几滴，再加过量（约 70 mL）的氢氧化钠使溶液呈碱性。用一根弯曲两次的玻璃管将烧瓶和垂直的冷凝器连接，最好加上一个防溅头。

将氨用水蒸气蒸馏到盛有饱和硼酸 100 mL 和指示剂溶液的接收器中，冷凝管应浸在硼酸溶液中，蒸馏出的氨使指示剂显示绿色。

得到蒸馏液 150～250 mL 后，停止蒸馏。在结束蒸馏前，将接收器降低使冷凝管末端不再浸入溶液中。再蒸馏约 3 min，用水洗涤冷凝器的末端。

用硫酸或盐酸标准溶液滴定氨到 pH 为 4.6。当使用指示剂时，滴定到刚出现浅粉红色，而不消退。

平行测定两次。

（3）空白试验。

在测定的同时，按步骤（2）进行空白试验。

7. 结果的表示

（1）计算。

①含氮量。

含氮量 N，以质量分数计，数值以％表示，按下式计算：

$$N = \frac{V}{m} \times 0.7$$

式中，V——滴定中消耗的硫酸或盐酸标准溶液体积（经过空白试验校正）（mL）；

　　　m——试样的质量（g）。

如果符合规定的重复性要求，取两次平行试验结果的算术平均值为试验结果，保留一位小数。

②皮质。

皮质 H，以质量分数计，数值以％表示，按下式计算：

$$H = N \times 5.62$$

式中，N——含氮量。

（2）重复性。

在同一实验室，由同一操作者所做的平行双份测定结果，相差不超过试样原始质量的 0.1％。

8. 操作注意事项

（1）使用规定的试样质量（3 g）和规定的酸（硫酸标准溶液 $[c(\frac{1}{2}H_2SO_4) = 0.5\ mol/L]$，或者盐酸标准溶液 $[c(HCl) = 0.5\ mol/L]$）进行滴定，终点非常敏锐和明显。

（2）可以使用试样 0.5 g，精确到 0.0002 g，用浓硫酸（质量分数为 98% 的硫酸）或发烟硫酸（质量分数为 7% 的游离三氧化硫）15～20 mL 和催化剂 2.5 g，用硫酸标准溶液 $\left[c\left(\frac{1}{2}H_2SO_4\right)=0.1\ mol/L\right]$，或者盐酸标准溶液 $\left[c(HCl)=0.1\ mol/L\right]$ 滴定氨。

9. 试验报告

试验报告应包含以下内容：
（1）本标准编号。
（2）样品名称、编号、类型。
（3）样品的详细信息，取样与 QB/T 2706—2005 不一致的情况。
（4）试验结果和使用的方法。
（5）对试验结果有影响的任何特殊情况。
（6）实际操作与本标准的不同之处。

3.19　皮革中三氧化二铬的测定

三氧化二铬（Cr_2O_3）的含量在一定程度上影响着成革的丰满性、柔软性、弹性和收缩温度，当其含量为 3%～5% 时，成革的物理机械性能较好。通过测定皮革中三氧化二铬的含量，不仅可以了解铬鞣情况以及革坯性能，还能够评价铬鞣剂以及铬鞣工艺。

下面按照轻工行业标准 QB/T 2720—2005《皮革　化学试验　氧化铬（Cr_2O_3）的测定》介绍皮革中氧化铬（Cr_2O_3）的测定方法。该标准适用于含有铬盐的各种类型的皮革。

1. 原理

皮革灰分用高氯酸氧化（或用碱熔融），用碘量法测定六价铬的含量。

皮革中氧化铬的含量即皮革中所得铬化物的量，计算成三氧化二铬（Cr_2O_3）的量。

2. 试剂、材料和装置

除非另有说明，在分析中仅使用确认为分析纯的试剂和蒸馏水或去离子水或相当纯度的水。
（1）用于高氯酸法。
①浓硫酸。
②高氯酸（60%～70%）。

③磷酸（85%）。

④碘化钾溶液（10%），或粒状碘化钾 1 g。

⑤淀粉溶液（1%），新鲜制备的或制成后加入少量碘化汞（可保存几个月），或可溶性粉状淀粉。

⑥硫代硫酸钠标准溶液（0.1 mol/L）。

⑦三角烧瓶，300 mL，耐热，具有磨口玻璃塞，或凯氏烧瓶。

⑧玻璃漏斗，玻璃珠，素瓷片。

⑨滴定管。

（2）用于熔融法。

①熔融混合剂，合适的熔融混合剂是等份的无水碳酸钠、碳酸钾和四硼酸钠，或单独使用氯酸钾为溶剂。

②坩埚，或蒸发皿。

③浓硫酸（相对密度 1.18）。

④碘化钾溶液（10%），或粒状碘化钾 1 g。

⑤淀粉溶液（1%），新鲜制备的或制成后加入少量碘化汞（可保存几个月），或可溶性粉状淀粉。

⑥硫代硫酸钠标准溶液（0.1 mol/L）。

⑦玻璃烧杯，200～250 mL。

⑧三角烧瓶，300 mL 或 500 mL，具有磨口玻璃塞。

⑨滴定管。

⑩漏斗，过滤器。

3. 取样和试样准备

（1）取样。

按轻工行业标准 QB/T 2706—2005《皮革 化学、物理、机械和色牢度试验 取样部位》的规定取样（见 3.2 节）。如果不能从标准部位取样（如直接从鞋、服装上取样），应在试验报告中详细记录取样情况。

（2）试样的制备。

按轻工行业标准 QB/T 2716—2005《皮革 化学试验 样品的准备》的规定进行（见3.3 节）。

4. 程序

（1）高氯酸法。

将 1～5 g 皮革的灰分［见"5. 操作注意事项（1）"］装入 300 mL 三角烧瓶，加入浓硫酸 5 mL 和高氯酸［见"5. 操作注意事项（2）和（3）"］10 mL 后，放在有铁丝网的中等火焰上加热至沸腾。三角烧瓶口上放一个漏斗，使水分可以蒸发但不会溅失。当反应混合物开始转变为橙色时，降低火焰，等到全部变色以后，再缓缓加热 2 min。在空气中短时间冷却后，即快速地在冷水中冷却，并将内容物稀释到约 200 mL。为了消除由于这些操作而产生的氯，可加入素瓷片（玻璃珠不足以防止暴沸），沸腾约 10 min。

重新冷却后，加入磷酸 15 mL（以掩蔽铁）和碘化钾溶液 20 mL 或适当量的粒状碘化钾，在暗处放置 10 min。然后用淀粉溶液 5 mL 或淀粉作指示剂，用硫代硫酸钠标准溶液滴定到淡绿色。

注：将灰分从坩埚转移到耐热三角烧瓶内，用硫酸彻底洗涤坩埚，然后用高氯酸或二者的混合酸洗涤。将洗涤液倒入三角烧瓶，应将坩埚内洗涤液全部倒净，在用高氯酸洗后还可用蒸馏水洗涤。

（2）熔融法。

将 1~5 g 皮革的灰分［见"5. 操作注意事项（1）"］和 2~3 倍量的熔融混合剂用一根白金丝或细的玻璃棒很好地混合。先将坩埚在本生灯上徐徐加热，然后用较强火焰加热约 30 min［见"5. 操作注意事项（4）"］。

冷却以后，将坩埚放入盛有 100~150 mL 沸腾蒸馏水的烧杯内，并将烧杯在水浴锅上加热，直到熔融物完全溶解为止。

将上述溶液过滤倒入三角烧瓶中，用热蒸馏水彻底洗涤滤纸。小心用盐酸中和滤液，然后加入过量的酸。

让混合物在室温中冷却后加入碘化钾溶液 20 mL 或粒状碘化钾 2 g，在暗处放置 10 min。然后用淀粉溶液 5 mL 或淀粉作指示剂，用硫代硫酸钠标准溶液滴定到淡绿色。

5. 操作注意事项

（1）按轻工行业标准 QB/T 2719—2005《皮革 化学试验 硫酸盐总灰分和硫酸盐水不溶物灰分的测定》得到的灰分可以用来测定含铬量。灰分可以用测定挥发物后得到的干燥的皮革试样来测定，这三个测定数据只要称一个试样质量就可以了，造成误差的可能性会有相当程度的减少。

（2）加入高氯酸铵 5~7 g 可以替代高氯酸（60%~70%）进行氧化。

（3）应避免单独用高氯酸去氧化皮革，因为这样有引起强烈爆炸的危险。含有硫酸和高氯酸的氧化酸可以作为混合试剂进行贮存，这样会使单独加入高氯酸的机会减到最小。

（4）调节到 800℃ 的马弗炉也可用于熔融物的加热。

6. 结果的表示

（1）计算。

三氧化二铬（Cr_2O_3）的含量，以质量分数计，数值以%表示，按下式计算：

$$三氧化二铬（Cr_2O_3）（\%） = \frac{c \times V \times 152}{6 \times m \times 1000} \times 100\%$$

式中，c——硫代硫酸钠标准溶液的摩尔浓度（mol/L）；

　　　V——滴定消耗的硫代硫酸钠标准溶液的体积（mL）；

m——试样的原始质量（g）；

152——三氧化二铬（Cr_2O_3）的相对分子质量。

（2）允许误差。

两次平行试验的结果相差不超过试样原始质量的 0.1％。

7．试验报告

试验报告应包含以下内容：

（1）本标准编号。

（2）样品名称、编号、类型。

（3）样品的详细信息，取样与 QB/T 2706—2005 不一致的情况。

（4）试验条件（标准空气：20℃/65％或 23℃/50％）。

（5）试验结果。

（6）对试验结果有影响的任何特殊情况。

（7）实际操作与本标准的不同之处。

思考题

1．皮革的化学分析通则的内容是什么？

2．皮革浸出液的 pH 稀释差如何测定？

3．如何确定革中酸的含量及种类？

4．乙酰丙酮法测定游离甲醛时，如何判定滴定终点？

5．哪些因素可能诱导皮革中六价铬的形成？

6．皮革中五氯苯酚的来源有哪些？

7．试比较生态皮革、国家标准、欧盟标准对皮革中化学限量物质的要求。

8．什么是挥发性有机物？测定挥发性有机物时有哪些注意事项？

9．简述测定皮革中二氯甲烷萃取物的基本原理。

10．简述凯氏定氮法的基本原理。

11．简述三氧化二铬含量对皮革质量的影响。

12．分别简述高氯酸法、熔融法测试皮革中三氧化二铬含量的基本原理。

第4章 皮革物理机械性能的分析检验

皮革作为革制品工业的主要原料，可用于制作鞋面、服装、手套、箱包、汽车坐垫等。皮革品质的高低对革制品品质的优劣影响很大。皮革的品质是通过感官检验、理化分析、穿用试验和显微结构分析等方式来进行综合评定的。

本章重点讲述皮革的物理机械性能检验，主要包括皮革产品标准中规定的物理性能指标（如撕裂力、抗张强度、伸长率、崩裂高度、绷破强度、耐折牢度、涂层粘着牢度、摩擦色牢度、收缩温度、雾化值、气味等），皮革的卫生性能指标（如透气性和透水气性）以及皮革的特殊性能（如防水性能）的测定。

4.1 皮革成品部位的区分

皮革存在明显的部位差，不同部位的物理机械强度不同，一般皮革臀背部和肩部的物理机械强度较强，腹部和腹肷部的物理机械强度较低。因此，在进行物理机械性能测试之前，需要对皮革的部位进行区分。轻工行业标准 QB/T 2800—2006《皮革成品部位的区分》按生皮不同部位的纤维特性和各部位在皮革表面上位置的图形，表示皮革的部位区分，适用于黄牛皮、水牛皮、羊皮和猪皮制成的各种皮革。图 4-1 为用黄牛皮、水牛皮制成的各种皮革的部位区分，图 4-2 为用羊皮制成的正面革或绒面革的部位区分，图 4-3 为用猪皮制成的面革或底革的部位区分。

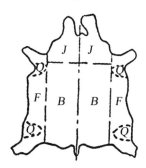

B—臀背革部；J—肩革部；F—腹革部；Q—腹肷部

图 4-1　黄牛、水牛革的部位区分

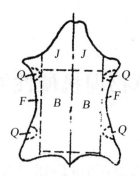

B—臀背革部；J—肩革部；F—腹革部；Q—腹肷部

图 4−2　羊皮革的部位区分

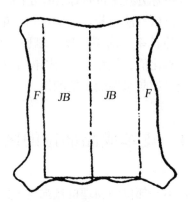

JB—肩背革部；F—腹革部

图 4−3　猪皮革的部位区分

4.2　试样的准备和调节

4.2.1　试样的切取

　　试样（片）是指按照规定大小、形状用模刀在样块革上截取下来用作分析检验的小块革。在对皮革进行物理机械性能检验前，需要先按照轻工行业标准 QB/T 2706—2005《皮革 化学、物理、机械和色牢度试验 取样部位》的规定从单张（片）皮革上切取试验样品（见 3.2 节），然后使用轻工行业标准 QB/T 2707—2005《皮革 物理和机械试验 试样的准备和调节》规定的模刀从样品上切取具有一定形状的试样（片）（见 4.2 节）。模刀见图 4−4，内表面应垂直于被切物的表面，内外表面之间在刀口处形成（20±1）°的角，这个角的楔形边的深度（d）应该超过皮革的厚度。注意模刀材料的硬度等级应适合做模刀。

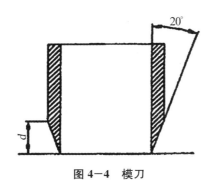

图 4—4 模刀

用模刀从粒面（或仿粒面）切取试样。如果没有粒面（或仿粒面），从使用面切取试样。如果优先选择，应在切取试样前进行空气调节。切取试样时，在试样放置台上放一厚纸板或硬度适宜的塑料板，然后将样块放在板上，最后将所需试样的模刀放在样块的相应位置，靠冲击力切取。图 4—5 为高铁检测仪器（东莞）有限公司的两种试样切片机。

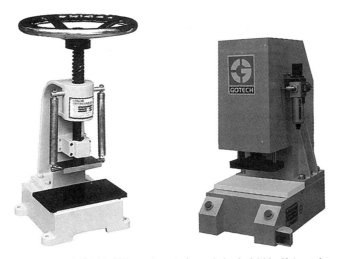

图 4—5 手动试样切片机（左）和气压式自动试样切片机（右）

4.2.2 试样的空气调节

皮革由许多粗细不等的胶原纤维编织而成，属于多孔性疏松物料。通常状态下，革中含有一定量的水分，它们主要以两种形式存在：一种是胶原纤维网状结构中的毛细管水；另一种是与胶原侧链上各种极性基团以氢键形式结合的化学结合水。以这两种形式存在的水分的含量均取决于周围空气的湿度和温度。同一张革，当放在不同温度和湿度的空气中时，其水分含量不相同。在一定的温度下，相对湿度越低，革中的水分越容易蒸发，直到两者达到平衡湿度为止，所以革中的水分含量会随着相对湿度的减小而减小（见图 4—6）。在一定的相对湿度下，革中的水分会随着温度的升高而减小。这就导致在不同的空气环境下制出的革的水分含量不同。

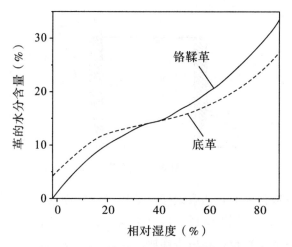

图 4-6　相对湿度对革的水分含量的影响

　　我国地域辽阔，不同地区具有不同的气候环境，南方气候比较湿润，制出的革水分含量较高；而北方空气相对干燥，制出的革水分含量较低。即便是在同一地区，不同季节气候的干湿情况也是不同的，因此制出的革的水分含量也往往不同。然而革的许多物理机械性能与其水分含量有着密切的关系。同一张革，当水分含量不同时，测得的物理机械性能指标数据有一定差别。例如，当空气的相对湿度从 0％增至 100％时，革的拉伸强度逐渐增大（见图 4-7）。

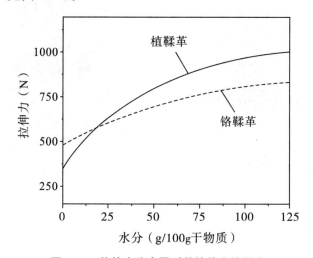

图 4-7　革的水分含量对其拉伸力的影响

　　为了获得具有可比性的物理机械性能数据，就需要在测试前将试样放置在一定湿度和温度的空气中进行调节，即通过空气调节使革含有一致的水分，以便在统一的条件下获得一致可比的物理机械性能测试数据，从而尽可能正确地评价革的质量。

　　下面按照轻工行业标准 QB/T 2707—2005《皮革 物理和机械试验 试样的准备和调节》介绍物理和机械试验用皮革试样的准备以及在两种标准空气中进行调节和试验的方法。该标准适用于各种类型的干态皮革。

1. 术语和定义

（1）标准空气：由规定的温度、相对湿度所确定的空气环境。试样试验前在规定的时间内保存，其环境保持在允许的偏差内，空气可以自由流通并保证环境的一致性。

（2）调节：试样被放入规定温度和相对湿度的标准空气中，流动的空气可以接触试样的各个表面，达到规定的时间。

2. 标准空气

标准空气和允许偏差应符合表 4-1 的规定。

表 4-1　标准空气和允许偏差

环境条件	温度/℃	相对湿度/％
20℃/65％	20±2	65±5
以下的环境条件可以使用，但两个标准空气不是等效的。		
23℃/50％	23±2	50±5

注：如果没有单独指明环境条件，一般所说的标准空气是指温度为（20±2）℃、相对湿度为（65±5）％的标准空气。

3. 空气调节

按表 4-1 将试样放入标准空气中调节，应使试样的各个表面都可以接触流动的空气。在试验前至少进行 48 h 的调节处理。

4. 试验

试验应在与试样进行调节时同样的标准空气中进行，除非试验方法中有其他规定。

5. 空气调节设备

（1）恒温恒湿室。

可在有条件的地方建恒温恒湿室（见图 4-8），选用合适的恒温恒湿设备，调节空气的温度和湿度，在恒温恒湿室里进行试样的空气调节和测试。但建造恒温恒湿室成本高，目前用得比较少。

图 4—8　恒温恒湿室

（2）恒温恒湿箱。

能够自动控制温度和湿度的恒温恒湿箱如图 4—9 所示。

恒温恒湿箱/设备的主要技术指标：

1. 温度范围：－70℃、－40℃、－20℃～100（150）℃

2. 湿度范围：30%～98%（相对湿度）

3. 温度波动度：±0.5℃

4. 温度偏差：≤2℃

5. 湿度偏差：2%～3%（相对湿度）

6. 升降温速率：0.7～1.5℃/min

图 4—9　恒温恒湿箱

（3）简易的调节方法。

无恒温恒湿设备可用普通恒温箱和干燥器来代替，恒温箱可以控制一定的温度，干燥器可以控制一定的湿度。干燥器内放入纯硝酸铵、纯亚硝酸钠的饱和溶液或比重为 1.27 的浓硫酸（用量为干燥器磁板下部容积的一半），再将干燥器放在温度为（20±2）℃的恒温箱里。这样，在干燥器内就能达到标准温度和湿度。夏季室温超过 20℃时，可将干燥器放入 20℃水中，水温升高时可加些冰块在里面，以控制干燥器内的温度；也可将干燥器放在装有空调的房间里，用空调来控制温度。

进行空气调节的试样，应放置在干燥器内空气快速流动且空气自由接触试样整个表面的位置。试样在标准温度下调节时，每隔 1 h 所称得的重量变化不超过 0.1% 时即为达到平衡，一般 48 h 即可。为了缩短调节时间，当试样含水量较大时，可先在 30℃～40℃的恒温箱内放置一段时间，再进行空气调节。干燥剂若用比重为 1.27 的浓硫酸，应经常更换。因为浓硫酸易吸水，其浓度容易发生变化。

空气调节后的试样，应该在标准空气中进行测试。如果不能在标准空气中进行测试，可将试样从标准空气中逐一提取，逐一测试，且速度要快，不能超过 10 min。但这样的操作不适于耐折牢度测试以及其他需要较长时间的试验。

4.3 皮革厚度的测定

不同种类和不同用途的皮革有不同的厚度要求，皮革厚度的测定可用于检验皮革是否符合标准，也可用于成品革的分类分级（此时采用长臂式测厚仪，见图 4−10）。

图 4−10 长臂式测厚仪

另外，测定抗张强度、绷破强度等物理机械性能时也需要测定皮革的厚度以进行计算。

下面结合轻工行业标准 QB/T 2709—2005《皮革 物理和机械试验 厚度的测定》介绍皮革厚度的测定方法。该标准适用于各种类型的皮革，测定对象可以是整张革，也可以是试样。

1. 原理

皮革属于多孔性疏松物料，其厚度与所加压力及作用时间有关，压力增大，时间加长，其厚度相应地减小。为了消除压力和时间的影响，只有在一定的压力下、一定的时间内测得的厚度数据才具有可比性。因此，皮革厚度的测定原理是测厚仪在规定的负荷、规定的时间内测定皮革的厚度。

2. 装置

（1）测厚仪（见图 4−11）。
①刻度表：最小刻度 0.01 mm，整个量程具有 ±0.02 mm 的准确度。
②测试台：表面水平的圆柱体，直径（10.00±0.05）mm，高（3.0±0.1）mm，安装在一个同轴的直径为（50.0±0.2）mm 的圆形平台表面上。
注：直径 50 mm 的圆形平台可以帮助支撑中等重量的皮革，使其在压脚处不出现凸面，测试台比圆形平台凸出 3 mm，这样可以避免在测量较重的皮革时因表面不平带来的误差。
③压脚：直径为（10.00±0.05）mm 的圆形平面，与测试台同轴，能上下做垂直

运动，压脚与测试台平面接触时产生的负荷为（393±10）g，压脚的移动距离可以直接在刻度表上读取。

注：压脚的负荷和尺寸形成了 49.1 kPa（500 g/cm²）的压强。

④刚性架子：用来支撑刻度表、测试台和压脚。

1—刻度表；2—压脚；3—测试台；4—手柄；5—刚性架子

图 4-11　定重式测厚仪

3. 取样和试样的准备

（1）按 QB/T 2706—2005《皮革 化学、物理、机械和色牢度试验 取样部位》规定所取样品（见 3.2 节），测量 5 个点的厚度，测量点呈十字形。

（2）测试用试样，测量 3 个点的厚度，测量点在测试部位呈一字形。

（3）不能确定取样部位的样品，测量 5 个点的厚度，测量点呈十字形。

（4）坚硬的皮革，为避免弯曲，推荐取小块样品，测量 3 个点的厚度，测量点呈一字形。

（5）整张革，每个部位测量 5 个点的厚度。

（6）按 QB/T 2707—2005《皮革 物理和机械试验 试样的准备和调节》对样品进行空气调节（见 4.2 节）。

4. 程序

测厚仪放在水平平面上，将样品粒面向上放在测试台上（如果无法确定粒面，任意一面向上均可），轻缓地放下压脚，在压脚与试样完全接触后（5±1）s 内读取厚度读数，并记录。

5. 结果的表示

结果以算术平均值表示，精确到 0.01 mm。

6. 试验报告

试验报告应包含以下内容：
（1）本标准编号。
（2）样品名称、编号、类型。
（3）样品的详细信息，取样与 QB/T 2706—2005 不一致的情况。
（4）试验条件（标准空气：20℃/65％或 23℃/50％）。
（5）试样的厚度（mm）。
（6）实际操作和标准方法的不同之处。

4.4　皮革撕裂力的测定

撕裂力是轻革的重要机械性能，是测定已有裂口的皮革试样在外力作用下再被撕开所需的力值，即测定裂口再裂所需力的大小。了解革在外力作用下耐撕裂的强度，可确定皮鞋、服装等在穿着过程中针线缝制或胶粘处是否容易被损坏。测定撕裂力时，革的纤维束受到轴向拉力而产生变形，且已有裂口的革再被撕破时，内力在纤维束上的分布很不均匀，只有在裂口处的少数纤维受到内力，故纤维束是依次一根一根地受到最大负荷而发生扯断变形的。这正是已有裂口的地方更容易被破坏的原因。与测定撕裂力不同，测定抗张强度时，革的纤维束也会发生扯断变形，但此时断面上的所有纤维受到的内力是均匀的（见 4.5 节）。

不同用途的皮革，其撕裂力的要求不同；相同用途的皮革，其原料皮种类不同，撕裂力的要求也不同。例如，我国标准规定服装用皮革的撕裂力≥11 N，鞋面用羊皮革（厚度＞0.9 mm）的撕裂力≥20 N，鞋面用牛皮革（厚度＜1.3 mm）的撕裂力≥30 N。

下面按照轻工行业标准 QB/T 2711—2005《皮革 物理和机械试验 撕裂力的测定：双边撕裂》介绍皮革撕裂力的测定方法——双边撕裂法（Baumann 撕裂）。该标准适用于各种类型的皮革。

1. 原理

规定形状的矩形试样（中间开有孔洞）被放置在拉力试验机的上下两个夹具的测试钩上，拉力试验机运行时达到的最大力值为试样的撕裂力。

2. 装置

（1）拉力试验机。
拉力试验机应满足以下要求：

①量程范围与被测物相适合；

②夹具以（100±20）mm/min 的速率做匀速运动。

（2）测试钩。

见图 4—12，由钢制材料制成，条形，宽度为（10±0.1）mm，厚度为（2±0.1）mm，一端弯曲成直角钩状，弯钩部分长度至少为（12±0.1）mm，测试钩应适合装入拉力试验机中。

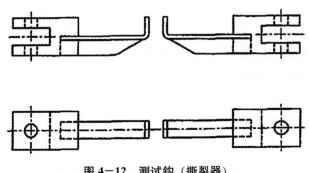

图 4—12　测试钩（撕裂器）

（3）测厚仪。

符合 QB/T 2709—2005《皮革 物理和机械试验 厚度的测定》的规定（见 4.3 节）。

（4）模刀。

符合 QB/T 2707—2005《皮革 物理和机械试验 试样的准备和调节》（见 4.2 节）和图 4—13 的规定，模刀的刀口应在同一个平面上。

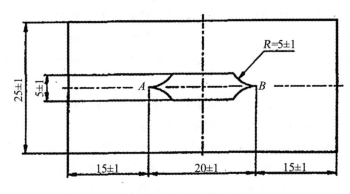

图 4—13　撕裂强度测试用试样（单位：mm）

3. 取样和试样的准备

（1）取样。

按 QB/T 2706—2005《皮革 化学、物理、机械和色牢度试验 取样部位》的规定进行（见 3.2 节）。

（2）试样的制备。

按 QB/T 2707—2005《皮革 物理和机械试验 试样的准备和调节》的规定（见 4.2 节），用模刀从粒面切取 6 个试样：3 个试样的长边平行于背脊线，3 个试样的长边垂直于背脊线。

（3）试样的空气调节。

按 QB/T 2707—2005《皮革 物理和机械试验 试样的准备和调节》的规定进行（见 4.2 节）。

（4）试样厚度的测定。

按 QB/T 2709—2005《皮革 物理和机械试验 厚度的测定》的规定（见 4.3 节）测量试样的厚度。

4．程序

（1）调整拉力试验机，使两个测试钩的弯钩部分轻轻接触。将试样的孔洞套入两个测试钩的弯钩部分，测试钩的宽度平行于试样孔洞的直边，使试样不能脱落。

（2）开动拉力试验机，直至试样撕裂为止，记录最大的力值。

5．试验报告

试验报告应包含以下内容：

（1）本标准编号。

（2）样品名称、编号、类型。

（3）样品的详细信息，取样与 QB/T 2706—2005 不一致的情况。

（4）试验条件（标准空气：20℃/65％或 23℃/50％）。

（5）试样的厚度（mm）。

（6）3 个长边平行于背脊线的试样的撕裂力平均值。

（7）3 个长边垂直于背脊线的试样的撕裂力平均值。

（8）6 个试样的撕裂力平均值。

（9）实际操作和标准方法的不同之处。

4.5　皮革抗张强度和伸长率的测定

皮革制品一个突出的优点是经久耐穿，这是因为其采用的原材料——皮革具有较高的强度。测定革的抗张强度，了解革在外力作用下的变形情况和所承受的作用力，可以在很大程度上判断皮革制品的耐用性能。抗张强度是指革试样在一定的速率下被拉伸到规定的力值或者直到试样被拉断为止的受力程度，单位为 N/mm^2，即 MPa。不同用途的皮革对于抗张强度的要求不同。服装用皮革、鞋面用皮革、手套用皮革均没有对抗张强度的要求；头层和二层鞋里用皮革分别要求抗张强度≥7.0 N/mm^2 和抗张强度≥4.0 N/mm^2。

将皮革制成皮鞋、服装等制品及其在使用过程中，都要受到不同程度的拉伸作用而变形，了解这种变形的大小在很大意义上可以了解革的品质，以确定制品的种类。这种变形一般用伸长率指标来表示。皮革的伸长率是指革试样在一定速率下被拉伸到预先规定的力值或试样被拉断为止的伸展程度，即伸长的长度与原长度的比值。在实际测定中分为规定负荷伸长率、粒面层伸长率、断裂伸长率和永久伸长率，其中规定负荷伸长率为行业标准《鞋面用皮革》《服装用皮革》《手套用皮革》等的必测项目，断裂伸长率为国家或行业标准《家具用皮革》和《汽车装饰用皮革》的必测项目。测定皮革的伸长率主要有以下意义：

（1）表征革的弹塑性。

从力学性质上看，革的变形有两种情况：一种是弹性变形；另一种是永久变形（塑性变形）。革是一种弹塑性物料，当试样受到轴向拉伸时，长度有所增加，这是由于革纤维在作用力的方向上发生了变形而被拉伸。纤维束因变形而产生了内力，这种内力会力图使纤维束恢复其原来的位置和形状，所以当除去外力后，纤维束的延长部分在很大程度上会恢复原状，革的这种变形叫作弹性变形；还有一部分纤维，当受到外力拉伸时，因纤维与作用力的方向不同，改变了原来的位置，并且超过了其弹性极限，在除去外力后，纤维不能恢复到原来的位置，这部分不可逆变形就称为永久变形，即塑性变形。

对于皮革来说，不管所加外力多大，弹性变形和永久变形都是同时发生的。革的弹性变形和永久变形都是很珍贵的性质。革的弹性变形可以使皮鞋等制品保持一定的形状。如果皮革没有弹性变形，在外力消除后就不能恢复原来的形状，皮鞋、服装等制品则会发生变形。革的永久变形能赋予皮鞋等制品很好的成型性。例如，制鞋在绷楦时受力而被拉伸，取下楦后要求它保持被赋予的形状和尺寸。另外，皮鞋在穿用初期也需要一定的永久变形，需要鞋的个别部位按照脚的形状来改变，从而使皮鞋合脚。在这种情况下，如果是绝对弹性的革，那么脚就需要经常把力消耗于使革变形，脚会容易过早疲劳。由此可见，这两种变形都是必需的，靠塑性变形来成型，靠弹性变形来保型。

（2）判断革的柔软度、品质。

柔软的革延伸性比较大，板硬的革则不易拉伸，所以可以根据革试样受到外力作用而变形的情况以及受力大小判断革的柔软性。革的伸长率对于鞋面革尤为重要。伸长率过小的鞋面革在制鞋过程中容易出现裂纹，并且在穿用中也不能经受反复多次弯曲，容易出现裂纹；伸长率太高的鞋面革，制成鞋后容易变形。因此，伸长率既不能太大，也不能太小，需要在一个比较合适的范围。现行标准规定，鞋面用皮革的规定负荷（10 N/mm²）伸长率≤40％，服装用皮革的规定负荷（5 N/mm²）伸长率为25％～60％，手套用皮革的规定负荷（5 N/mm²）伸长率为25％～50％，鞋里用皮革的规定负荷（10 N/mm²）伸长率≤55％；家具用皮革的断裂伸长率为35％～60％，汽车装饰用皮革的断裂伸长率为35％～70％。

皮革由于在不同部位、不同方向上性质差异较大，给革制品设计带来了一定的困难。制革过程中会采取大量措施来减少皮革在纵、横向延伸性上的差别，从而降低革的部位差和方向差。纵向伸长率与横向伸长率的比值越接近1，革的品质越好。

下面结合轻工行业标准 QB/T 2710—2005《皮革 物理和机械试验 抗张强度和伸长率的测定》介绍皮革抗张强度、规定负荷伸长率和断裂伸长率的测定方法。该标准适用于各种类型的皮革。

1. 原理

试样在一定的速率下被拉伸到预先规定的力值或者直到试样被拉断为止的受力程度

和伸展程度。

2. 装置

（1）拉力试验机。

拉力试验机应满足以下要求：

①量程范围与被测物相适合。

②夹具以（100±20）mm/min 的速率做匀速运动。

③夹具夹持面顺力的方向上最小长度为 45 mm，以机械或气动方式固定试样。夹具内表面材料和设计应使试样达到最大负荷时，与夹具之间的滑动距离不超过夹具初始距离的 1%。

（2）伸长测定装置。

通过监视夹具的分离或者通过传感器检测试样上的两个固定点之间的距离测定。

（3）测厚仪。

符合 QB/T 2709—2005《皮革　物理和机械试验　厚度的测定》的规定（见 4.3 节）。

（4）模刀。

符合 QB/T 2707—2005《皮革　物理和机械试验　试样的准备和调节》（见 4.2 节）和图 4—14 的规定，规格符合表 4—2 的规定。

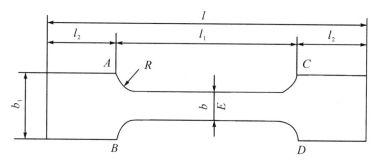

图 4—14　抗张强度试样的形状

表 4—2　抗张强度试样的尺寸　　　　　　　　　　　　　　单位：mm

规格	l	l_1	l_2	b	b_1	R
标准	110	50	30	10	25	5
大号	190	100	45	20	40	10

（5）游标卡尺。

最小精度 0.1 mm。

3. 取样和试样的准备

（1）取样。

按 QB/T 2706—2005《皮革　化学、物理、机械和色牢度试验　取样部位》的规定进行（见 3.2 节）。

（2）试样的制备。

按 QB/T 2707—2005《皮革 物理和机械试验 试样的准备和调节》的规定（见 4.2 节），用模刀从粒面切取 6 个试样：3 个试样的长边平行于背脊线，3 个试样的长边垂直于背脊线。如果前面的试验显示试样与夹具之间有滑动，则选用大号的模刀。

（3）试样的空气调节。

按 QB/T 2707—2005《皮革 物理和机械试验 试样的准备和调节》的规定进行（见 4.2 节）。

4. 程序

（1）尺寸的测定。

①在每个试样的粒面和肉面各选 3 个位置，用游标卡尺测量试样的宽度（精确到 0.1 mm）。每组 3 个位置量测时取一个中间点 E（见图 4−14），其他两点在 E 点与 AB、CD 两条线的中间位置。用 6 个测量值的算术平均值作为这个试样的宽度 w。

注：对于柔软的皮革，可以用取样时的模刀宽度作为试样的宽度。

②按 QB/T 2709−2005《皮革 物理和机械试验 厚度的测定》的规定（见 4.3 节），用定重式测厚仪测定试样的厚度。测量 3 个点，一个是中间点 E，其他两点在 E 点和 AB、CD 两条线的中间位置。用 3 个测量点的算术平均值作为这个试样的厚度 t。

（2）抗张强度的测定。

①将拉力试验机上下夹具之间的距离调整为 50 mm（标准试样）或 100 mm（大号试样），用夹具夹住试样，使夹具的边沿与 AB、CD 线平齐，并确保试样粒面在同一平面上。

②开动拉力试验机，直至试样断裂，并记录断裂时的最大力值作为断裂力 F。

（3）规定负荷伸长率的测定。

①按"（2）抗张强度的测定①"夹住试样，测量上下夹具之间的距离 L_0（mm）（准确至 0.5 mm），并记录，作为试验时的初始长度。

②开动拉力试验机，随着力值的增加，监测夹具间的距离，或者使用传感器，或者由拉动试验机自动记录和画出力值—伸长曲线图。

③记录第一次达到规定负荷值时夹具间的距离 L_1，这个距离作为这个力下试样的长度 L_1。在完成抗张强度的测定或断裂伸长率的测定前，不应停止拉动试验机。

（4）断裂伸长率的测定。

①按"（3）规定负荷伸长率的测定①"进行操作。

②运行拉力试验机直至试样断裂。

③记录试样断裂时夹具间的距离，作为试样断裂时的长度 L_2。

（5）滑动偏差。

如果试样相对夹具发生滑动，滑动距离超过夹具初始距离的 1% 时，试验结果作废，用大号模刀切取试样重新测定。

5. 结果的表示

（1）抗张强度。

试样的抗张强度按下式计算：

$$T_n = \frac{F}{w \times t}$$

式中，T_n——抗张强度（N/mm² 或 MPa）；

　　　F——试样断裂时的最大力值（N）；

　　　w——试样的平均宽度（mm）；

　　　t——试样的平均厚度（mm）。

计算出所有试样抗张强度的平均值，计算结果以平均值表示。

（2）规定负荷伸长率。

试样的规定负荷伸长率 E_1，数值以％表示，按下式计算：

$$E_1 = \frac{L_1 - L_0}{L_0} \times 100$$

式中，E_1——规定负荷伸长率（％）；

　　　L_0——试样原长度，即夹具或传感器初始时的距离（mm）；

　　　L_1——试样受到规定拉力时的长度，即夹具或传感器在规定负荷时的距离

　　　　　（mm）。

计算出所有试样规定负荷伸长率的平均值，计算结果以平均值表示。

（3）断裂伸长率。

试样的断裂伸长率 E_b，数据以％表示，按下式计算：

$$E_b = \frac{L_2 - L_0}{L_0} \times 100$$

式中，E_b——断裂伸长率（％）；

　　　L_0——试样原长度，即夹具或传感器初始时的距离（mm）；

　　　L_2——试样断裂时的长度，即夹具或传感器在试样断裂时的距离（mm）。

计算出所有试样断裂伸长率的平均值，计算结果以平均值表示。

6. 试验报告

试验报告应包含以下内容：

（1）本标准编号。

（2）样品名称、编号、类型。

（3）样品的详细信息，取样与 QB/T 2706—2005 不一致的情况。

（4）试验条件（标准空气：20℃/65％或 23℃/50％）。

（5）抗张强度的平均值（N/mm²）。

（6）规定负荷伸长率的平均值（mm）。

（7）断裂伸长率的平均值。

（8）试验中出现的异常情况。

（9）实际操作和标准方法的不同之处。

7. 影响抗张强度的因素

皮革的抗张强度是由革的纤维数量、粗细以及纤维编织的情况决定的。纤维数量越多、越粗壮、编织越紧实，革的抗张强度越大。因此，影响革纤维状态的因素，如皮的种类、部位、方向、水分含量、油脂含量、加工过程、贮存情况等，都会影响皮革的抗张强度。一般地，牛皮的强度大于猪皮，猪皮的强度大于羊皮，黄牛皮的强度大于水牛皮；纤维组织紧密实的背臀部比松软的腹肷部的抗张强度大；皮革纵向的抗张强度大于横向的抗张强度（故试验结果必须取纵、横向的平均值，使其尽量具有代表性）；革的水分、油脂含量增加，其抗张强度提高；铬鞣革的抗张强度大于植鞣革；贮存较久或受湿热作用的革，抗张强度会下降。抗张强度除跟以上因素有关外，还跟测试时的拉伸速度有关，拉伸速度越快，抗张强度越大，所以标准规定拉力试验机的拉伸速度为（100±20）mm/min，以便得到一致可比的数据。

8. 影响伸长率的因素

革的伸长率与原料皮的种类、部位及纤维构造有着密切的关系。纤维束粗壮、编织紧密的背臀部的伸长率低于编织疏松的腹肷部。与受力方向一致的纵向纤维束的伸长率大于与受力方向成角度的横向纤维束的伸长率。在皮革加工过程中，凡是使纤维束分散疏松的操作都可增大革的伸长率，如加大酸、碱、酶的处理，铲软，摔软等。凡是使革变得比较紧实的操作都会降低革的伸长率，如酸、碱、酶的处理不够，打光，熨压等。一般铬鞣革的伸长率大于植鞣革。革内的水分及油脂含量增加，由于润滑作用增大，会使革的延伸性增大。试样的厚度大，空间阻碍大，变形小，则伸长率小；反之厚度小，容易变形，则伸长率大。此外，一般鞋面革的伸长率比服装革小，比底革大；软革比硬革伸长率大。

4.6　皮革粒面强度和伸展高度的测定

鞋面革在制鞋和实际穿着过程中不仅受到单方向的轴向拉伸作用，还受到由肉面到粒面层以及各个方向的顶力作用。制鞋中的绷楦就是对皮革产生这些作用的典型工序。崩裂试验是测定试样的肉面在规定直径的圆球顶伸过程中，粒面产生裂纹及革身发生破裂时的强度和延伸高度，以鉴定皮革经受多方向顶力作用时粒面的强度，是一项重要的实用性综合指标。

在革身被圆球顶伸的过程中，粒面产生裂纹时所受的力值和高度，分别为崩裂力和崩裂高度；革全部被顶破时所受的力值和高度，分别为崩破力和崩破高度，力的单位为N，高度的单位为mm。崩裂和崩破强度是指单位厚度的皮革崩裂和崩破时所受的力值，即崩裂力和崩破力与试样厚度的比值，单位为N/mm。目前我国规定鞋面用皮革（光面革）的崩裂高度≥7 mm，鞋面用皮革（头层光面革）的崩破强度≥350 N/mm，手套用皮革的崩裂高度≥8 mm。

下面按照轻工行业标准 QB/T 2712—2005《皮革 物理和机械试验 粒面强度和伸展高度的测定：球形崩裂试验》介绍皮革粒面强度和伸展高度的测定方法。该标准适用于各种类型的皮革（轻革）。

1. 原　理

一个钢球被加压顶在一个圆形皮革试样肉面的中心部分，试样的四周用夹具固定。在粒面产生裂纹和破裂时分别记录其压力和伸展高度。

2. 装　置

崩裂仪（见图 4-15）应包括以下部件：

图 4-15　崩裂仪

（1）夹具。

固定圆形皮革试样的周边，使试样中间部分可以自由活动。当皮革试样中间部分受到高达 800 N 的力时，夹具夹住试样的部分应保持不动，并确保在试验过程中试样周边被夹住的部分不会发生移位现象。试样被夹住的部分和自由活动的部分有明显的分界，活动部分圆直径为 25.0 mm。（见图 4-16）

（2）带钢球的顶杆。

钢球不能旋转，作用于试样肉面的中心，作用力通过测量装置测出。钢球与夹具相对移动所产生的伸展速度为（12±2）mm/min。

钢球的直径为 6.25 mm，试样产生裂纹和破裂时，测量装置的准确度误差不超过 3%。

（3）测定试样伸展高度的装置。

所有仪表经过校准，精确到 0.1 mm，量程范围内的误差不超过 0.05 mm。

试样伸展的距离可以用夹具与钢球相对移动的距离来计算。钢球移动的方向与被测试样的表面垂直，钢球与试样肉面刚接触时力的显示值为零，作为钢球与夹具相对移动的起点。试样由于受钢球的压力而引起厚度的缩小可不予计算。

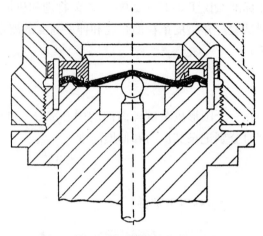

图 4-16 已放入试样的夹具剖面图

3. 取样和试样的准备

（1）取样。

按 QB/T 2706—2005《皮革 化学、物理、机械和色牢度试验 取样部位》的规定进行（见 3.2 节）。

（2）试样的制备。

按 QB/T 2707—2005《皮革 物理和机械试验 试样的准备和调节》（见 4.2 节）和图 4-17 的规定，用模刀从粒面切取试样。

（3）试样的空气调节。

按 QB/T 2707—2005《皮革 物理和机械试验 试样的准备和调节》的规定进行（见 4.2 节）。

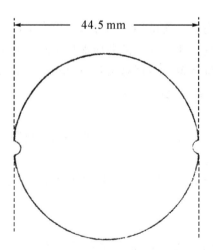

44.5 mm

图 4-17 崩裂试验用试样

4. 程序

（1）将经过空气调节的试样平整地夹入崩裂仪，粒面向上，肉面朝向钢球。

（2）以 0.2 mm/s 的伸展速度使试样伸展，注意观察粒面裂纹的产生。当粒面产生裂纹时，记录力值和伸展高度，并继续伸展。如果试样在达到崩裂仪所能承受的最高力值以前破裂，记录破裂时的力值和伸展高度。

5. 操作注意事项

（1）测力的机械部分应定期进行校准，同样应定期校准伸展记录装置的零点，如有误差，每一读数都要进行校正。

（2）如果试样在伸展过程中停顿，力的读数下降，这是粒面已产生裂纹和破裂，应尽快测出力值和伸展高度的读数，记取读数以停顿时间越短越好。

6. 结果的表示

（1）如果试样破裂，应记录产生裂纹时的伸展高度和破裂时的力值。

（2）如果试样未被顶破，应记录产生粒面裂纹时的伸展高度以及施加最大力时的伸展高度，并说明试样没有顶破。

注：如果有几个试样同时进行试验，每个试样的结果都要报告（不仅是平均值）。

7. 试验报告

试验报告应包含以下内容：

（1）本标准编号。

（2）样品名称、编号、类型。

（3）样品的详细信息，取样与 QB/T 2706—2005 不一致的情况。

（4）试验条件（标准空气：20℃/65％或 23℃/50％）。

（5）试验结果（崩裂高度、崩裂强度）。

（6）如果试样不是全粒面革，应详细描述试验结果。

（7）实际操作和标准方法的不同之处。

4.7　皮革耐折牢度的测定

将革制成鞋，在使用和穿着过程中会不断地受到弯曲作用，当革粒面向外弯曲时，粒面层受到拉伸作用，肉面层受到压缩作用；反之，当革粒面向内弯曲时，粒面层受到压缩作用，而肉面层受到拉伸作用。如果拉伸的一面所受的力达到纤维的强度极限时，革开始断裂。由于粒面层的纤维束较网状层的纤细更为脆弱，因此在重复弯曲下，粒面层往往先出现裂痕，涂饰薄膜与革身的粘着牢度也会在多次弯曲作用下减弱。为了检验皮革及其涂层的耐折、耐弯曲和裂面的性质，需要测定革的耐折牢度。例如，国家标准和轻工行业标准规定鞋面用皮革（正面革）运动 50000 次无裂纹，汽车装饰用皮革运动 100000 次无裂纹，家具用皮革（光面革）运动 20000 次无裂纹。

下面按照轻工行业标准方法 QB/T 2714—2005《皮革 物理和机械试验 耐折牢度的测定》介绍干态或湿态皮革涂层的耐折牢度的测定方法。该标准适用于厚度小于 3.0 mm 的各种类型的皮革。

1. 原理

试样上部测试面向内折叠并夹持在可运动的夹具内，下部测试面向外折叠并夹持在固定的夹具内，上部运动的夹具带动试样运动，由此检查试样产生的缺陷。

2. 装置

（1）耐折试验机。

耐折试验机应包括以下部件：

①上夹具。

由一对绕轴旋转的平面金属板组成（见图 4-18），其中一块金属板是由 $ABCFD$ 组成的，与梯形类似，$\overset{\frown}{DF}$ 是半径为 2 mm 的圆角，EF 边支撑、夹持被折叠的试样。另一块金属板的形状为 $EGHCF$。松紧螺钉 K 将两块金属板连在一起，并防止试样从最初位置超过垂直线 C 向 AB 方向靠近。大约在 AB 线的中间部位有一调节装置，保证上夹具的有效作用点在 F 点。上夹具由电机驱动，以水平轴 J 为轴做往复运动，向下运动角度为（22.5±0.5）°，运动速率为（100±5）次/min。

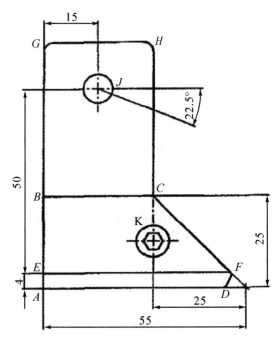

图 4-18 上夹具（单位：mm）

②下夹具。

由一对平面的金属板组成，固定在上夹具下方，与上夹具在同一平面内，固定试样。当上夹具的 *EF* 边处于水平时，下夹具的上边与上夹具 *EF* 边的距离为（22.5±0.5）mm。

③计数器。

指示运动次数。

图 4-19 为耐折试验机的实物图。

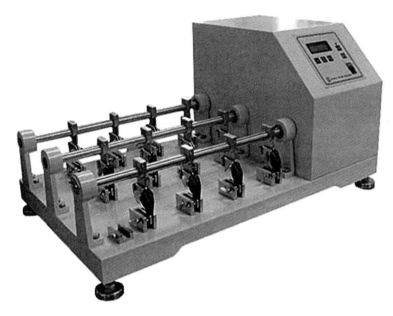

图 4-19　耐折试验机

（2）模刀

符合 QB/T 2707—2005《皮革 物理和机械试验 试样的准备和调节》的规定（见 4.2 节），内壁尺寸为：矩形（70±1）mm×（45±1）mm。

（3）放大镜。

可放大 4～6 倍。

（4）干燥器或其他可以抽真空的容器。

（5）真空泵。

能使干燥器中的真空度减少至低于 4 kPa。

（6）蒸馏水或去离子水。

符合 GB/T 6682 中三级水的规定。

（7）玻璃盘。

最小直径 100 mm，最小深度 25 mm。

3. 取样和试样的准备

（1）取样。

按 QB/T 2706—2005《皮革 化学、物理、机械和色牢度试验 取样部位》的规定进行（见3.2节）。

（2）试样的制备。

按QB/T 2707—2005《皮革 物理和机械试验 试样的准备和调节》规定（见4.2节），用模刀从粒面切取6个试样进行干测试（或6个试样进行湿测试）：3个试样的长边平行于背脊线，3个试样的长边垂直于背脊线。

（3）干态试样的空气调节。

按QB/T 2707—2005《皮革 物理和机械试验 试样的准备和调节》的规定进行（见4.2节）。

（4）湿态试样的准备。

将试样放入玻璃盘（最小直径100 mm，最小深度25 mm）中，加入足够的蒸馏水或去离子水，最小深度10 mm，把盘子放入干燥器中，将干燥器抽真空并保持真空度在4 kPa以下2 min，然后释放。重复排真空、释放的过程两次，取出试样，用吸水纸吸走多余的水分，立刻进行湿测试。

注：上夹具不能夹住较厚的试样，在这种情况下，可以将试样一端的厚度削薄到1.5 mm，并把这一端插入上夹具。太硬的皮革不能使用这种方法进行测试。

4. 程序

（1）打开上、下夹具，使夹具内的空间至少为试样厚度的2倍。

（2）开动电机，使上夹具的EF边平行于下夹具的上边（见图4-20）。

（3）将试样的测试面向内折叠，使两个长边并在一起，夹住折叠的试样［见图4-20 (a)］，使折叠的边紧挨着上夹具的下边，一端紧靠上夹具的松紧螺钉。

（4）将试样未夹住的两个角向外、向下包住夹具［见图4-20 (b)］，使试样的两个表面接触，将试样的自由端固定在下夹具中［见图4-20 (c)］，并使其垂直伸展，所使用的力量不能超过刚好把皮革拉紧所需的力。

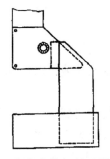

(a)上夹具中的试样　　(b)折叠后的试样　　(c)完全安装好的试样

图4-20　试样的安装

（5）从下列次数中选取所需的耐折次数进行测试：

干态测试：500、1000、5000、10000、20000、25000、50000、100000、150000、200000、2500000。

湿态测试：500、1000、5000、10000、20000、25000、50000。

湿态测试，每 25000 次从耐折试验机上取下湿的试样，检查水的渗出情况，并重新浸湿，再放回耐折试验机中继续测试。

注：试样不能在过度膨胀的状态下进行耐折试验，如果在这种情况下不耐折，应在试验报告中记录。

（6）停止耐折试验机，取出试样，沿纵向轴将试样反向折叠，在良好的光线下用肉眼和放大镜（可放大 4～6 倍）检查，记录被屈挠部分的任何破损，忽略被夹具夹住的部分。

破损情况应包括以下内容：

①在没有破损时，涂层色泽的变化。

②涂层的裂纹以及裂纹延续至一个或多个涂层的趋势，如果可能的话，应记录裂纹的数量。

③皮革涂层粘着力的异常变化。

④两个涂层之间粘着力的异常变化。

⑤涂层出现粉末、片状的情况。

⑥涂层上的裂纹、粉末或片状物的颜色对比。

⑦如果需要确定皮革结构的松散程度，可以切开屈挠部分。

注：由于切开试样后破坏了试样而使以后的试验不能进行，因此可以在最后的试验全部完成后再切开。

（7）如果试验中需取出试样观察，应在试样被夹住的位置作适当标记，以确保试样被放回时能够被固定在初始位置。

（8）重新开动耐折试验机继续测试到需要的次数，重复步骤（6）的检查。

（9）如果需要继续测试另外的次数，重复步骤（7）和（8）。

注：实际转数的选择取决于指定的要求、皮革的最终用途和期待的性能。

5. 试验报告

试验报告应包含以下内容：

（1）本标准编号。

（2）样品名称、编号、类型。

（3）样品的详细信息，取样与 QB/T 2706—2005 不一致的情况。

（4）试验条件（标准空气：20℃/65％或 23℃/50％）。

（5）试验方式（干态、湿态）。

（6）耐折次数、破损最严重的试样情况。

（7）实际操作和标准方法的不同之处。

4.8　皮革涂层粘着牢度的测定

皮革涂层粘着牢度是指皮革涂饰层与皮革之间，或涂饰层与涂饰层之间的粘着牢度。

如果皮革涂层粘着牢度差，则其制品被穿着时涂饰层会脱落，严重影响革制品的外观。

下面按照国家标准 GB/T 4689.20—1996《皮革 涂层粘着牢度测定方法》介绍皮革涂饰层与皮革之间（或涂饰层与涂饰层之间）的粘着牢度测定方法。该标准适用于经过涂饰的各类皮革，也适用于贴膜革。

1. 原理

利用无溶剂型粘合剂，将一条皮革的部分涂饰层面粘合在粘合板上，在条状皮革的自由端施加力，使皮革涂饰层剥落规定的长度，所施加的力的大小作为涂饰层对皮革的粘着牢度。

2. 仪器和材料

（1）拉力机：垂直操作，速度为（100±5）mm/min，能自动记录力—距图。

（2）粘合板支承架（见图 4-21）：用金属制成，固定粘合板。

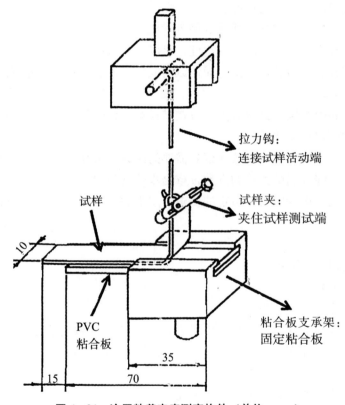

拉力钩：
连接试样活动端

试样夹：
夹住试样测试端

试样

PVC
粘合板

粘合板支承架：
固定粘合板

10

15　　　　　　70

35

图 4-21　涂层粘着牢度测定构件（单位：mm）

（3）拉力钩（见图 4-21）：用直径 1~2 mm 的钢丝制成，长约 25 mm，连接试样的活动端。

（4）试样夹（见图 4-21）。

（5）PVC 粘合板（见图 4-21）：70 mm×20 mm×3 mm。

（6）烘箱：能够保持（85±3）℃的温度。

（7）加重块：平底，4.5 kg。

（8）钢制模刀：内壁为长方形，100 mm×10 mm。

（9）真快干燥器。

（10）真空泵：能够在 4 min 内将容器排成 5 kPa。

（11）聚氨酯（PU）粘合剂：由树脂和硬化剂组成，两种成分在 80℃时发生作用。

（12）清洗剂：己烷或石油醚，用于在粘合前清洗粘合板和皮革涂饰层表面。

3. 试验条件

所有操作都必须在标准空气中进行。

4. 试样

用模刀切取试样 4 块，其中两块的长边平行于背脊线，另外两块的长边垂直于背脊线，然后进行空气调节（湿试样除外）。

5. 试验步骤

（1）干试样试验。

①用一块干净的布蘸清洗剂将粘合板的表面和皮革涂饰层表面擦净。

②在粘合板的表面均匀地涂一层薄薄的粘合剂，在室温下保持 40 min，然后放入（85±3）℃的烘箱内加热 10 min。

③在试样表面均匀地涂上一层粘合剂，然后将试样涂饰层朝下放在加热后的粘合板上，两端各超出粘合板 15 mm，然后将加重块压在试样上 5 min。

④将粘合板插入支承架中，测试端与支承架的一端对齐，用试样夹夹住试样测试端，并挂在拉力钩上。

⑤开动拉力机进行测试，记录下皮革与涂饰层分离 30～35 mm 时的力—距图。

⑥在支承板上将试样调换方向，按步骤⑤在相反的方向上重复测试。

（2）湿试样试验。

将按干试样试验中步骤①～③粘好的试样放置至少 16 h，然后浸没在盛有 20℃蒸馏水的烧杯中，将烧杯放入真空干燥器内，4 min 内将干燥器排成 5 kPa 的真空，保持 2 min，然后释放。重复排真空、释放的过程 3 次后，再浸泡 30～120 min，取出试样，用滤纸吸干表面的水，然后按干试样试验中步骤④～⑥进行测试。

6. 操作注意事项

（1）粘合剂应在硬化剂加入后的 8 h 内使用。

（2）在将试样和粘合板粘合在一起时，应避免产生气泡。

7. 结果表示

从力—距图（见图 4-22）上计算出涂层在约 30 mm 长的试样上的粘合力的平均值作为粘着牢度，以 N/10mm 表示，精确到 0.1 N/10mm。

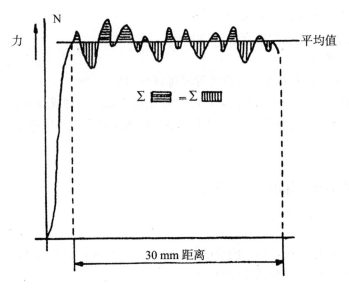

图 4-22　皮革与涂层分离的力—距图

8.试验报告

（1）本标准编号。

（2）试样名称、编号、类型、厂家（或商标）、生产日期。

（3）试验结果。

（4）试验中出现的异常现象。

（5）实测方法与本标准的不同之处。

（6）试验人员、日期。

4.9　皮革颜色坚牢度的测定

皮革颜色坚牢度是指皮革的颜色在使用过程中对外界作用的抵抗力，以其本身颜色的变化（包括颜色的纯度、色彩、亮度）及对附着材料（如纺织品）的沾色程度进行衡量，即用颜色的变化来鉴定颜色的坚牢度。皮革颜色坚牢度主要决定于染色时所用的染料和整理时所用的涂饰剂的性能，也与染整过程中及染整前后的工艺有关。皮革如果没有良好的颜色坚牢度，在使用过程中受到各种外界作用时就容易变色，从而影响皮革制品的外观，所以有色皮革必须测定颜色坚牢度。皮革颜色坚牢度主要包括摩擦色牢度、耐汗色牢度、耐水色牢度、耐水渍色牢度、耐光色牢度、耐热色牢度等，其中摩擦色牢度最为重要。

4.9.1　摩擦色牢度

皮革摩擦色牢度的测定是用毛毡/衬布在规定压力作用下摩擦皮革（或经过特殊处

理后的皮革试样）表面，考察皮革褪色的程度（皮革试样本身在处理前后颜色的差别，用标准褪色灰色样卡定级）或毛毡/衬布沾色的程度（标准白色织物被皮革试样沾染的程度，用标准沾色灰色样卡定级）。褪色/沾色程度（色差）的测量方法详见附录 5。根据毛毡摩擦皮革的方式，皮革摩擦色牢度可以分为往复式摩擦色牢度和旋转式摩擦色牢度；根据毛毡的干、湿状态，又可分为耐干擦摩擦色牢度和耐湿擦摩擦色牢度。

往复式摩擦色牢度是通常进行检测的皮革颜色坚牢度指标。下面按照轻工行业标准 QB/T 2537—2001《皮革 色牢度试验 往复式摩擦色牢度》介绍用毛毡在皮革表面进行往复式摩擦，以确定皮革表面摩擦色牢度的方法。该标准适用于各类皮革。

1. 原理

在规定的压力下，用规定的毛毡对皮革的一个表面进行往复式的、规定次数的摩擦测试，用灰色样卡对毛毡表面、皮革表面的颜色变化进行比较，确定等级，并记录皮革表面任何可见的变化或损坏。

注：在测试过程中，由于有色物质的迁移，例如，涂层、颜料、染料或者灰尘、皮革表面其他可能原因带来的颜色迁移，会导致毛毡受到一定程度的颜色污染。

2. 仪器和材料

（1）摩擦色牢度测试仪（见图 4－23）。

①测试台。

a. 水平金属平台；

b. 固定夹，将皮革固定在平台上，中间有 80 mm 空隙；

c. 使皮革试样沿摩擦方向拉伸 20％的装置。

②测试柱。

质量（500±25）g，可移动，也可以牢固地固定。

a. 测试头，面积 15 mm×15 mm；

b. 调节测试头的装置，使毛毡垫可以与测试平台水平接触；

c. 负重块，（500±10）g，加载后使测试柱总质量为 1000 g；

d. 调节装置，上下调节测试柱，使测试头与试样水平接触。

③驱动测试台往复运动的装置。

测试台前后往复运动，运动距离 35～40 mm，运动速率（40±2）次/min（往、返记作一次）。

④可选项（非必须）。

a. 可调节测试柱在水平面上方向（对应摩擦方向）的装置，以使测试头在 2～3 个角度对皮革试样进行测试；

b. 电机：驱动测试台前后运动；

c. 可预置计数的计数装置。

图 4-23 往复式摩擦色牢度测试仪

（2）摩擦材料。

白色或黑色方型毛毡，15 mm×15 mm，冲压下的纯毛毡块应符合以下要求：

①将 5 g 毛毡加去离子水 200 mL，放入聚乙烯瓶中，放置 2 h，其提取液的 pH=5.5~7.0。

②每单位面积质量（1750±100）g/m^2。

③厚度，应符合 FZ/T 60004 的规定，（5.5±0.5）mm。

黑色毛毡应经酸性黑 24（CI 26370）染色。

（3）真空干燥器。

真空干燥器或其他适于抽真空的玻璃容器。

（4）真空泵。

用以抽取干燥器内的空气，在 4 min 内达到 5 kPa（50 mbar）。

（5）去离子水。

符合 GB/T 6682 规定的三级水。

3. 试样

试样为长方形，至少长 120 mm，宽 20 mm。

注：通常出于一系列的考虑（皮革和毛毡的调节、往复的次数），只有一个试样被测试。尽管有争议，强烈推荐测试从不同部位取样的多个试样。

4. 试样与毛毡的空气调节

（1）干的试样和毛毡。

按 QB/T 3812.2—1999《皮革 物理性能测试用试片的空气调节》进行调节。

（2）湿的毛毡。

将毛毡放入去离子水中，缓慢加热至沸腾，使毛毡浸透。将热水倒掉，加入冷的去离子水，直到湿毛毡达到室温，使用前将毛毡从水中取出，放在四张吸水滤纸中间（上、下各两张，测试面与滤纸水平接触），再在滤纸上放置（900±10）g 的重物，时间 1 min，挤去水分，使毛毡的重量达到 1 g 左右，毛毡在水中的浸泡时间不能超过 24 h。

（3）湿的试样。

将皮革试样浸入去离子水中，试样之间不得相互接触，将容器放入真空干燥器中，抽真空到 5 kPa，保持 2 min，然后恢复到常压下，重复这个过程 2 次以上，使用前，将试样从水中取出，用滤纸将皮革表面的水吸干，试样在水中浸泡不得超过 24 h。

（4）湿的毛毡和人造汗液。

将毛毡用人造汗液（每升人造汗液溶液中包含氯化钠 5.0 g、三（羟甲基）甲胺 5.0 g、尿素 0.5 g、次氮基三乙酸 0.5 g，加入 2 mol/L 盐酸调节 pH 至 8.0±0.1，周期性检查 pH，丢弃 pH 不在 8.0±0.1 的溶液，还要丢弃有肉眼可见微生物的溶液）浸润，按"（3）湿的试样"的规定进行。使用前，将毛毡从溶液中取出，放在四张吸水滤纸中间（上、下各两张，测试面与滤纸水平接触），再在滤纸上放置（900±10）g 的重物，时间 1 min，挤去人造汗液，使毛毡的重量达到 1 g 左右，毛毡在人造汗液中浸泡不得超过 24 h。

5. 程序

（1）将经过空气调节的试样放在测试台上固定，并沿摩擦方向拉伸 10%。如果试样不能伸长 10%，将试样拉伸到允许伸长的最大程度，如果试样伸长 10% 后，在摩擦过程中不能保持平稳，继续拉伸试样，直到试样不能伸长为止。以上后两种情况，应在试验报告中记录试样的伸长情况。

（2）测试一般的皮革试样，加载负重块，使测试头的总质量为 1000 g。

绒面革和类似的皮革（含正面服装革），由于较大的摩擦力影响，测试时不加载负重块，测试头总质量为 500 g。

（3）将准备好的测试毡垫固定在测试头上，使测试头与皮革试样水平接触，从下面的数据中选择摩擦次数：5、10、20、50、100、200、500。

（4）如果有要求，更换新的测试毡垫，重新选择测试次数，测试试样未测试的部位（或新的试样）。

（5）取下试样和毡垫，对试样摩擦区域的颜色变化、毡垫的沾污情况按步骤（6）进行评定。湿的试样和毡垫，在评定前应在室温下干燥。

当用黑色毛毡测试白色或浅色皮革时，由于毛毡的摩擦作用，会使皮革表面变色。这种情况下，不能评定皮革颜色的变化。只有用白色毡垫在新的部位测试后，才能评定。

注 1：在评定有涂层的皮革颜色变化前，用毛织物在皮革表面轻轻地涂一层无色的鞋油和上光剂非常有益。对于绒面革或类似的皮革，用刷子沿着绒毛的方向刷，也非常有用。

注 2：用无色的蜡乳液涂饰效果更好，在某些情况下，蜡乳液并不合适，而只能使用含有蜡成分的光亮剂和有机溶液。如果使用了鞋油、上光剂、光亮剂，应在试验报告中说明材料的成分或其他详细情况。

（6）按标准灰色样卡评定皮革颜色的变化和毡垫的沾污情况，记录试样表面任何可见的变化，如光泽的变化、上光剂使用后的变化、绒毛的变化或涂层的损坏。

6. 试验报告

试验报告应包含以下内容：
（1）本标准编号。
（2）被测试皮革的种类及其描述。
（3）皮革表面的状况。
（4）皮革试样和毛毡在测试前的调节情况，毛毡的种类（白或黑），测试头的质量，皮革试样颜色变化和毛毡沾污变化的评定等级。
（5）试样表面任何可见变化的详细记录。
（6）试验过程中任何偏离本标准的详细情况，如试样的伸长情况（伸长不是 10％时），上光情况，测试头的质量（质量不是 500 g、1000 g 时）。

4.9.2　耐汗色牢度

人们在穿着皮革服装、皮衬里的皮鞋、皮手套等的过程中，由于出汗，汗液有可能会造成皮革颜色的改变，并对人体和衣物造成污染。轻工行业标准 QB/T 2464.23—1999《皮革颜色耐汗牢度测定方法》规定了皮革耐汗色牢度的测定方法。其测定原理是将皮革试样与毗连织物分别浸泡在人造汗液中，然后将试样与毗连织物紧贴着制成复合试样，放置在适当装置中，保持一定的温度、压力，保留规定的时间。再将皮革和毗连织物干燥，用标准灰色样卡评估皮革试样的颜色变化程度和毗连织物的沾色程度。带有涂层（或无涂层）的皮革可以直接测试，或者去掉涂层后测试。耐汗试验器如图 4—24 所示。具体的测定步骤可参照上述标准执行。

图 4—24　耐汗试验器

4.9.3　耐水色牢度

皮革耐水色牢度主要考察皮革中染料的抗水迁移能力。国家标准 GB/T 22885—2008《皮革 色牢度试验 耐水色牢度》规定了皮革耐水色牢度的测定方法，适用于各种皮革。其测定原理为两片分别被浸透在蒸馏水中的被测试样和贴衬织物，浸透取出后，将贴衬织物沿被测试样的每一边平放。将组合试样放入合适的装置中，在一定温度、一定压力下保持一定的时间，试样和贴衬织物随后被干燥，试样的变色和贴衬织物的沾色用灰色样卡评级。有涂层的皮革可以在涂层完好时测试，也可以在涂层破坏后测试。

4.9.4　耐光色牢度

轻工行业标准 QB/T 2727—2017《皮革 色牢度试验 耐人造光色牢度：氙弧》规定了皮革的颜色耐人造光源及耐热能力的试验方法，适用于各种具有耐光和耐高温要求的皮革。其测定原理是在人造光源下，将试样与蓝色羊毛标准一起按规定的条件进行曝晒，当试样曝晒至规定要求后，将试样与所用的蓝色羊毛标准或灰色样卡进行对比，评价试样的耐光色牢度。

4.9.5　耐热色牢度

革制品在制作和穿着过程中会接触热的机械部件或熨烫火烤，这些都能使皮革受热而发生颜色变化，从而影响皮革的美观，所以需要测定有色皮革的耐热色牢度。测定原理是试样经过空气调节后，分别与温度为 150℃、200℃和 250℃的耐热色牢度测定仪的金属测试头接触 5 s，然后用灰色样卡评定其颜色的变化及观察涂饰层外观的变化程度。具体操作可参照轻工行业标准 QB/T 1807—1993《有色皮革耐热牢度试验方法》执行。

4.10　皮革收缩温度的测定

革试样在水（或甘油）中加热，水（或甘油）以规定的升温速度升温，试样突然收缩，这时水（或甘油）的温度就是革的收缩温度，用 T_s 表示。革在制鞋加工过程中，要受到潮湿加热或热压的处理，如硫化鞋、模压鞋等。当温度超过一定限度时，革就会发生收缩变形甚至被破坏，导致革的强度降低、产生裂面等，从而缩短使用寿命。因此，需要测定革的收缩温度来计量其耐湿热性能，以确定其可加工性。另外，革的收缩温度与鞣制程度有密切的关系。生皮经过鞣制，收缩温度可以提高，所以根据收缩温度的高低，能在一定程度上判断革的鞣制程度，从而定性评价革的一系列性能。

下面按照轻工行业标准 QB/T 2713—2005《皮革 物理和机械试验 收缩温度的测定》介绍皮革收缩温度的测定方法。该标准适用于各种类型的皮革。

1. 原理

试样放在水中加热，水以规定升温速度升温，试样突然收缩，这时的温度称为收缩温度。

2. 装置

（1）收缩温度仪。

收缩温度仪（见图 4-25 和图 4-26）应包括以下部件：

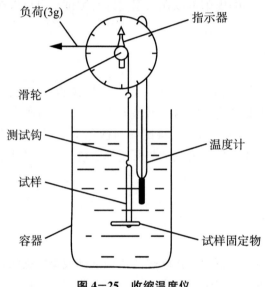

图 4-25　收缩温度仪

①容器，最小容积 500 mL，最小工作深度 110 mm，可在超过 100℃ 的温度下使用。

②试样固定物，小针或夹子，在容器底部上方（30±5）mm 处。

③测试钩，可移动的钩或夹子，一端连接在试样顶部，另一端连接在穿过滑轮的连接线上，连接线的另一端连接着一个比移动钩重 3 g 的负重块。

④指示器，监测移动情况，测试钩的任何移动情况通过滑轮、指示器的传递和显示，至少能被放大 5 倍在指示器上显示出来。

⑤温度计，刻度分度为 1℃，准确度 ±0.50℃，传感器放于靠近试样中部的位置，其量程范围适合被测试的样品。

⑥蒸馏水或去离子水，符合 GB/T 6682 中三级水的规定。

⑦加热器，能够以（2±0.2）℃ /min 的速度加热容器中的蒸馏水或去离子水。

⑧搅拌器，有效地搅拌容器中的水，使试样顶部和底部的温度温差不超过 1℃。

（2）测厚仪。

按 QB/T 2709—2005《皮革 物理和机械试验 厚度的测定》的规定进行（见 4.3节）。

（3）干燥器或其他可抽真空的容器。

（4）真空泵。

能够在 2 min 内将干燥器中的真空度减少至低于 4 kPa。

（5）玻璃试管。

内径（10±2）mm，最小高度 100 mm。

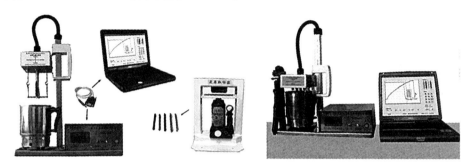

图 4－26　收缩温度仪实物图

3. 取样和试样准备

（1）取样。

按 QB/T 2706—2005《皮革 化学、物理、机械和色牢度试验 取样部位》的规定进行（见 3.2 节）。

（2）试样厚度的测定。

按 QB/T 2709—2005《皮革 物理和机械试验 厚度的测定》的规定（见 4.3 节），测量试样的厚度。

（3）试样的制备。

切取 4 个试样：2 个试样的长边平行于背脊线，2 个试样的长边垂直于背脊线。如果样品的厚度小于等于 3 mm，切取矩形试样的尺寸为（50±2）mm×（3.0±0.2）mm。如果样品的厚度大于 3 mm，切取矩形试样的尺寸为（50±2）mm×（2.0±0.2）mm。

注：这里没有要求样品在标准空气中进行调节或在标准空气下进行测试。

4. 程序

干试样按以下全部步骤进行操作，湿的试样省略步骤（1）～（3）的操作。

（1）在玻璃试管中加入（5.5±0.5）mL 的蒸馏水或去离子水，将试样浸入其中，必要时，可用一根玻璃棒压住试样，保证试样的浸润。

（2）将试管放入真空干燥器中，使试管保持合适的状态，将干燥器抽真空并保持真空度在 4 kPa 以下 1～2 min。

（3）让空气进入干燥器，继续保持试样浸润在水中 1～6 h。

（4）将试样的一端固定在试样固定物上，另一端连接在测试钩上，调整线、滑轮和负重块，使试样能够被正常拉伸。

（5）将足够温热的蒸馏水或去离子水加入容器中，使水面至少超过试样顶部

30 mm，如果预先知道收缩温度或预计收缩温度小于 600℃，则加入的水至少比预测的收缩温度低 10℃。

（6）加热水，并保持水的升温速度为（2±0.2）℃/min。

（7）每隔 30 s 记录一次温度和相应的指示器的读数，直到试样明显地收缩，或水剧烈地沸腾或达到预期的温度，如果水沸腾了，记录此时的温度。

（8）检查记录数据或指示器与相应温度所形成的曲线，找出试样从最大长度收缩 0.3％时的对应温度，记录这个温度作为收缩温度。

（9）如果在步骤（8）中测定的收缩温度不超过最初加入容器的水的温度 5℃，则放弃这个结果，用更低温度的水重复以上试验。

5. 试验报告

试验报告应包含以下内容：

（1）本标准编号。

（2）样品名称、编号、类型。

（3）样品的详细信息，取样与 QB/T 2706—2005 不一致的情况。

（4）每个方向收缩温度的平均值（℃）。

（5）实际操作和标准方法的不同之处。

6. 影响收缩温度的因素

（1）革的内部因素。

①水分含量。

同一种革，其水分含量不同，耐湿热性就不同，在一定范围内降低革的水分含量可以使收缩温度提高，但当革中水分增加到 30％时，收缩温度几乎不起变化。所以试样要充分浸水，使其含水量超过 30％，以消除水分含量不同所带来的误差。

②鞣制方法。

鞣制使皮的收缩温度提高，不同的鞣制方法效果不同。如未经鞣制的生皮收缩温度为 59℃～68℃，植鞣底革收缩温度可提高到 70℃～82℃，铬鞣革可增加到 100℃～130℃。

③鞣制程度。

对于铬鞣革，提高含铬量可以提高收缩温度；对于植鞣革，结合鞣质越多，收缩温度越高。因此，收缩温度的高低也可用于判断皮革的鞣制程度。

④革的 pH。

革含游离酸时，其收缩温度会降低，并且这样的革放置长时间后，由于酸对纤维的腐蚀作用，也会使收缩温度降低。因此，革的 pH 不能太低。

（2）测定条件。

①升温速度的影响。

升温速度对测定数据影响很大，如果升温太快，测定结果偏高。例如，胶原纤维以 2.5℃/min 升温时，收缩温度测定值为 64.5℃，而以 4℃/min 升温时，收缩温度测定值为 67.5℃，所以测定时升温要缓慢且均匀。但是，升温过慢也不好，因为可能导致鞣质在含有不稳定络合物时重新起鞣制作用，使测定值偏高。由此可见，在测定收缩温度时必须严格控制升温速度，一般以 2℃/min 为宜。

②试样的大小和夹持情况。

试样越大，胶原纤维束之间的三度空间编织对热平衡的阻碍越大，胶原纤维的渐近收缩过程越长，所以收缩温度也越高，因此取样要按照统一规格。夹持试样时，纤维方向与夹持方向一致，则收缩温度最高。若夹持过紧，胶原纤维在固定状态下收缩，会产生内力，这与自然收缩的情况有差别，从而影响测定结果。

③仪器的灵敏度。

要求带动指针的轴摩擦力最小，温度计要灵敏，升温装置适当。

4.11　皮革雾化性能的测定

汽车装饰用皮革是目前市场上的主要皮革产品之一，市场前景广阔。雾化指标是汽车装饰用皮革最重要的指标之一。雾化是指那些来自汽车内装饰物，如皮革、塑料和纺织物中挥发性组分的凝聚现象。这里特指发生在汽车挡风玻璃上的凝聚现象，其产生将影响驾驶者的视线和汽车的行驶安全。因此，汽车装饰用皮革必须控制雾化性能。

皮革雾化性能的测定有两种方法，即反射法和质量法，用这两种方法测得的结果不具有可比性。我国轻工行业标准 QB/T 2703—2005《汽车装饰用皮革》规定汽车装饰用皮革的雾化值（质量法）≤5 mg。

下面按照轻工行业标准 QB/T 2728—2005《皮革 物理和机械试验 雾化性能的测定》介绍皮革成雾性能的测定方法。该标准适用于汽车装饰用皮革、家具用皮革等有防雾化性能要求的皮革。

1. 反射法

（1）原理。

将试样放在玻璃烧杯中加热，任何易挥发性组分被冷凝在玻璃片上，玻璃片上冷凝雾的反射值与空白试验时反射值的百分比表示为雾化值（见图 4-27）。

（2）装置。

①平底烧杯，耐热玻璃制成，上口为环状平面杯口，烧杯外径（90±2）mm，高（190±5）mm，最小质量 450 g。

②恒温浴装置，能恒温于（100±1）℃，至少可容纳 3 个烧杯，其尺寸要求是烧杯距离恒温浴锅边缘最小距离是 30 mm，烧杯底距离恒温浴锅底 75 mm。

③传热液体，在 100℃稳定。

注：水溶性的物质，例如多价的乙二醇是较好的，因为它易溶于水，清洗方便。

④冷却系统，（21±1）℃的水通过金属冷却盘（如铝盘）循环（冷却盘的内部应耐腐蚀），用于冷却的表面应平坦，冷却盘的质量应足以克服烧杯在恒温浴中的浮力。

注：充满水的冷却盘的质量一般超过 1 kg。

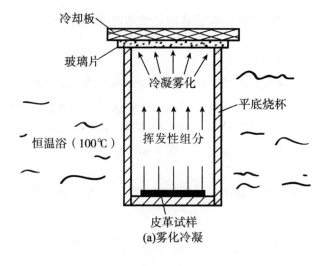

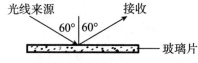

(b)测试玻璃片的反射值

图 4-27 反射法测定雾化性能的原理

⑤金属环，外径（80±1）mm，内径（74±1）mm，高（10±1）mm，质量（55±1）g，用不锈钢制成。

⑥密封圈，硅酮橡胶或聚氟橡胶，内径（95±1）mm，厚（4.0±0.1）mm，硬度（65±5）IRHD。

⑦反射器，具有 60°入射角和 60°反射角。

⑧计时器，精度 1 min。

⑨干燥器，带有五氧化二磷。

⑩测试玻璃片，具有家居用玻璃或挡风玻璃相同的质量，厚（3.0±0.2）mm，最小尺寸 110 mm×110 mm，在上表面有刻度，该盘应最多能使用 10 次。

⑪垫片，用适宜的材料制造，具有圆孔，厚（0.10±0.02）mm，带有刻度，允许反射器从中心盘上给出（25±5）mm 的 4 个读数。

注：垫片是防止冷凝物对反射器的影响，实际的大小依赖于反射器的尺寸。

⑫黑色衬垫，最小尺寸 200 mm×200 mm。

⑬邻苯二甲酸二异癸酯（diisodecyl phthalate，DIDP），标准品。

⑭洗涤器。

⑮玻璃清洗剂。

⑯蒸馏水或去离子水。

⑰乙醇。

⑱丙酮。

⑲脱脂棉，用乙醇脱脂。

⑳测试墨水，品红（fuschine）1.0 g 溶解于甲醇（分析纯）27.1 mL 和 72.9 mL

蒸馏水的混合液中。

注：此溶液具有 46 mN/m 的表面张力。

㉑刷子，直径为 8 mm。

㉒模刀，内壁具有正确角度的圆筒形，直径（80±1）mm，符合 QB/T 2707—2005《皮革 物理和机械试验 试样的准备和调节》的规定（见 4.2 节）。

㉓聚乙烯手套，或镊子，或钳子。

㉔滤纸，定性滤纸，直径 125 mm。

（3）取样和试样的准备。

①取样按 QB/T 2706—2005《皮革 化学、物理、机械和色牢度试验 取样部位》进行（见 3.2 节），用模刀从粒面切取试样 4 个。分两组进行试验，每组 2 个试样，如果第一组的 2 个试样的试验结果符合要求，第二组的 2 个试样可以不进行试验。

②将试样贮存于干燥器中，以五氧化二磷为干燥剂，至少 2 天，如果试验失败，干燥试样 7 天后重新进行试验，湿的皮革试样放进干燥器前应在空气中干燥。

注：其他干燥剂（如硅胶），如果能够达到同样的效果，可以使用。

（4）清洁。

①手工洗涤烧杯、金属环、密封圈两次或用适当的玻璃清洗剂在洗涤器中洗涤，用蒸馏水或去离子水在室温下冲洗和干燥。

②清洗测试玻璃片，机洗：在洗涤器中以适当的洗涤剂于（80±5）℃的温度下清洗测试玻璃片，用蒸馏水在室温下清洗干净和干燥；人工洗：用乙醇和脱脂棉人工洗涤测试玻璃片后，用丙酮清洗，将玻璃片浸入丙酮中最少 30 min，干燥玻璃片。

③检查玻璃片，不允许有任何污迹。

④利用刷子，在玻璃片没有冷凝的部位以测试墨水画一条细细的线，观察墨线，如果边沿在 2 s 内缩小，按步骤②重新进行清洁。如果在重新清洁后，墨线边沿还缩小，则丢弃该玻璃片。

注：如果墨线收缩，表明玻璃的粘着力小于测试墨水的表面张力。

⑤在洗干净烧杯外表面后，应用钳子或戴手套清洗其他仪器。

⑥在室温、无尘的环境中保存处理干净的仪器。

⑦试验过程中不应直接用手接触试样、清洁好的与烧杯有关的任何仪器等，应使用手套、镊子或钳子。

（5）程序。

①在恒温浴中注入有效的传热液体，液面与烧杯边缘距离（57±3）mm。

②打开恒温浴，使液体温度升至（100±1）℃。

③放置标准反射器。

④将干净的玻璃片放在黑色衬垫上，将垫片放在玻璃片上，放置反射器于垫片上，反射器边沿正对垫片的标记，记录反射器数值。

⑤旋转反射器，通过 90°转动，正对第二个标记，记录反射器数值。

⑥重复步骤⑤两次，读出 4 次反射器的值，计算 4 次读数的平均值。

⑦将试样放入干净的烧杯中，使用面向上，将金属环放在试样上，防止试样在试验中松动。

⑧将密封圈、玻璃片和滤纸顺序放置在烧杯顶部。

⑨对试样重复步骤④～⑧的操作。

⑩将烧杯放置到（100±1）℃的恒温浴中，将冷却盘放到滤纸上，冷却面向下。

⑪（180±5）min后，小心移去玻璃片，放在标准环境中，水平放置（雾化的一面向上），避免阳光直射。

用目视检查雾化冷凝的情况：表面冷凝的颗粒、透明度、分布等，并在试验报告中记录。

⑫（50±5）min后，按④～⑥重新测量反射值，如果单个试样的结果偏离两个试样结果的平均值的20%，用第二组试样重新进行试验。

（6）校准试验。

①称取DIDP（10.0±0.1）g，放入干净的烧杯中。

②按"（5）程序⑦～⑫"进行平行校准试验。

③按"（5）程序④～⑥"在干净的玻璃片上用反射器测定4个值，计算平均值。

④将密封圈、玻璃片和滤纸顺序放置在烧杯顶部。

⑤将烧杯放置到（100±1）℃的恒温浴中，将冷却盘放到滤纸上，冷却面向下。

⑥（180±5）min后，小心移去玻璃片，放在标准环境中，水平放置（雾化的一面向上），避免阳光直射。

⑦（50±5）min后，按"（5）程序④～⑥"重新测量反射值，取平均值。

⑧计算出DIDP对玻璃片的雾化值，雾化值应为（77±3）%。如果雾化值不在此范围，检查试验条件，重新进行试验。

（7）结果的表示。

试样的雾化值F_v和校准试验DIDP的雾化值F_{DIDP}按下式计算，数值以百分数（%）表示。

$$F_v = \frac{R_2}{R_1} \times 100$$

$$F_{DIDP} = \frac{R_4}{R_3} \times 100$$

式中，R_1——按"（5）程序⑥"进行试验，第一次测得的玻璃片的反射值；

R_2——放入试样后，按"（5）程序⑫"进行试验测得的玻璃片的反射值；

R_3——按"（6）校准试验②"进行校准试验，第一次测得的玻璃片的反射值；

R_4——按"（6）校准试验⑦"进行校准试验测得的玻璃片的反射值。

计算出所有试样雾化值的平均值，计算结果以平均值表示。

2. 质量法

（1）原理。

将试样放在玻璃烧杯中加热，任何易挥发性组分被冷凝在铝箔片上，测定冷凝物的质量。

（2）装置。

①平底烧杯，耐热玻璃制成，上口为环状平面杯口，烧杯外径（90±2）mm，高

（190±5）mm，最小质量 450 g。

②恒温浴装置，能恒温于（100±1）℃，至少可容纳 3 个烧杯，恒温浴的尺寸：烧杯距离恒温浴锅边缘最小距离是 30 mm，烧杯底距离恒温浴锅底 75 mm。

③传热液体，在 100℃稳定。

注：水溶性的物质，例如多价的乙二醇是较好的，因为它易溶于水，清洗方便。

④冷却系统，（21±1）℃的水通过金属冷却盘（如铝盘）循环（冷却盘的内部应耐腐蚀），用于冷却的表面应平坦，冷却盘的质量应足以克服在恒温水浴中烧杯的浮力。

注：充满水的冷却盘的质量一般超过 1 kg。

⑤金属环，外径（80±1）mm，内径（74±1）mm，高（10±1）mm，质量（55±1）g，用不锈钢制成。

⑥密封圈，硅酮橡胶或聚氟橡胶，内径（95±1）mm，厚（4.0±0.1）mm，硬度（65±5）IRHD。

⑦天平，精确至 0.01 mg。

⑧计时器，精度 1 min。

⑨干燥器，带有五氧化二磷。

⑩测试玻璃片，具有家居用玻璃或挡风玻璃相同的质量，厚（3.0±0.2）mm，最小尺寸 110 mm×110 mm，或者最小直径为 103 mm 的圆玻璃片。

注：反射法中不再使用的测试玻璃片可以在质量法中继续使用。

⑪铝箔片，厚（0.030±0.005）mm，圆形，直径（103±1）mm。

⑫二-（2-乙基-己基）邻苯二甲酸酯［di-（2-ethyl-hexyl)phthate，DOP］，分析纯。

注：该物质具有一定的毒性，使用时应注意。

⑬洗涤器。

⑭玻璃清洗剂。

⑮蒸馏水或去离子水。

⑯聚乙烯手套，或镊子，或钳子。

⑰模刀，内壁具有正确角度的圆筒形，直径（80±1）mm，符合 QB/T 2707—2005 的规定。

⑱滤纸，定性滤纸，直径 125 mm。

⑲干燥器，带有硅胶。

（3）取样和试样的准备。

①取样按 QB/T 2706—2005《皮革 化学、物理、机械和色牢度试验 取样部位》的规定（见 3.2 节），用模刀从粒面切取试样 2 个。

②将试样贮存于干燥器中，以五氧化二磷为干燥剂，至少 2 天。如果试验失败，干燥试样 7 天后重新进行试验。湿的皮革试样放进干燥器前应在空气中干燥。

注：其他干燥剂（如硅胶），如果能够达到同样的效果，可以使用。

（4）清洁。

①手工洗涤烧杯、金属环、密封圈和玻璃片两次或用适当的玻璃清洗剂在洗涤器中

洗涤，用蒸馏水或去离子水在室温下冲洗和干燥。

②在洗干净烧杯外表面后，应用钳子或戴手套清洗其他仪器。

③在室温、无尘的环境中保存处理干净的仪器。

④试验过程中不应直接用手接触试样、清洁好的与烧杯有关的任何仪器等，应使用手套、镊子或钳子。

（5）程序。

①在恒温浴中注入有效的传热液体，液面与烧杯边缘距离（57±3）mm。

②打开恒温浴，使液体温度升至（100±1）℃。

③称重铝箔片，精确至 0.01 mg，从称重铝箔片到开始试验的时间间隔应不超过 10 min。

④将试样放入干净的烧杯中，使用面向上，将金属环放在试样上，防止试样在试验中松动。

⑤将密封圈、称重后的铝箔片（光面向下）、玻璃片和滤纸顺序放置在烧杯顶部。

⑥对试样重复步骤③～⑤的操作。

⑦将烧杯放置到（100±1）℃的恒温浴中，将冷却盘放到滤纸上，冷却面向下。

⑧（16.0±0.2）h 后，从烧杯顶部小心移去铝箔片，放到干燥器中，雾化的一面向上，保持（3.75±0.25）h。

⑨重新称量铝箔片，精确至 0.01 mg，记录质量。

（6）校准试验。

①称取 DOP（10.0±0.1）g，放入干净的烧杯中。

②按"（5）程序④～⑨"进行平行校准试验。

③称重铝箔片，精确至 0.01 mg，从称重铝箔片到开始试验的时间间隔应不超过 10 min。

④将密封圈、称重后的铝箔片（光面向下）、玻璃片和滤纸顺序放置在烧杯顶部。

⑤将烧杯放置到（100±1）℃的恒温浴中，将冷却盘放到滤纸上，冷却面向下。

⑥（16.0±0.2）h 后，从烧杯顶部小心移去铝箔片，放到干燥器中，雾化的一面向上，保持（3.75±0.25）h。

⑦重新称量铝箔片，精确至 0.01 mg，记录质量。

⑧用带 DOP 冷凝物的铝箔片质量减去铝箔片的原始质量，计算出雾化值，雾化值应为（4.90±0.25）mg，如果雾化值不在此范围，检查试验条件，重新进行试验。

（7）结果的表示。

试样的雾化值 F_m 和校准试验 DOP 的雾化值 F_{DOP} 按下式计算，数值以毫克（mg）表示。

$$F_m = m_2 - m_1$$
$$F_{DOP} = m_4 - m_3$$

式中，m_1——按"（5）程序③"进行试验，称重的铝箔片的原始质量（mg）；

m_2——放入试样后，按"（5）程序⑨"进行试验，测得的带有冷凝物的铝箔片的质量（mg）；

m_3——按"（6）校准试验②"进行校准试验，称重的铝箔片的原始质量（mg）；

m_4——按"（6）校准试验⑦"进行，测得的带有冷凝物的铝箔片的质量（mg）。

计算出所有试样雾化值的平均值，计算结果以平均值表示，精确至 0.01 mg。

3. 试验报告

试验报告应包含以下内容：

（1）本标准编号。

（2）样品名称、编号、类型、厂家（或商标）。

（3）试验方法（反射法、质量法）。

（4）试验结果（反射法的 F_v、F_{DIDP}，以％表示；质量法的 F_m、F_{DOP}，以 mg 表示）。

（5）试验中出现的异常现象。

（6）实测方法与本标准的不同之处。

（7）试验人员、日期。

4.12　皮革气味的测定

本节按照轻工行业标准 QB/T 2725—2005《皮革 气味的测定》介绍皮革在隔绝环境中气味的测定方法。该标准适用于对气味有要求的皮革。测定原理是在玻璃或金属器皿中放入革样，密封，置于事先调温到（65±3）℃的烘箱中 1 h，然后打开器盖，与空白器皿对比其气味，按照一定的标准评级。

1. 装置

（1）测试罐。

金属罐或玻璃罐，容积大约为 1 L，在室温和 65℃条件下都是无味的，具有适合的盖子，盖子应很容易被开启和替换。

（2）烘箱。

具有空气循环系统，能够保持温度在（65±3）℃。

2. 试验环境

试验应在气味自由散发的环境中操作，调节的空间应尽可能理想，但不是必需的。

3. 试验人员

试验人员应无嗅觉缺陷，吸烟爱好者、用重香味化妆品者、传统的香味或烟草使用者等不适合作为试验人员。

4. 取样和试样的准备

（1）取样。

切取具有代表性的试样两块，试样的尺寸为 125 mm×100 mm。

（2）空气调节。

试验前，试样应在温度（23±2）℃和相对湿度（50±5）％的环境中调节 24 h。

5. 程序

（1）为避免污染，试验前需要清理测试罐（包括盖子），先用热水冲洗，用适量的试验室清洁剂进行清洗，再用冷水冲洗、干燥，以保持洁净。

（2）试样分别在干态和存在水分条件下进行测试。对于干态测试，将试样放于测试罐中，盖上盖子；对于湿态测试，将试样和 2 mL 蒸馏水（或去离子水）一起放入测试罐中，盖上盖子。用一个空罐子做空白对比罐。

（3）将空白对比罐、测试罐一起置于预先调节到（65±3）℃的烘箱中 1 h。

注1：试验温度的选择是汽车应用中有代表性的温度。

注2：该测试不能用于可释放有毒气体的物质，在任何情况下，试验人员应缓慢操作吸入测试罐中的空气，以减少吸入有毒气体的危险。

（4）从烘箱中取出空白对比罐，第一个试验人员应把头贴近空白对比罐（距离约15 cm），并移去盖子，然后用手扇动，引导空气从测试罐中到鼻子处慢慢吸入。取出干态测试罐，迅速重复刚才的操作，盖子离开测试罐不应该超过 5 s。按照表 4-3 的等级，记录下合适的级别。试验应在保持气味不受污染的自由环境中进行。

（5）等待 2 min，重复步骤（3）对湿态试样进行测试。

（6）重复步骤（4）和（5），对每一个试样进行测试。

（7）重复步骤（4）（5）（6）操作时，每一次应将测试罐重新置于烘箱中，烘15 min，至少需要三名试验人员进行测试，以半数以上一致的结果为评定等级。

6. 等级

气味的等级应符合表 4-3 的规定。

表 4-3　气味等级

等级	描述
1	没有引人注意的气味
2	稍有气味，但不引人注意
3	明显气味，但不令人讨厌
4	强烈的、讨厌的气味
5	非常强烈的、讨厌的气味

7. 试验报告

试验报告应包含以下内容:
(1) 本标准编号。
(2) 样品名称、编号、类型、厂家（或商标）。
(3) 试验条件。
(4) 气味的等级。
(5) 试验中出现的异常现象。
(6) 实测方法与本标准的不同之处。
(7) 试验人员、日期。

4.13　皮革密度的测定

密度是一种材料的主要物理性质，是单位体积物体的质量。由于皮革属于多孔性疏松物料，有许多大小不同、排列不规则的孔结构，因此革的密度分为视密度（表观密度）和真密度。视密度是指单位体积的革（包括革中的孔隙在内）的质量；真密度是指将孔隙所占体积排除在外的单位体积革的紧实物质的质量，二者的单位均为 g/cm³。

通过视密度和真密度可以计算革的孔隙体积及孔率。皮革内的孔隙是由皮纤维间的间隙、毛细血管、汗腺管和皮脂腺管形成的。孔隙体积所占皮革体积的百分率称为孔率。计算公式为

$$P(\%) = [(\rho_z - \rho_s)/\rho_z] \times 100 = (1 - \rho_s/\rho_z) \times 100$$

式中，ρ_s——革的视密度（g/cm³）；

$\quad\quad\rho_z$——革的真密度（g/cm³）。

革的孔率取决于以下三个方面：①原皮组织构造的紧密度；②制造过程中的操作特点；③毛囊、汗腺和皮脂腺的分布情况。机械操作中的拉软、压光等操作会影响皮革的疏松程度，故对视密度影响较大。生产过程中皮革化学组成的变化，如鞣质的结合、填充等都影响着真密度。一般情况下，革的视密度变化较大，而真密度变化较小。一般铬鞣革的视密度为 0.68~1.00 g/cm³，植鞣革的视密度为 0.79~1.10 g/cm³。

皮革的多孔性质与其透气性、透水气性、保温性关系很大。革的孔率与透气性和透水气性的关系见表 4-4。例如，皮革的透水气性就是由于它有许多连续的微孔网络；皮革的异常抗弯曲疲劳性是由于在孔结构内革的细小纤维可以在压力下重新定向；多孔结构可保留空气，使革具有较好的保温性能和绝热性。这些性质都是革制品尤其是皮鞋所需要的。

表 4-4 革的孔率对其透气性、透水气性的影响

革的种类	厚度/cm	孔率/%	透气性/ $[mL/(m^2 \cdot s)]$	透水气性/ $[g/(m^2 \cdot 24h)]$
铬鞣底革	0.51	20	0.70	28.3
铬鞣面革	0.19	34	7.2	360.0
坚木鞣牛底革	0.43	45	38	537.0
栗木鞣牛底革	0.48	50	64	554.0
铬鞣牛底革	0.58	60	38	492.0
醛鞣鹿革	0.23	63	55.4	900.0

4.13.1 视密度的测定

下面按照轻工行业标准 QB/T 2715—2005《皮革 物理和机械试验 视密度的测定》介绍皮革视密度的测定方法。该标准适用于各种类型的皮革。

1. 原理

将圆形试样看作一个规则的圆柱体，通过测量直径和厚度计算出试样的体积，用试样的质量除以体积即为视密度。

2. 装置

（1）模刀。

符合 QB/T 2707—2005《皮革 物理和机械试验 试样的准备和调节》的规定（见4.2 节），内壁为圆柱形，直径为 70 mm。

（2）测厚仪。

符合 QB/T 2709—2005《皮革 物理和机械试验 厚度的测定》的规定（见4.3 节）。

（3）天平。

最小精度 0.001 g。

（4）游标卡尺。

最小精度 0.1 mm。

3. 取样和试样的准备

（1）取样。

按 QB/T 2706—2005《皮革 化学、物理、机械和色牢度试验 取样部位》的规定进行（见 3.2 节）。

（2）试样的制备。

按 QB/T 2707—2005《皮革 物理和机械试验 试样的准备和调节》的规定（见 4.2

节），用模刀从粒面切取 3 个试样。

（3）试样的空气调节。

按 QB/T 2707—2005《皮革　物理和机械试验　试样的准备和调节》的规定进行（见 4.2 节）。

4. 程序

（1）试验条件。

所有的操作都应在 QB/T 2707—2005《皮革　物理和机械试验　试样的准备和调节》规定的标准空气中进行（见 4.2 节）。

（2）厚度的测定。

按 QB/T 2709—2005《皮革　物理和机械试验　厚度的测定》的规定（见 4.3 节），测量每个试样的厚度。测量时以毫米为单位，选取 3 个点测量，每个点距离试样中心大约 20 mm，组成一个等边三角形。测量试样中心的厚度，以 4 个点厚度的算术平均值作为试样的厚度。

注：试样的中心和其他 3 个测量点可以目测估计。

（3）直径的测定。

用游标卡尺测量直径，精确到 0.05 mm，分别在粒面、肉面各测量两次，两个测量方向互成直角。以 4 个直径的算术平均值作为试样的直径。任何一个试样的粒面或肉面的直径误差超过 0.5 mm，则弃去这个试样。

（4）质量的测定。

用天平称量试样的质量，精确到 0.001 g。

5. 结果的表示

试样的视密度 ρ_s 按下式计算：

$$\rho_s = \frac{1.273 \times 10^6 \times m}{t \times d^2}$$

式中，ρ_s——试样的视密度（kg/cm³）；

t——试样的厚度（mm）；

d——试样的直径（mm）；

m——试样的质量（g）。

以 3 个试样的视密度的平均值为计算结果，计算结果保留三位有效数字。

注 1：上面的公式假定试样是规则的圆柱体，它的体积 V 以立方毫米为单位，由下面的公式得出：

$$V = \frac{\pi \times d^2 \times t}{4}$$

或

$$V = \frac{d^2 \times t}{1.273}$$

系数 1.273 持续到最后的计算。

注 2：皮革的视密度一般表示为 g/cm³，如果需要也可以用这个单位表示为 1 g/cm³ = 1000 kg/cm³。

6. 试验报告

试验报告应包含以下内容：

(1) 本标准编号。

(2) 样品名称、编号、类型。

(3) 样品的详细信息，取样与 QB/T 2706—2005 不一致的情况。

(4) 试验条件（标准空气：20℃/65％或 23℃/50％）。

(5) 试验结果（视密度，kg/cm³）。

(6) 实际操作和标准方法的不同之处。

4.13.2　同时测定视密度和真密度

1. 试样准备

将试样切成长 20 mm，宽 2~3 mm 的小窄条，并仔细清除所附革屑。

2. 测定方法

在天平上称取试样 5~10 g，精确到 0.01 g（试样的质量记为 m），置入 100 mL 容量瓶中（容量瓶体积记为 V_0），然后由滴定管加入甲苯至标线。记下所用甲苯的体积，以 V_1 表示，用瓶塞或滤纸盖住瓶口以避免尘埃。静置一昼夜，此时革内孔隙就被甲苯充满，同时瓶内甲苯体积应减少，待达到确定不变的水平面时，再滴入甲苯以补足此减少的体积，记录此体积为 V_2，则革样紧实物质的体积 $V_j = V_0 - (V_1 + V_2)$。将瓶中甲苯及试样全部倾出，用滤纸把试样表面所附甲苯轻轻吸尽。再将试样放入容量瓶中，加入甲苯到标线，所用甲苯体积以 V_3 表示。容量瓶体积 V_0 与这次加甲苯体积 V_3 之差即为试样的紧实物质再加上它的空隙的总体积，即视体积（表观体积）$V_s = V_0 - V_3$；而试样孔隙的体积 $V_k = V_s - V_j = V_0 - V_3 - V_0 + (V_1 + V_2) = V_1 + V_2 - V_3$。

3. 计算

$$\rho_s = m/V_s$$
$$\rho_z = m/V_j$$
$$P(\%) = (V_k/V_s) \times 100 = (1 - \rho_z/\rho_s) \times 100$$

4.14　皮革透气性的测定

透气性是指革能够透过空气的性质，具体定义为：在一定压力和一定时间内，革试样单位面积上所透过空气的体积，单位为 $mL/(cm^2 \cdot h)$。它是皮革的珍贵性质之一，与透水气性都是革卫生性能的重要指标，直接关系到穿着时的舒适性。革的透气性与孔率有关，孔率大，透气性大，革的卫生性能好；反之，革的卫生性能差。凡是影响孔率的因素，都能影响革的透气性。如用紧密原料皮制成的革，透气性较小；松软原料皮制成的革，透气性较大。植鞣革的透气性较小，一般为 $80 \sim 120\ mL/(cm^2 \cdot h)$；铬鞣革的透气性较大，一般为 $2000 \sim 5000\ mL/(cm^2 \cdot h)$。在制革过程中，凡是能使纤维组织松软，增加纤维间隙的操作，如酸、碱、酶的处理以及拉软等，都可以增加革的透气性；反之，凡是使纤维组织紧密和减少纤维间隙的操作，如打光滚压、烫平、填充等，都会减少革的透气性。此外，涂饰剂薄膜的性质，对革的透气性也有很大的影响。在制鞋过程中，如涂抹鞋帮里和帮面之间的糨糊面积过大，也影响革的透气性。

下面按照轻工行业标准 QB/T 2799—2006《皮革　透气性测定方法》介绍皮革透气性的测定方法。该标准适用于各种皮革。

1. 原理

使用皮革透气性测定仪，使皮革试样两侧相反的方向上形成空气的压力差，而测量在此情况下透过试样的空气体积。即单位面积透过空气速度的性能，结果以透气度 $[mL/(cm^2 \cdot h)]$ 表示。

2. 仪器和工具

(1) 皮革透气性测定仪（见图 4—28）。

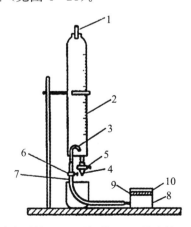

1—磨口塞；2—玻璃量筒；3—导气管；4—排水管；5—水流控制开关；
6—空气控制开关；7—胶皮导气管；8—空气测试室；9—试样；10—盖帽

图 4—28　皮革透气性测定仪

其主要部件应符合以下要求：

①玻璃量筒：容积为 100 cm³，最小刻度 1 cm³，上端开口，带有磨口玻璃塞，下端装有一个倒 U 形玻璃空气导管和一个排水管，排水管由一个水流控制开关控制。

②空气测试室：由金属制成，空气圆形柱，内径 3.56 cm（相当于 10 cm²），底部封闭，侧端有一个导气口，上部配有一个带螺纹的空心环状盖帽，内径 3.56 cm，装入试样后严密不漏气。

③胶皮导气管：内径 8~10 cm。

（2）秒表。

精度 0.1 s。

（3）钢制模刀。

内壁是正圆柱形，直径 5.5 cm，刀口内外表面形成 20°左右的角，这个角所形成的楔形的高度，应大于皮革的厚度。

3. 试验步骤

（1）仪器气密性检查。

关闭水流控制开关和空气控制开关，拔下磨口塞，向量筒中加水，并将磨口塞塞紧，然后打开水流控制开关，如果水不从排水管中流出，表明气密性良好。

（2）空白试验。

先不放试样，将水流控制开关和空气控制开关关闭，将（20±3）℃的蒸馏水装满量筒，塞紧磨口塞。

打开水流控制开关，再打开空气控制开关，水从排水管处流出，当量筒内水位下降到刻度"0"位时，立即开动秒表，待水位降到刻度"100 mL"（即流完 100 mL）时，立即停止秒表，记录所需时间，以 t_0(s) 表示。

空白试验不得少于两次，平行试验之差应不大于 0.5 s，取其算术平均值作为测定结果，结果保留小数点后一位有效数字。

注：对于（20±3）℃的蒸馏水，流过 100 mL 时所需的时间应为（20±1）s，如不在此范围内，应进行调节。

（3）试样试验。

用模刀切下试样，按照标准方法进行空气调节，然后将试样放在空气测试室内，上紧盖帽，按步骤（2）进行操作，记录流完 100 mL 水时所需时间 t（s）。

每个试样平行测定两次，两次平行测定值之差，应不大于 0.5 s，取其算术平均值作为测定结果，结果保留小数点后一位有效数字。

注：若试样透气性很小，空气通过的时间在 15 min 以上时，可以把量筒内所盛水的水平位置调整到零以下，不等到量筒中的水流完 100 mL，记下 5~10 min 内透过空气的量（水柱下降的刻度），即停止试验，记录试验的时间 t_1（s）及水流毫升数。

4. 结果表示

透气度：以试样单位面积上 1 h 所透过空气的毫升数表示，计算公式如下：

$$K = \frac{100 \times 3600}{10(t - t_0)} = \frac{36000}{t - t_0}$$

式中，K——透气度 $[\mathrm{mL}/(\mathrm{cm}^2 \cdot \mathrm{h})]$；

$\quad\quad t$——规定面积试样透过 100 mL 空气所需时间（s）；

$\quad\quad t_0$——空白试验所需时间（s）；

$\quad\quad 10$——透过空气的试样面积（cm^2）。

如果试样透气性很小，通过 100 mL 空气的时间在 15 min 以上时，则应把量筒内水位调到"0"位后，记下 5～10 min 内透过空气的量（观察记录水位下降的体积），结果可按下式计算：

$$K_1 = \frac{3600}{\left(\dfrac{t_1}{n} - \dfrac{t_0}{100}\right) \times 10} = \frac{n \times 36000}{100\, t_1 - n\, t_0}$$

式中，K_1——透气度 $[\mathrm{mL}/(\mathrm{cm}^2 \cdot \mathrm{h})]$；

$\quad\quad t_0$——空白试验所需时间（s）；

$\quad\quad t_1$——规定面积试样透过 100 mL 空气所需时间（s）；

$\quad\quad n$——试样透过空气量（mL）。

计算结果保留整数位。

5. 试验报告

试验报告应包含以下内容：

（1）本标准编号。

（2）样品名称、编号、类型、厂家（或商标）、生产日期。

（3）试验结果（试验时间、最后结果）。

（4）试验中出现的异常情况。

（5）实际操作与本标准的不同之处。

（6）试验人员、日期。

4.15 皮革透水气性的测定

皮革的透水气性是指皮革试样让水蒸气由湿度较大的空气中透过到湿度较小的空气中的能力，常和革的透气性一起用于表征革的卫生性能。皮革因为有这种能力，所以能排除穿用者身体上的汗气，使穿用者感到舒适。透水气性的大小由革的孔率决定，凡是影响革的孔率的因素，如皮组织结构、加工过程、涂饰材料等，都直接与革的透水气性能有关。此外，皮革所处环境的相对湿度和温度也会影响其透水气性，试样两边空气的相对湿度和温度差值越大，透水气性越大。

测定透水气性有两种常用的方法，即静态法和动态法。静态法的原理是利用试样两边的湿度差，使水气透过试样。具体方法是将试样紧密盖于盛有水的小皿或小杯内，再把小杯放在盛有干燥剂的干燥器内（或将小皿内盛有干燥剂，试样封闭于小皿上，再放入盛水的干燥器中），利用试样两边空气的湿度差，使水气透过试样，再根据小杯在一定时间内所失去或增加的重量，来确定透过试样的水气量。动态法也是将试样密封在盛有干燥剂的小杯上，与静态法不同的是，将小杯固定在一个转动的设备上旋转，利用杯内转动着的干燥剂来搅动杯内空气，而试样边的空气是在一定温度、湿度下，以一定速度流动着。动态法也是利用称量来测定透水气的量。

我国轻工行业标准 QB/T 1811—1993《皮革透水气性试验方法》采用的是动态法来测定皮革的透水气性。该标准规定了皮革在标准状态下透水气性试验原理、试验仪器、试样制备、试验步骤、计算及试验报告，适用于所有皮革。

1. 试验原理

在一定的湿温度条件下，皮革试片被固定在运动的测试瓶口，测试瓶内装有固体干燥剂，测试瓶运动时，水气通过皮革试片被固体干燥剂吸收，在规定时间内对测试瓶称量，则可确定这段时间内水气通过皮革而被干燥剂吸收的重量，结果以$mg/(cm^2 \cdot h)$计。

2. 仪器和材料

（1）皮革透水气性测定仪（见图 4—29），其组成部件应符合以下规定：

图 4—29　透水气性测定仪

①测试瓶。

如图 4—30 所示，配有带丝扣的盖子，盖子上开有直径为 30 mm 的圆孔，圆孔与瓶颈内径大小相等，瓶口平面与瓶颈内壁垂直。

图 4－30　测试瓶

②测试瓶支架。

由电动机带动，转速是（75±5）r/min，测试瓶放在形状像一个车轮的圆形支架上，中间有六个孔，如图 4－31 所示，可以同时夹住 6 个测试瓶，测试瓶的轴线应与圆轴线相平行，两轴线相距均为 67 mm。

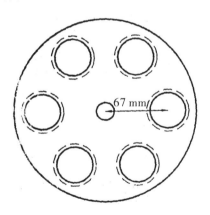

图 4－31　测试瓶支架

③风扇。

正对测试瓶口前面装一台风扇，风扇有在一个平面上的三片平的叶片，它们相互间的夹角为 120°，扇叶平面与圆轴线平行，每个叶片的尺寸是 90 mm×75 mm，每个叶片的长边运动经过瓶口时，其最近距离不超过 15 mm，风扇用的电动机转速为（1400±100）r/min。

（2）干燥剂——硅胶。

必须是刚在（125±5）℃空气流通的烘箱里烘干，空气应循环流动，烘干时间至少16 h，然后在密闭的瓶中冷却 6 h 以上，硅胶颗粒的直径要大于 2 mm。

（3）精密天平。

精确到 0.001 g。

（4）计时器。

（5）游标卡尺。

精确到 0.1 mm。

（6）刀模。

圆直径为 34 mm。

3. 试样制备

（1）按照 GB/T 4689.1—1984《皮革 实验室样品 部位和标志》规定的第 10 号试样部位，用刀模切取下试样。

（2）将试样按 GB/T 4689.2—1984《皮革 物理性能测试用试片的空气调节》的规定进行空气调节。

4. 试验步骤

（1）将一半刚干燥的硅胶（59.0±0.5）g 放入测试瓶内，将试样使用面向内固定在瓶口上，然后将测试瓶固定在测试瓶支架上，启动仪器。

（2）用游标卡尺分别在两个垂直方向上测量第二个测试瓶瓶口的内径，精确到0.1 mm，算出直径的平均值 d，以 mm 表示。

（3）如有必要，可在瓶口及试片之间加一垫圈或涂一层蜂蜡，或采取其他防漏气措施。

（4）当仪器转动 16 h 后，停机，取下第一个测试瓶。将另一半刚干燥的硅胶（59.0±0.5）g 装入第二个测试瓶，尽快取下第一个测试瓶上的试样固定到第二个测试瓶上，使用面向内。

（5）称量第二个测试瓶，记下称量时间，然后将第二个测试瓶固定在仪器上。

（6）当仪器转动 7 h 后，停机，取下测试瓶，称量，并记下称量时间。

5. 计算

$$P = \frac{7639m}{d^2 \cdot t}$$

式中，P——透水气性 [mg/(cm² · h)]；

　　　m——两次称量测试瓶增加的质量（mg）；

　　　d——测试瓶的内径（mm）；

　　　t——两次称量的间隔时间（h）。

6. 试验报告

试验报告应包含以下内容：
（1）样品名称、来源。
（2）每次测定结果，多次结果的算术平均值。
（3）保存样品及试验条件。
（4）临时出现的，可能对试验结果产生影响的因素。

4.16　皮革柔软度的测定

柔软度是皮革的重要手感性能，质地良好的皮革应该是丰满、柔软、有弹性的。长期以来，国内对柔软度的鉴定一致采用传统的感官检验，即"手摸眼看"，这种感官检验带有很大的主观性。皮革柔软度测定仪可以量化表征皮革的柔软度，使这一重要指标的测定更具科学性、统一性和可比性。

轻工行业标准 QB/T 4870—2015《皮革柔软度测试仪》规定了皮革柔软度测试仪的定义、型号、规格和基本参数、要求、试验方法、检验规则等。本节根据该标准介绍皮革加工工业中对皮革材料（如鞋面革、家具装饰革、皮革制品、服装革等）进行非破坏性的柔软度测试的方法。

1. 皮革柔软度测定仪

皮革柔软度测定仪如图 4-32 所示。测定原理是测定皮革试样在一定压力作用下变形的幅度（见图 4-33），用图 4-32 中的刻度盘读数。

1—上臂松脱钮；2—上臂；3—刻度盘；4—压柄；5—测试座；6—底座

图 4-32　皮革柔软度测定仪

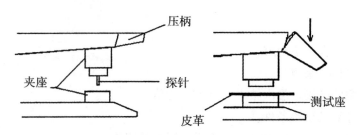

图 4—33　皮革柔软度测定原理

2. 试验步骤

（1）每次使用时须注意将仪器读数指针归零，将所附的圆形试板放置在皮革夹座底部。指针应为零，若不是，可旋转指针将它调回零点。

注：测试不同品种的皮革所用的圆形试板不同，35 mm 圆形试板适于测定鞋用革，25 mm 圆形试板适于测定沙发革，20 mm 圆形试板适于测定手套或服装革。

（2）将压柄轻轻向下压，并压下上臂松脱钮，如此将使压力松脱，上臂将可向上弹起。

（3）将皮革置于测量仪底座之上，并将它完全覆盖住。

（4）向下压压柄以使上臂下降，一直降到荷重触针（柱塞）收缩至锁定位置并发出一种清晰响声，表示皮革已被夹妥在仪器上。

（5）放松操作压柄，以使荷重触针自然轻压在皮革表面上，荷重标准为 500 g，它由一部小型气动调节阀所组成。

（6）荷重触针将测定皮革受压的柔软度，并直接反映到指针，指出柔软度读数。

（7）得到读数后，轻压上臂松脱钮及压柄，即可使上臂自然弹起，以便取出被测皮革试样。

注：以测试试样 3 个不同点的平均值（mm）来表示结果。

4.17　皮革防水性能的测定

本节根据国家标准 GB/T 22890—2008《皮革 物理和机械试验 柔软皮革防水性能的测定》介绍皮革动态防水性能的测定方法。需要说明的是，该标准适用于鞋面革等各种类型的柔性皮革。

1. 原理

将试样形成槽状，使其部分浸入水中，曲折，记录透水时间，测试并计算试样的吸水率及透水量。

2. 仪器

（1）动态透水试验机（见图 4-34），应包括以下规定的附件：

①一对或多对圆筒，直径为（30.0±0.5）mm，材料为惰性且刚性，每对圆筒水平共轴。其中一个圆筒固定，与其对应的圆筒可沿其轴向伸缩，最长分开达（40.0±0.5）mm。

②电动机，通过曲柄驱动可动圆筒沿其轴向前后运动。运动频率为（50±5）r/min，沿其中轴线振幅为（1.0±0.1）mm、（1.50±0.15）mm、（2.0±0.2）mm 或（3.0±0.3）mm。

注：圆筒的 4 个振幅分别代表当一个圆筒靠近另一个圆筒时试样的受压程度为 5%、7.5%、10%或 15%。

③水槽，由防腐材料构成，用于盛放蒸馏水或去离子水，使试样被部分浸泡。

注：测试仪器可配备一个电路系统，用于指示水何时透过试样。

图 4-34　皮革动态透水试验机

（2）圆形夹子，其内径在 30~40 mm 范围内可调。

（3）模刀，符合国家标准 QB/T 2707—2005 的规定。刀口内圈为矩形，规格为（60±1）mm×(75±1) mm。

（4）蒸馏水或去离子水，符合 GB/T 6682 规定的三级水。

（5）天平，精度为 0.001 g。

（6）秒表，精度为 1 s。

（7）碳化硅砂纸，180 目（P180）。裁成尺寸为（65±5）mm×(45±5) mm 的矩形，固定在一尺寸相同，平整且刚性的基件上，使其总质量为（1.0±0.1）kg。每次试验使用一块新的砂纸。

（8）吸水布，矩形，其尺寸为（120±5）mm×(40±5) mm。首次使用前采用制造商推荐的方法进行循环机洗。

注：一种合适的布为 100%棉，克重约 300 g/m² 的毛巾织物。这种织物在新的时候

使用效果不太好，因此，首次使用前要洗过。

(9) 辅助仪器，试样的硬度测定仪，直径为（30.0±0.5）mm，由两个水平共轴的圆筒组成。该仪器具有驱使两个圆筒相互靠近的装置：一个为测量两圆筒距离减小量的装置（精度为 0.1 mm）；另一个为确定圆筒轴向施加力的装置（精度为 5 N）。

3. 试样的制备和处理

(1) 按 QB/T 2706—2005《皮革 化学、物理、机械和色牢度试验 取样部位》的规定取样（见 3.2 节）。在实验样品上用模刀从粒面切取 4 块试样：2 块试样的长边平行于皮革的背脊线，2 块试样的长边垂直于皮革的背脊线。

注：如果在每一批试验中所测试的皮样超过两张，则在每一皮样的每一方向上只取一块试样，确保在每一方向上试样的数目不少于 2 块。

(2) 依照以下方法处理 4 块试样：

将试样粒面向上放在平台上，不另施加任何作用力，用一已加重的砂纸在试样上完整地来回运动 10 次，轻轻擦拭其粒面。

注 1：某些情况下更适合采用 QB/T 2714—2005《皮革 物理和机械试验 耐折牢度的测定》所述的仪器及方法（见 4.7 节），让试样曲折 20000 次。

注 2：皮革表面涂层能很大限度地提高皮革的防水性，如果由于穿着曲折或磨损使涂层产生微裂或破坏，则测试结果与实际情况可能存在较大的差异。上述的磨损及挠曲处理即是模拟皮革在穿着过程中可能受到的损坏，因此，其目的并非除去皮革涂层，而只是使其受到轻微的擦损。

(3) 按 QB/T 2707—2005《皮革 物理和机械试验 试样的准备和调节》的规定调节试样（见 4.2 节）。

(4) 如需测试试样的透水量，依据 QB/T 2707—2005《皮革 物理和机械试验 试样的准备和调节》调节吸水布（见 4.2 节），称量（精确至 0.001 g）并记录。

(5) 如需测定试样的吸水率，称量试样的质量（精确至 0.001 g）并记录。

4. 程序

(1) 确定试样的硬度及测试振幅。

注：若有特别规定试验振幅，则不另外测定试样的硬度及振幅。

①调整辅助仪器使圆筒处于最大分离状态。

②沿长边曲折试样，使其粒面或穿着时的外表面向外，短边处于同一水平面且平行，成槽形。用圆形夹子将试样夹在圆筒上，使其有约 10 mm 与圆筒重叠，给试样一定的张力，去除折皱。两个圆形夹子的内边应尽可能地靠近两个圆筒相邻端的平面，这样槽的长度即可看成两个圆筒之间的距离。如果试样与圆筒可移入主测试仪器，应确保试样紧密附着于圆筒上。

③驱动圆筒，使其在（5±2）s 内相互靠近（2±0.1）mm。然后立即在（5±2）s 内回至原来位置。

④重复步骤③的操作。记录作用于圆筒上的力，精确至 5 N。

⑤重复步骤③的操作，但使两圆筒相互靠近（4±0.2）mm，记录作用于圆筒上的力，精确至 5 N。

⑥计算在步骤④及⑤中作用力的算术平均值。如果其平均值大于等于 100 N，则后续测试的振幅为（1.0±0.1）mm（相当于试样的受压程度为 5%）；如果其平均值大于等于 50 N（但小于 100 N），则测试的振幅为（1.50±0.15）mm（相当于试样的受压程度为 7.5%）；如果其平均值小于 50 N，进行步骤⑦和⑧的操作。

⑦重复步骤③的操作，但使圆筒相互靠近（6.0±0.3）mm，记录作用于圆筒上的力，精确至 5 N。

⑧计算在步骤④⑤及⑦中作用力的算术平均值。如果其平均值大于等于 20 N，则测试的振幅为（2.0±0.2）mm（相当于试样的受压程度为 10%）；如果其平均值小于 20 N，则测试的振幅为（3.0±0.3）mm（相当于试样的受压程度为 15%）。

（2）透水时间。

①根据说明书或上述振幅测定试验测得的振幅设定测试仪器。

②调节测试仪器最大限度地分离圆筒。

③沿长边曲折试样，使其粒面或穿着时的外表面向外，短边处于同一水平面且平行，成槽形。用圆形夹子将试样夹在圆筒上，使其有约 10 mm 与圆筒重叠，给试样一定的张力，去除折皱。两个圆形夹子的内边应尽可能地靠近两个圆筒相邻端的平面，这样槽的长度即可看成两个圆筒之间的距离。如果试样与圆筒可移入主测试仪器，应确保试样紧密附着于圆筒上。

注：如果圆筒可取出的话，则圆筒及夹住的试样可以从辅助仪器中移入测试仪器。

④往槽中加水至其水位离圆筒顶端的距离为（10±1）mm。

⑤开启仪器、计时。

⑥在最初的 15 min 连续观察测试试样，之后每隔 15 min 观察一次，直至水透过试样。如果水是从圆筒与试样之间透过，则该次试验无效，重新取样并测试。注意并记录水透过试样的时间。

注 1：可以使用电子装置来辅助判断水的最初渗透，但最终需用肉眼来确证。

注 2：渗透可以通过试样表面水的湿斑或小滴观察到。

（3）吸水率。

①按"（2）透水时间①～⑤"步骤操作。

②达到试验时间后，停止仪器，取出试样，轻轻擦去附在上面的水分，称量（精确到 0.001 g）并记录。

③如果还需进行测试，放回试样继续测试。

（4）透水量。

①当发生初透水时，将一卷起的矩形吸水材料放到由试样形成的槽中。

②继续测试至规定时间，取出吸水材料并用其吸干槽中的多余水分。

③称量吸水材料（精确到 0.001 g）并记录。

5. 结果的表示

(1) 透水时间。

用分钟（min）或小时（h）与分钟（min）表示。

(2) 吸水率。

吸水率按下式计算：

$$W_a = \frac{(m_1 - m_0) \times 100}{m_0}$$

式中，W_a—— 试样在任何阶段的吸水率（%）；

m_1—— 试样在任何测试阶段后的质量（g）；

m_0—— 试样经空气调节后的质量（g）。

(3) 透水量

透水量按下式计算：

$$m_t = m_3 - m_2$$

式中，m_t—— 试样的透水量（g）；

m_3—— 测试之后吸水材料的质量（g）；

m_2—— 空气调节后吸水材料的初始质量（g）。

6. 试验报告

试验报告应包含以下内容：

(1) 本标准编号。

(2) 每一试样的透水时间，精确至分钟（min）。

(3) 每一测试阶段的吸水率 W_a，精确至 0.1%。

(4) 一定时间的透水量 m_t，精确至 0.01 g。

(5) 试验条件（20℃/65% 或 23℃/50%）。

(6) 任何实测方法与本标准的不同之处。

(7) 样品的详细情况及取样时任何与 QB/T 2706—2005 的不同之处。

(8) 试验人员、日期。

思考题

1. 皮革物理机械性能检测的意义是什么？

2. 测试皮革物理机械性能前，为什么要进行空气调节？如何进行空气调节？

3. 皮革厚度测定为什么需要在一定时间内读数？

4. 测定皮革的撕裂强度、抗张强度和伸长率为何要在横、纵两个方向取样？

5. 在实际测定中，皮革的伸长率主要包括哪几种？

6. 撕裂强度、抗张强度和崩破强度均是测定皮革的力学性能，它们能否相互替代？

7. 简述轻革耐干湿擦牢度的测定原理。

8. 测定收缩温度的意义是什么？测定时应注意哪些事项？

9. 测定皮革雾化性能的意义是什么？

10. 测定皮革的透气性和透水气性的意义是什么？

11. 进行皮革柔软度测量时，缩环的选用原则是什么？

第5章 皮鞋的品质检验

皮鞋是人们日常生活中的重要消费品之一，为了保障消费者的合法权益，需要规范皮鞋的生产流通、售后服务等环节的行为，所以在世界范围内对皮鞋产品的质量要求和检验制定了相应的标准。皮鞋在出厂前必须进行分析检验，满足相关标准的规定。

皮鞋的分析检验在生产质量控制、国内外贸易，以及解决营销、售后服务纠纷中起着十分重要的作用。主要包括感官检验和理化分析测试，在皮鞋定型之前，可能还包括穿用试验。感官检验就是靠人的感觉器官，通过手摸眼看来检验成品鞋的外观质量，检查内容有鞋子的整体外观、帮面、主跟、包头和子口等，如鞋子是否平整、平服，同双鞋的颜色、厚度、花纹是否一致，帮面是否存在裂浆、裂面，主跟和包头是否端正、平服，子口是否整齐、严实等。感官检验直接快速，但难免有一定的主观性，并且不能反映成品鞋的内在质量。穿用试验就是让不同的穿着对象，在不同的试用条件下对皮鞋的适用性和坚固性进行穿用，依此来鉴定皮鞋的品质。这种方法具有一定的实用意义，但试验时间长，影响因素复杂，不能满足及时鉴定产品的需求。

理化分析测试是在实验室用特殊的仪器和设备模拟穿用条件，对皮鞋的某一指标进行定量鉴定。成品皮鞋的理化分析测试可分为物理机械性能检验和化学成分分析，物理机械性能检验主要包括如下项目：帮底剥离强度、外底与中外底粘合强度、鞋帮拉出强度、成鞋耐折性能、外底耐磨性能、跟面耐磨性能、鞋跟结合力、成型底鞋跟硬度、衬里和内垫材料的耐摩擦色牢度、勾心、内底纤维板屈挠指数、帮面材料低温屈挠性能等，对皮鞋的耐用性能进行质量评定。化学分析项目主要有重金属、六价铬、五氯苯酚、甲醛、抗菌（抗微生物）性能等。皮鞋的化学分析方法与皮革的化学分析方法基本一致（见第3章）。此外还有一些特种性能的检测，如皮鞋的防水性和保暖性、抗静电、耐电压、阻燃性能等的测试。

5.1 皮鞋的产品要求

为了避免在皮鞋生产、流通、售后服务等环节的歧义和纠纷，我国2015年颁布了轻工行业标准 QB/T 1002—2015《皮鞋》，规定了各种工艺制作的皮鞋的术语和定义、分类、要求、试验方法、检验规则和标志、包装、运输、贮存。本节按照该标准对皮鞋的产品要求进行介绍。

1. 术语和定义

（1）主要部位（primary site）：皮鞋的帮面外侧、前部。

（2）次要部位（secondary site）：皮鞋的帮面内侧、后部。

2. 分类

（1）按穿用对象分为以下两类：

①男式皮鞋（靴）。

②女式皮鞋（靴）。

（2）按帮面材料分为以下三类：

①天然皮革（头层、剖层猪、牛、羊等动物皮革）帮面皮鞋（靴）。

②人造材料帮面皮鞋（靴）。

③多种材料混用帮面皮鞋（靴）。

3. 要求

（1）一般要求。

①鞋号应符合 GB/T 3293.1《鞋号》的要求。

②鞋楦尺寸应符合 GB/T 3293《中国鞋楦系列》的要求。

③鞋面材料应符合相应产品标准的要求。

④售后质量判定参见 QB/T 1002—2015《皮鞋》附录 A。

⑤皮鞋整鞋不应出现影响穿用的缺陷。

（2）标识。

应符合 QB/T 2673—2013《鞋内产品标识》的要求。

（3）感官质量

感官质量应符合表 5-1 的要求，其中序号 1～5 和严重缺陷项为主要项目，序号 6～10 为次要项目。

表 5-1　皮鞋的感官质量

序号	项目	优等品	合格品
1	整体外观	平整、平服、平稳、清洁、对称（特殊风格设计除外），绷帮端正平服，内底不露钉尖，无钉尾突出，鞋帮、鞋里不应明显变色、脱色（擦色革、变色革等多色特殊鞋面革除外），鞋垫牢固、平整	
2	帮面	皮革、人造革和合成革帮面：同双鞋相同部位的色泽、厚度、绒毛粗细、花纹基本一致（特殊设计风格除外），不应有裂浆、裂面（裂纹革等特殊帮面材料的皮鞋除外）、松面、露帮脚、白霜，不应有伤残；纺织物及编织物帮面：无明显的织疵	皮革、人造革和合成革帮面：同双鞋相同部位的色泽、厚度、绒毛粗细、花纹基本一致特殊设计风格除外，可有不明显的轻微缺陷，但不应有裂浆、裂面（裂纹革等特殊帮面材料的皮鞋除外）、露帮脚、白霜，不应有伤残，次要部位可有轻微松面；纺织物及编织物帮面：次要部位允许有明显的织疵两处

序号	项目	优等品	合格品
3	主跟和包头	有主跟和包头的皮鞋，主跟和包头应端正、平服、对称、到位，不应收缩变形	
4	鞋跟	鞋跟装配牢固、平正，大小高矮对称，色泽一致。无裂缝，包皮平整，跟口严实	
5	子口	整齐严实	
6	折边沿口	基本整齐、均匀、圆滑，无剪口外露，不应有裂口	
7	缝线	线道整齐，针码均匀，底面线松紧一致。不应有跳线、重针（工艺设计上的回针除外）、断线、翻线、开线及缝线越轨等	线道整齐，针码均匀，底面线松紧一致。主要部位不应有跳线、重针（工艺设计上的回针除外）、断线、翻线、开线及缝线越轨等。次要部位跳线、重针可有1处，每只鞋不应超过两处
8	外底	同双鞋外底相同部位色泽、花纹基本一致（特殊设计风格除外），可有轻微缺陷	
9	附件	有附件的皮鞋附件装配牢固，基本对称，色泽一致（特殊设计风格除外），感官无明显缺陷	
10	尺寸[a]	同双鞋前帮长度允差应为1.5 mm，后帮高度允差应为1.5 mm，三节头包头长度允差应为1.0 mm，靴后帮高度小于250 mm的高度允差应为2.0 mm，靴后帮高度不小于250 mm的高度允差应为3.0 mm	同双鞋前帮长度允差应为2.0 mm，后帮高度允差应为2.0 mm，三节头包头长度允差应为1.0 mm，靴后帮高度小于250 mm的高度允差应为3.0 mm，靴后帮高度不小于250 mm的高度允差应为5.0 mm
		同双鞋外底长度允差应为1.5 mm，宽度允差应为1.0 mm，厚度允差应为0.5 mm	同双鞋外底长度允差应为2.0 mm，宽度允差应为1.5 mm，厚度允差应为1.0 mm
		同双鞋后跟高度允差应为1.0 mm，前跷允差应为2.0 mm	
		后缝歪斜不应大于1.5 mm	后缝歪斜不应大于2.0 mm
		外底前掌着地部位最薄处厚度不应小于3.0 mm，后掌着地部位最薄处厚度不应小于5.0 mm（装配式鞋跟若装有跟面，包括跟面厚度）	

注：表中未列入的感官质量缺陷，按类似项目处理。

[a] 出现下列情况之一，属于严重缺陷：同双鞋前帮长度允差超过4.0 mm；同双鞋后帮高度允差超过4.0 mm；同双后帮高度小于250 mm的靴的高度允差超过5.0 mm；同双后帮高度不小于250 mm的靴的高度允差超过7.0 mm；同双鞋（靴）外底长度允差超过4.0 mm或宽度允差超过3.0 mm。

（4）异味。

异味等级不应大于3级。

（5）物理机械性能。

①帮底剥离强度。

一般情况下，皮鞋的帮底剥离强度指标见表 5-2。

表 5-2　帮底剥离强度

类别	剥离强度/N·cm^{-1}	
	优等品	合格品
男式皮鞋	≥90	≥70
女式皮鞋	≥60	≥50

剥离试验中若材料撕裂而胶粘层未开胶时，剥离强度应≥30 N/cm。

出现下列情况之一时，剥离强度应≥40 N/cm：a. 帮面前端为羊皮、人造材料；b. 外底前端厚度不足 3 mm；c. 距外底前端端点 20 mm 处的外底宽度不足 40 mm。

缝制或粘缝及特殊工艺制造（包含铆钉钉合等）皮鞋（含靴）不测帮底剥离强度，其他工艺制造的鞋类均应测试帮底剥离强度。

出现下列情况之一时，不测帮底剥离强度，改测鞋帮拉出强度：a. 鞋底前端测试部位厚度超过 25 mm 的；b. 距前端点 10 mm 处的外底（或鞋帮）宽度不足 25 mm 的；c. 外底硬度小于 50 邵尔 A 的。

②外底与外中底粘合强度。

外底与外中底粘合强度≥20 N/cm，微孔底撕裂而胶层不开时粘合强度≥15 N/cm。

③鞋帮拉出强度。

仅适用于出现①中不测帮底剥离强度，改测鞋帮拉出强度的情况。缝制或粘缝及特殊工艺制造（包含铆钉钉合等）皮鞋（含靴）不测鞋帮拉出强度。

鞋帮拉出强度应符合以下要求：优等品≥100 N/cm，合格品≥70 N/cm。若材料撕裂而鞋帮结合部位未拉开，鞋帮拉出强度≥30 N/cm。

④成鞋耐折性能。

鞋底预割口 5 mm（天然皮革外底不割口），连续进行 4 万次耐折试验后，其技术指标应符合表 5-3 的要求。

表 5-3　成鞋耐折性能技术指标

项目	优等品	合格品
割口裂口长度[a]/mm	≤10.0	≤20.0
新裂纹	外底无新裂纹	外底可出现新裂纹，单处长度≤5.0 mm，且不超过 3 处
其他	帮面不应出现破损，帮底、围条、沿条、底墙结合部位无开胶，复合底无脱层，鞋底、底墙涂饰层无脱落	

注：[a] 天然皮革外底不测此项目。

出现下列情况之一时，不测成鞋耐折性能：a. 鞋号小于 230 mm；b. 整鞋刚性按GB/T 20991—2007《个体防护装备鞋的测试方法》中 8.4.1 的规定测试后弯折角度小于 45°；c. 跟高大于 70 mm；d. 鞋底屈挠部位厚度（包括内垫的厚度，不包括高于内垫的底墙部分厚度）大于 25 mm。

⑤外底耐磨性能。

外底耐磨性能应符合表 5-4 的要求。

表 5-4　外底耐磨性能

项目	优等品	合格品
磨痕长度[a]/mm	≤10.0	≤14.0

注：[a]天然皮革外底不测此项目。

耐磨性能测试结果若为未见磨痕，则判定为符合标准；若外底磨穿或出现欠硫现象，则判定为不合格。

⑥跟面耐磨性能。

装配式跟面耐磨性能应符合表 5-5 的要求。

表 5-5　跟面耐磨性能

项目	密度≥0.9 g/cm³	密度<0.9 g/cm³
磨耗量	≤200 mm³	≤150 mg

⑦鞋跟结合力。

仅鞋跟高度大于 30 mm 的装配式皮鞋应测鞋跟结合力，其余免测。鞋跟结合力应符合以下要求：优等品≥1000 N，合格品≥700 N。

⑧成型底鞋跟硬度。

仅鞋跟高度 25 mm 以上且不使用内跟或其他增强材料的成型底要测鞋跟硬度，其余免测。

成型底鞋跟硬度应符合表 5-6 的要求。

表 5-6　成型底鞋跟硬度

项目	跟高≤50 mm	跟高>50 mm
发泡材料[a]（邵尔 C）	≥60	≥75
不发泡材料（邵尔 A）	≥55	≥70

注：[a]有表面致密层的材料在测试之前应去掉致密层。

⑨衬里和内垫材料的耐摩擦色牢度。

一般材料：湿摩擦，沾色等级不应小于 3 级。

绒面革：湿摩擦，沾色等级不应小于 2 级。

⑩勾心。

钢勾心的纵向刚度、硬度、长度下限值、弯曲性能应符合 GB 28011—2011《鞋内钢勾心》（见 5.11 节）的规定。

女鞋鞋跟高度 20.0 mm 以上且跟口 8.0 mm 以上，男鞋鞋跟高度 25.0 mm 以上且跟口 10.0 mm 以上应安装勾心或其他刚性支撑材料。

注塑中底皮鞋的勾心免测。中底纵向刚度应符合 QB/T 4862—2015《鞋内中底》的要求。

坡跟鞋勾心免测，木质或硬质塑料成鞋鞋底（硬度不小于 80 邵尔 A）的鞋勾心免测。

⑪内底纤维板屈挠指数。

内底纤维板屈挠指数应符合以下要求：优等品≥2.9，合格品≥1.9。

⑫帮面材料低温屈挠性能。

帮面材料低温屈挠性能应符合表 5－7 的要求。

表 5－7　帮面材料低温屈挠性能

项目	优等品	合格品
帮面材料低温屈挠性能	（−10±2）℃屈挠 6 万次，不出现目测能观察到的鞋面材料破裂（包括裂浆或裂面）	（−10±2）℃屈挠 3 万次，不出现目测能观察到的鞋面材料破裂（包括裂浆或裂面）

（6）限量物质。

①可分解有害芳香胺染料。

可分解有害芳香胺染料的含量应符合表 5－8 的规定，在还原条件下，染料中不允许分解出的有害芳香胺清单见表 5－9。

表 5－8　可分解有害芳香胺染料

项目	指标
纺织品可分解有害芳香胺染料	不应使用[a]
皮革可分解有害芳香胺染料	不应使用[b]

注：[a]纺织品可分解有害芳香胺限量值≤20 mg/kg。

　　[b]皮革可分解有害芳香胺限量值≤30 mg/kg。

表 5－9　24 种被禁芳香胺名称

序号	芳香胺名称	化学文摘编号
1	4－氨基联苯(4－Amindiphenyl)	92－67－1
2	联苯胺(Benzidine)	92－87－5
3	4－氯邻甲苯胺(4－Chloro－o－toluidine)	95－69－2
4	2－奈胺(2－Naphthylamine)	91－59－8
5	邻氨基偶氮甲苯(o－Aminoazotoluene)	97－56－3
6	2－氨基－4－硝基甲苯(2－Amino－4－nitrotoluene)	99－55－8
7	对氯苯胺(p－Chloroaniline)	106－47－8
8	2,4－二氨基苯甲醚(2,4－Diaminoanisole)	615－05－4

序号	芳香胺名称	化学文摘编号
9	4,4′—二氨基二苯甲烷(4,4′—Diaminodiphenylmethane)	101—77—9
10	3,3′—二氯联苯胺(3,3′—Dichlorobenzidine)	91—94—1
11	3,3′—二甲氧基联苯胺(3,3′—Dimethoxybenzidine)	119—90—4
12	3,3′—二甲基联苯胺(3,3′—Dimethylbenzidine)	119—93—7
13	3,3′—二甲基—4,4′—二氨基二苯甲烷(3,3′—Dimethyl—4,4′—Diaminodiphenylmethane)	838—88—0
14	3—氨基对甲苯甲醚(p—克利酊)(p—Cresidine)	120—71—8
15	4,4′—次甲基—双—(2—氯苯胺)[4,4′—Methylene—bis—(2—Chloroaniline)]	101—14—4
16	4,4′—二氨基二苯醚(4,4′—Oxydianiline)	101—80—4
17	4,4′—二氨基二苯硫醚(4,4′—Thiodianiline)	139—65—1
18	邻甲苯胺(o—Toluidine)	95—53—4
19	2,4—二氨基甲苯(2,4—Toluylenediamine)	95—80—7
20	2,4,5—三甲基苯胺(2,4,5—Trimethylaniline)	137—17—7
21	邻氨基苯甲醚/2—甲氧基苯胺(o—Anisidine/ 2—Methoxyaniline)	90—04—0
22	2,4—二甲基苯胺(2, 4—Xylidine)	95—68—1
23	2,6—二甲基苯胺(2,6—Xylidine)	87—62—7
24	4—氨基偶氮苯(4—Aminoazobenzene)	60—09—3

②游离或可部分水解的甲醛。

游离或可部分水解的甲醛含量指标见表5—10。

表5—10　游离或可部分水解的甲醛

项目		指标
游离或可部分水解的甲醛含量/(mg/kg)	直接接触皮肤（B类部件）	≤75
	非直接接触皮肤（C类部件）	≤300

注：通常情况下皮鞋的衬里、内底或内垫为B类部件（直接接触皮肤）；帮面、外底为C类部件（非直接接触皮肤）；当皮鞋没有衬里或外底没有内底时，帮面或外底直接与脚接触，则为B类部件（直接接触皮肤）。

4.试验方法

（1）感官质量。

按照国家标准GB/T 3903.5—2011《鞋类 整鞋试验方法 感官质量》检验（见5.2节）。

（2）异味。

①试验设备：干燥器，直径300 mm，对于靴后帮高度不小于250 mm的试样，宜

选直径为 400 mm 的干燥器。

②试验环境：试验应在气体可自由散发、洁净无异常气味的环境中进行。

③评判人员：至少 3 名，评判人员应是经过一定训练和考核的专业人员，应无嗅觉缺陷，吸烟爱好者、用重香水化妆品者及酒后人员等不应作为评判人员。

④试样数量：1 双。

⑤试验步骤：

a. 清洗干燥器，使之无味；

b. 分别将每只鞋放入干燥器中，盖上盖子，在室温下放置 24 h；

c. 在进行异味判别时，将干燥器盖子移开 20 mm 的开口，试验人员应把鼻孔靠近测试容器（距离约 15 cm），然后用手扇动，慢慢吸入干燥器中的气味，时间不应超过5 s；

d. 另一只鞋重复步骤 c，两次试验间隔 2 min。

⑥试验结果判定：根据表 5-11 进行判定，按评判人员半数以上一致的结果为该只鞋的评定等级，取两只鞋的最大等级作为试验结果。

表 5-11　鞋类异味等级

等级	描述
1	没有气味
2	稍有气味，但不引人注意
3	明显气味，但不令人讨厌
4	强烈的、讨厌的气味
5	非常强烈的、讨厌的气味

（3）帮底剥离强度。

按照国家标准 GB/T 3903.3—2011《鞋类 整鞋试验方法 剥离强度》进行试验（见5.3 节），刀口宽度为 10 mm。

（4）外底与中外底粘合强度。

按国家标准 GB/T 21396—2008《鞋类 成鞋试验方法 帮底粘合强度》裁取试样并进行试验（见 5.4 节），样品数量为 1 双，每只鞋底各取 1 个试样，试验结果取 2 只鞋测试结果的低值。若样品鞋底为硬质防水台或成型底贴软质材料，则在防水台外层软质材料上裁取 50 mm×15 mm 的试样，并用割刀各取外层软质材料，可不割破硬质材料，然后进行检验。

（5）鞋帮拉出强度。

①试样制备：样品为 1 双，将前帮连同鞋底横向切割成宽度为 10 mm 的试条，每只鞋内侧、外侧各取 1 条试样。

②试验设备：拉力试验机，准确度为 2 级，量程 0～500 N。

③环境温度：（23±2）℃。

④拉伸速度：（25±5）mm/min。

⑤试验步骤：拉力试验机上下夹具钳分别夹持鞋底部（不应夹住帮底结合层）和鞋帮，测量鞋帮与鞋底部位拉开时的最大力值即为拉出力。

⑥鞋帮拉出强度按下式计算。

$$\sigma = F/B$$

式中，σ——鞋帮拉出强度（N/cm）；

    F——鞋帮拉出力（N）；

    B——试条宽度（cm）。

⑦每只鞋以两条试样的鞋帮拉出强度的低值为试验结果，精确到整数，每只鞋的试验结果分别表示。

（6）成鞋耐折性能。

按国家标准 GB/T 3903.1—2008《鞋类 通用试验方法 耐折性能》进行试验（见5.5节）。

（7）外底耐磨性能。

按国家标准 GB/T 3903.2—2008《鞋类 通用试验方法 耐磨性能》进行试验（见5.6节）。

（8）跟面耐磨性能。

按国家标准 GB/T 26703—2011《皮鞋跟面耐磨性能试验方法 旋转辊筒式磨耗机法》进行试验（见5.7节）。

若从鞋上无法取样，应从仓库抽取同款跟面进行试验。

（9）鞋跟结合力。

按国家标准 GB/T 11413—2015《皮鞋后跟结合力试验方法》进行试验（见5.8节）。

（10）成型底鞋跟硬度。

①不发泡材料按国家标准 GB/T 3903.4—2008《鞋类 通用试验方法 硬度》，采用邵尔 A 型硬度计进行试验（见5.9节）。

②发泡材料按国家标准 GB/T 3903.4—2008《鞋类 通用试验方法 硬度》，采用邵尔 C 型硬度计（应符合 HG/T 2489—2007 的规定）进行试验（见5.9节）。

（11）衬里和内垫材料的耐摩擦色牢度。

按轻工行业标准 QB/T 2882—2007《鞋类 帮面、衬里和内垫试验方法 摩擦色牢度》中的方法 A 进行试验（见5.10节），湿擦10次。

若从鞋上无法取样，应从仓库取与衬里和内垫相同材料作为试样。如果没有衬里，帮面与脚的接触面作为衬里材料进行试验。

（12）勾心。

钢勾心按国家标准 GB 28011—2011《鞋内钢勾心》规定的方法进行试验（见5.11节）。如果钢勾心注入鞋底内无法取出，应从仓库抽取同款钢勾心测试。

（13）内底纤维板屈挠指数。

从仓库内抽取与鞋内底纤维板相同的材料，按轻工行业标准 QB/T 1472—2013《鞋用纤维板屈挠指数》进行试验（见5.12节）。

（14）帮面材料低温屈挠性能。

从仓库抽取与帮面相同的材料，按轻工行业标准 QB/T 2224—2012《鞋类 帮面低温耐折性能要求》进行试验（见 5.13 节）。

（15）限量物质。

①可分解有害芳香胺染料。

a. 试样制备：衬里和帮面分开检测，皮革和纺织品分开检测，如果衬里和帮面不能分开，则衬里和帮面一起按衬里材料的方法进行试验。

b. 纺织品先按 GB/T 17592—2011《纺织品 禁用偶氮染料的测定》进行试验，当检出苯胺和（或）1,4-苯二胺时，再按 GB/T 23344—2009《纺织品 4-氨基偶氮苯的测定》进行试验；皮革按 GB/T 19942—2005《皮革和毛皮 化学试验 禁用偶氮染料的测定》进行试验（见 3.7 节）。

②游离或可部分水解甲醛。

纺织品先按 GB/T 2912.1—2009《纺织品 甲醛的测定》进行试验；皮革按 GB/T 19941—2005《皮革和毛皮 化学试验 甲醛含量的测定》进行试验（见 3.6 节）。

5. 检验规则

除检验项目及判定规则外，其余按 QB/T 1187—2010《鞋类 检验规则及标志、包装、运输、贮存》执行。

（1）检验项目。

表 5-12　检验项目

检验项目	出厂检验		型式检验
	全检	抽检	
标识	○	○	●
感官质量	●	—	●
异味	—	●	●
帮里剥离强度	—	●	●
鞋帮拉出强度	—	●	●
外底与外中底粘合强度	—	●	●
成鞋耐折性能	—	●	●
外底耐磨性能	—	●	●
跟面耐磨性能	—	●	●
鞋跟结合力	—	●	●
成型底鞋跟硬度	—	●	●
衬里和内垫材料的耐摩擦色牢度	—	●	●
勾心	—	●	●

检验项目	出厂检验		型式检验
	全检	抽检	
内底纤维板屈挠指数	—	○	○
帮面材料低温屈挠性能	—	○	○
可分解有害芳香胺染料	—	●	●
游离或可部分水解的甲醛	—	●	●

注：1. ●为必检项目，○为选检项目。
　　2. 已测帮底剥离强度则不测鞋帮拉出强度。

（2）结果判定。

①标识符合"3. 要求（2）标识"的要求，则判定标识项目合格，否则为不合格。

②物理机械性能达到优等品要求，限量物质、异味符合要求，感官质量主要项目符合优等品要求和次要项目达到合格品及以上要求，则判定该产品为优等品。

③物理机械性能达到合格品或以上要求，限量物质、异味符合要求，感官质量主要项目符合合格品要求和次要项目不超过两项不符合合格品要求，则判定该产品为合格品。

④异味、物理机械性能有1项或以上不合格，或感官质量中有1项或以上主要项目不合格，或次要项目超过两项不合格，或限量物质有1项或以上不符合要求，判定该产品为不合格品。

6. 标志、包装、运输、贮存

应符合 QB/T 1187—2010《鞋类 检验规则及标志、包装、运输、贮存》的规定。

需要说明的是，轻工行业标准 QB/T 1002—2015《皮鞋》适用于由天然皮革、人造材料或多种材料混用等做帮面的一般穿用皮鞋（含靴），不适用于安全、防护或特殊功能的鞋类，也不适用于婴幼儿、儿童穿用的皮鞋（含靴）。本书在附录6中列出了轻工行业标准 QB/T 2880—2016《儿童皮鞋》的主要内容。

5.2　鞋类的感官质量检验

国家标准 GB/T 3903.5—2011《鞋类 整鞋试验方法 感官质量》规定了一般穿用成品鞋（靴）感官质量的检验方法，适用于一般穿用的成品鞋（靴）。

1. 检验条件

鞋类感官质量的检验要在光线充足的环境中进行。

2. 检验量具、器具

（1）鞋用带尺，分度值 1.0 mm。
（2）游标卡尺，分度值 0.02 mm。
（3）钢直尺，分度值 1.0 mm。
（4）高度游标卡尺，分度值 0.02 mm。
（5）宽座直角尺，精度 1 级。
（6）水平平台（平整大理石磨板或玻璃板）。
（7）灰色样卡。

3. 检验方法

检验方法如表 5-13 所示。

表 5-13　成品鞋（靴）感官质量检验

序号	检验项目	检验方法
1	整体外观	手感或目测检验整鞋是否端正、对称、平整、平服、平正、色泽一致、清洁、标志齐全清晰及鞋帮、鞋里、鞋底、鞋跟等各部位有无缺陷等，测量尺寸点状缺陷用游标卡尺测量，线状缺陷以鞋用带尺测量
2	平稳	将鞋平放在水平平台上，用手轻拨鞋后部使其产生轻微晃动，如能复位即平稳
3	色差	按照 GB/T 250《纺织品色牢度试验》进行，用标准灰色样卡进行评级
4	中国鞋号	提供相应的鞋楦或楦底样图按照 GB/T 3293《中国鞋楦系列》进行检验
5	缝线	目测缝线针码是否均匀，线道是否整齐，是否有跳线、断线、翻线、开线、并线、重针及缝线越轨等，针码密度用游标卡尺测量单位长度内的针数
6	前帮长度	鞋用带尺紧贴前帮面轮廓，测量前帮子口鞋头端点至前帮面沿口边沿中点或特定部位（如前帮与鞋舌接缝处等）的长度（见图 5-1），上述方法也可测外包头、三接头包头的长度等
7	前跷	将鞋正放在水平平台上，用高度游标卡尺测量外底面前端点至水平平面的垂直距离（见图 5-2）
8	明主跟长度	以鞋子口帮明主跟一端，贴子口帮外围量至另一端，取其总长，用鞋用带尺测量（见图 5-3）
9	后帮曲线长度	鞋用带尺紧贴后帮面轮廓，测量后帮子口端点至统口后端点或特定部位的长度
10	后缝歪斜	将鞋正放在水平平台上，用宽度直角尺垂直边对准后缝下端点，用钢直尺测量鞋帮后缝上端点至直角尺垂直边的最大距离（见图 5-4）
11	后帮歪斜	将鞋正放在水平平台上，用宽度直角尺垂直边对准鞋外底后端点，用钢直尺测量后帮统口后端点至直角尺垂直边的最大距离

序号	检验项目	检验方法
12	外底长度	鞋用带尺（拉紧）测量外底前端点至外底（跟面）后端点之间的长度（见图5—5）
13	外底宽度	将外底内侧接触水平平台垂直侧立，用高度游标卡尺垂直测量其外侧距水平平台的最大垂直距离（见图5—6）
14	外底厚度	对于均匀厚度外底，一般以钢直尺测量相关部位厚度，必要时沿外底轴线将鞋底切开，以钢直尺在切开处测量外底相关部位厚度，底墙异型或圆弧状等，用直尺无法测量时可用游标卡尺测量（见图5—7）
15	跟面尺寸	用游标卡尺测量相应尺寸
16	跟口高度	用游标卡尺或钢直尺测量鞋跟前部横向竖直面的高度（到鞋外底面的高度）
17	鞋跟高度	装配鞋跟：将鞋正放在水平平台上，用高度游标卡尺测量鞋跟后部中线上端点至跟面（水平平台）的垂直高度（见图5—2）
		其他鞋跟：用高度游标卡尺测量该鞋正常穿用时脚跟后端点至地面的垂直高度，必要时将鞋后部沿分踵线剖开，用高度游标卡尺测量其高度
18	相同部位尺寸偏差	鞋用带尺贴紧鞋（靴），从某参照点量至某一考察点，检验同双鞋（靴）的差异
19	帮面松面	将皮革表面（粒面）向内弯曲90°，如出现细小而连续的小纹（或没有出现皱纹），放平后即消失，为不松面；表面出现较大皱纹，且放平后皱纹不能消失，为松面
20	帮面裂浆、裂面	一只手持鞋，另一只手的食指和中指伸进鞋内，顶紧帮里，目测帮面变化，如涂饰层出现裂纹，为裂浆；皮革层出现裂纹，为裂面
21	包头	目测外包头是否端正、平服，同双鞋的外包头是否对称，用拇指按压包头正中，观察其变形及复原情况，用手触摸帮里与包头，确定是否平服
22	主跟	目测主跟是否端正、平服，同双鞋的主跟是否对称，用拇指和食指在主跟两侧按压，目测观察其变形及复原情况，用手触摸帮里与主跟，确定是否平服
23	帮底结合	按压鞋帮，观察有无开胶或脱线
24	鞋跟平正	将鞋正放在水平平台上，目测鞋跟装配是否端正、对称、平稳，以及跟面与前掌着地部位与平面接触是否良好
25	鞋跟装配牢度	手感和目测后跟是否松动
26	装饰件装配牢度	用手拉装饰件，观察是否牢固

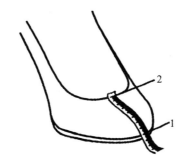

1—前帮子口鞋头中点；2—前帮面沿口边沿中点

图 5-1　前帮长度的检验

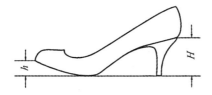

h—前跷；H—鞋跟高度

图 5-2　前跷、鞋跟高度的检验

图 5-3　明主跟长度的检验

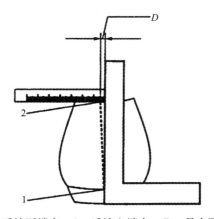

1—后缝下端点；2—后缝上端点；D—最大距离

图 5-4　后缝歪斜的检验

225

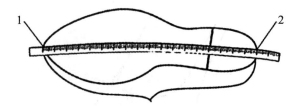

1—外底前端点；2—外底（跟面）后端点

图 5－5　外底长度的检验

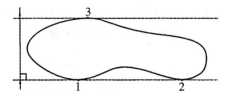

1—外底内侧前端与水平面接触点；2—外底内侧后端与水平面接触点；

3—外底外侧距水平面最高点

图 5－6　外底宽度的检验

D—鞋底厚度

图 5－7　非均匀鞋底厚度的检验

5.3　帮底剥离强度的测定

剥离强度是评价皮鞋（线缝皮鞋除外）质量的一项重要指标，国内外皮鞋标准中均列出了该检测项目。将成鞋装上鞋楦，夹持在剥离试验机上，以剥离刀将鞋尖处的外底与鞋帮剥开（见图 5－8），测得剥开时所需的力值，即为剥离力；根据剥离力与剥离刀口宽度可计算剥离强度。剥离力是分布在整个刀口上的总的力值，单位为 N，而剥离强度则是单位帮底结合长度上的剥离力，单位为 N/cm。剥离力并非全部用于破坏帮底之间的结合（粘合力），其中也有一部分是为了克服鞋底的刚性和弹性。鞋底的刚性因底而异，例如硬底比软底刚性大，厚底比薄底刚性大，宽底比窄底刚性大，塑料底一般比橡胶底刚性大。弹性也是因底而异，橡胶底比塑料底的弹性要大。总之，测定结果并非单纯反映帮底之间的结合力（粘合力），而是克服多种力的综合结果。

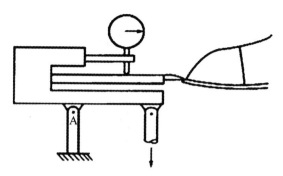

图 5-8　剥离强度测定的示意图

下面按照国家标准 GB/T 3903.3—2011《鞋类 通用试验方法 剥离强度》介绍整鞋鞋底与鞋帮或外底与外中底之间剥离强度的试验方法。该标准适用于采用模压、硫化、注塑、灌注、胶粘等工艺制成的鞋类，不适用于缝制鞋类。

1. 术语和定义

（1）剥离强度（peeling strength of whole shoes）。
剥离试验仪将鞋底与鞋帮或外底与外中底剥开规定宽度时单位宽度的力值。
（2）初开胶（off-bonding）。
被测物之间沿刀口均出现刚刚开胶的现象。

2. 试样和环境调节

（1）试样为制成 48 h 后的成鞋，测试部位不得有明显缺陷，试样测试前应放置 4 h以上。
（2）同批产品每组试样一般不少于一双鞋。
（3）试验时环境要求为实验室室温。

3. 试验仪器

（1）剥离试验仪（见图 5-9），最大负荷不小于 392 N。
①测力片。
a. 为弹性体，其线性偏差、示值偏差和示值变动值均不大于 3%；
b. 使用力值表时，不考虑线性偏差；
c. 测力片每年最少检验一次，更换或拆装、移动测力片部件后，应重新检验；
d. 测力片按照以下方法进行检验：
将测力片调水平，将力值表或千分表调到零位。以杠杆系统或直接挂砝码的方式在测力片刀口上加负荷，要求负荷准确度为 ±1%。负荷值按 50 N、100 N、150 N、200 N、250 N、300 N、350 N、400 N 递增，记录各负荷值对应的表值，重复三次。取各负荷值及其对应的表值的平均值作检验直线图，用方程 $f=kx$ 计算鞋类 k 值（用力值表时不作图）。读表值时，砝码要停稳（不摆动）。卸载后，表值允许偏值为 ±1 μm 或±1 N，若超差，结果无效，应补做。

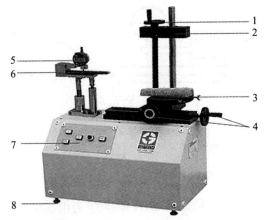

1—手轮 a（夹紧试样）；2—上压块；3—平板（放置试样）；

4—手轮 b、c（调节平板前后高低位置）；5—角度表（显示刀口与平板的夹角）；

6—刀口；7—控制面板；8—脚钉

图 5－9　剥离试验仪

示值偏差：同一负荷所得三次表值相对于平均值的偏差，它反映了仪器的精度，要求小于 3%。

$$示值偏差=(B_i-B_p)/B_p\times100\%$$

式中，B_i——表值（μm 或 N）；

B_p——表值平均值（μm 或 N）。

示值变动值：同一负荷所得最大与最小表值之差，以其对于表值平均值的相对值的形式表示，它也反映了仪器的精度，要求示值变动值小于 3%。

$$示值变动值=(B_{max}-B_{min})/B_p\times100\%$$

式中，B_{max}——表值最大值（μm 或 N）；

B_{min}——表值最小值（μm 或 N）；

B_p——表值平均值（μm 或 N）。

线性偏差：用力值表时，不计算线性偏差。

$$线性偏差=(B_i-B_t)/B_t\times100\%$$

式中，B_i——表值（μm）；

B_t——图示值，即检验直线上个点对应的千分表表值（μm）。

②剥离刀。

a. 刀口位于测力片的中心线（中性层）上，刀口弧度应与被测部位的弧度基本一致，剥离刀规格尺寸见图 5－10；

b. 刀口宽度为（20±0.2）mm 和（10±0.2）mm 两种规格，试验时按有关产品标准规定进行选择，剥离刀口下行速度为（20±2）mm/min。

③定位杆与拉杆间距不小于 50 mm。

④力值表分度值为 1 N，千分表分度值为 1 μm。

（2）钢直尺。

分度值 1 mm。

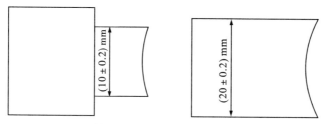

图 5-10　剥离刀刀口宽度

4. 试验方法

（1）将力值表或千分表调准零位。

（2）将测力片调到与水平面夹角呈 5°~10°的上倾状态。

（3）将剥离刀口下行速度调到（20±2）mm/min。

（4）试样的放置。

①将鞋装上与鞋相匹配的鞋楦，应保证鞋剥离位置服楦，自然平放在试验仪夹持器的水平板上并夹紧，调节夹持器的高度和前后位置，使剥离刀口对准测试部位，测试部位伸出试验台的长度在 20~40 mm。

②对于出边的鞋底，刀口搭在外底边上，在不出现滑刀的情况下，刀口应尽可能地接近部位结合缝；对不出边的鞋底或外底与外中底，刀口应顶在测试部位结合缝下面的外底上；任何情况下均不应出现刀口将帮底结合缝铲开的现象。

③如果鞋左右歪斜不能与刀口对正时，允许在鞋底下面放垫片使鞋夹正。

④鞋底或底墙顶上刀口后，力值表或千分表可能偏离零位，这是正常现象，但千分表偏转不得超过 10 μm，力值表不得超过 5 N，这时不要再调千分表或力值表。

（5）开机后剥离刀口向下运行时，应不断注视测试部位结合缝的变化情况，发现初开胶（帮底之间刚开胶），立即停车并读表值。

（6）出现下列情况之一时，停止试验，并记录最大值：

a. 由于鞋底太软、太薄等特殊原因而滑刀，经三次试验未能将鞋帮底剥离；

b. 鞋帮或鞋底外底、外中底撕裂；

c. 达到仪器最大负荷值仍未剥离。

5. 结果计算与表述

（1）剥离力。

剥离力由力值表的示值得到，或由千分表表值与检验曲线上斜率换算公式得到，见下式：

$$f = kx$$

式中，f——剥离力（N）；

　　　k——测力片检验直线斜率；

　　　x——试样剥离表值（μm）。

（2）剥离强度。

按下式进行计算：

$$\sigma = \frac{f}{b}$$

式中，σ——剥离强度（N/cm）；

f——剥离力（N）；

b——刀口宽度（cm）。

（3）试验结果表示。

①以剥离强度值表示试验结果，有效数字均至个位。

②每只试样的试验结果分别表示。

③如有"4. 试验方法（6）"所述情况，应注明"未开胶"及其原因。

6. 试验报告

试验报告应包含以下内容：

（1）本标准编号。

（2）试验编号、名称、规格、货号、送检单位以及商标（标识）。

（3）剥离刀宽度。

（4）试验结果。

（5）注明未剥离时情况。

（6）试验人员、日期。

（7）与本试验方法的任何偏差。

5.4 外底与外中底粘合强度的测定

外底与外中底粘合强度是皮鞋出厂检验（抽检）和型式检验的必测项目之一。轻工行业标准 QB/T 1002—2015《皮鞋》（见 5.1 节）规定外底与外中底粘合强度的测定依照国家标准 GB/T 21396—2008《鞋类 成鞋试验方法 帮底粘合强度》进行。该国家标准规定了鞋帮从外底上剥离、鞋底复合层间分离、鞋帮或鞋底撕裂破坏的试验方法，以及用于生产控制的老化条件。该标准适用于所有需要测定鞋底和鞋帮粘合强度并且是整帮（闭合鞋）的鞋类（胶粘鞋、硫化鞋、注塑模压鞋等）。需要注意的是，应测定最靠近粘合部位边缘处的粘合强度，钉钉装配（如用钉子或螺丝）或缝制的鞋不需要测试。

1. 术语和定义

帮底粘合强度（upper−sole adhesion）：剥离单位宽度的帮底界面所需要的力。

2. 仪器和材料

（1）锋利刀具。

用来切割试样。

（2）拉力试验机。

拉力试验机应满足 GB/T 16825.1《精力单轴试验机的检验 第 1 部分：拉力和（或）压力试验机 测力系统的检验与校准》中 2 级精度的要求，拉伸速度为（100±10）mm/min。测力范围为 0~600 N。拉力试验机应安装钳形夹具或平夹具（根据试样的结构类型决定），宽 25~30 mm，能够牢固地夹紧试样。

拉力试验机应是低惯性的，并应带有拉力自动记录装置。

（3）游标卡尺。

用来测量鞋帮粘合边缘或表面的宽度。

3. 取样和调节

（1）鞋的调节。

在拆解成鞋、切割试样之前，将鞋按 EN 12222《鞋类 鞋和部件调节和试验的标准环境》调节 24 h。如果有要求，根据附录 7 进行老化处理。

（2）样品数量。

对于每一种样式，样品数量至少为 2 只。

（3）试样制备。

①帮底粘合强度：结构类型 a（见图 5-11）。

从内侧或外侧的粘合区域裁切试样。

用一个冲刀或锯，从 $X—X$ 和 $Y—Y$ 及与鞋底边缘相互成直角的方向切割，割透帮面、内底或外底，制成宽约 25 mm 的试样。鞋帮、鞋底的长度为自子口线起约 15 mm（见图 5-12）。除去内底。

②帮底粘合强度：结构类型 b、c、d 和 e（见图 5-11）。

从内侧和外侧的粘合区域裁切试样。

从 $X—X$ 和 $Y—Y$ 处切割鞋帮和鞋底，制成宽为 10 mm，长不小于 50 mm 的试样。除去内底。

用热刀插入粘合层，将鞋帮和鞋底剥离约 10 mm（见图 5-13）。

注：当从 $X—X$ 到内底的上表面的距离大于 8 mm 时，认为是类型 c 或类型 d。

③鞋底复合层间粘合强度：结构类型 f 和 g（见图 5-11）。

从内侧或外侧的粘合区域裁切试样。

沿着 $X—X$ 处的子口线切割，除去鞋帮。如果有内底，除去内底。从 $Y—Y$ 处平行并包括鞋底边缘切割，制成一条宽约 15 mm，长不小于 50 mm 的条状试样。

用热刀插入粘合层之间，将鞋底层分离约 10 mm（见图 5-13）。

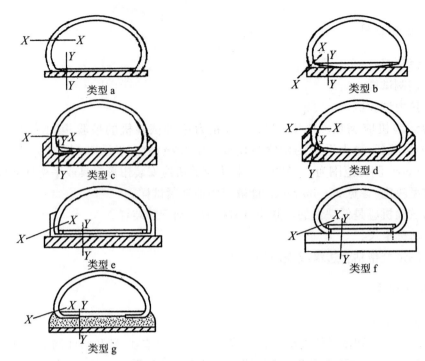

图 5-11 各种结构的鞋类的粘合强度试样制备位置示意图

注：类型 a—常规绷帮，胶粘或模压外底且有一个伸出的边缘；

类型 b—常规绷帮，修剪整齐的外底；

类型 c—常规绷帮，直接注塑或硫化的外底或胶粘的中凹的外底；

类型 d—缝制类，胶粘的中凹的外底或直接注塑或硫化的外底；

类型 e—常规绷帮或缝制的，有橡胶围条和胶粘的外底；

类型 f—机器缝制或压边的，外底粘合在中底上；

类型 g—多层结构的鞋底，可以是模压的鞋底、模压的部件或结构部件。

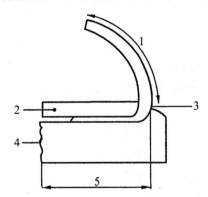

1—约 15 mm；2—内底（除去）；3—子线口；4—外底；5—约 15 mm

图 5-12 试样的横截面

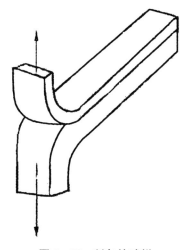

图 5−13　制备的试样

4. 制备方法

（1）原理。

用可连续记录拉力的拉力试验机测量将鞋帮和鞋底剥离所需要的力。

（2）步骤。

①在测试之前，测量试样的宽度，精确到 1 mm，用游标卡尺测量 5 点，计算平均值 A，精确到 1 mm。

②根据下面的一种方法测量粘合强度。

a. 帮底粘合强度：结构类型 a。

将试样夹在拉力试验机的夹具上，用钳形夹具夹住鞋底的短边缘（见图 5−14），剥离速度为（100±20）mm/min，记录力—形变曲线图。测试后，观察剥离面的破坏情况，并根据"6. 结果表示（2）测试后试样界面评定"进行分类。

b. 帮底粘合强度：结构类型 b、c、d、e 和鞋底复合层间粘合强度：结构类型 f、g。

用平夹具夹住试样的剥离端，剥离速度为（100±20）mm/min，记录力—形变曲线图（见图 5−15）。测试后，观察剥离面的破坏情况，并根据"6. 结果表示（2）测试后试样界面评定"进行分类。

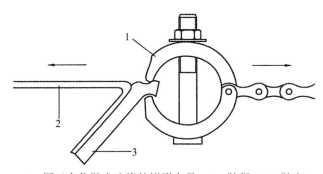

1—用于夹住鞋底边缘的钳形夹具；2—鞋帮；3—鞋底
图 5−14　钳形夹具中的试样位置示意图

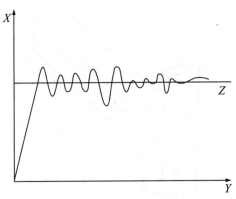

X—剥离力（N）；Y—形变；Z—平均值

图 5－15　力—形变曲线图例

6. 结果表示

（1）帮底粘合强度的测定。

用以下公式计算帮底粘合强度 R（N/mm）：

$$R = \frac{F}{A}$$

式中，F——平均力（N），从力—形变曲线图中估算确定；

　　　A——平均宽度（mm）。

结果精确到 0.1 N/mm。

注：对于帮底粘合边缘有变化的鞋，进行不同的操作。在剥离 10 mm 后，记录拉力及相应的粘合边缘。计算此时的帮底粘合强度 R_i。

计算 R_i 的平均值。

（2）测试后试样界面评定。

试样剥离界面的破坏情况应按以下代号进行分类。

①粘合层从其中一种材料上分离（粘附破坏，见图 5－16）：代号 A。

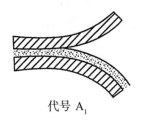

代号 A₁　　　　　　　　　　　代号 A₂

图 5－16　粘附破坏

②从粘合层分离但并未脱开（拉丝破坏，见图 5－17）：代号 C。

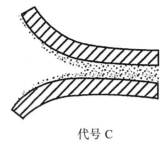

代号 C

图 5-17　拉丝破坏

③两个粘合层粘合不当（内聚破坏，见图 5-18）：代号 N。

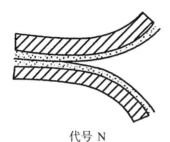

代号 N

图 5-18　内聚破坏

④材料分层（见图 5-19）：代号 S。

代号 S_1　　　　　　　　　　　代号 S_2

图 5-19　材料分层

⑤材料部分或全部破坏（见图 5-20）：代号 M。

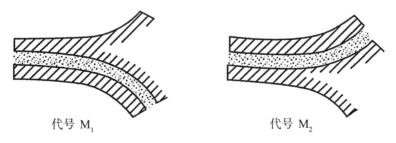

代号 M_1　　　　　　　　　　　代号 M_2

图 5-20　材料部分或全部破坏

7. 试验报告

试验报告应包含以下信息：

（1）注明采用本标准。

（2）样品的特征（材料、鞋的类型、粘合工艺）。

（3）每一项测定所获得的值（最大值、最小值、平均值）。

（4）每一个样品的粘合边缘宽度。

（5）每一个样品的帮底粘合强度（N/mm）。

（6）剥离界面破坏类型代号。

（7）老化处理（如适用）及所有影响到结果的条件或细节，即使在标准中没有提到。

（8）与本试验方法不同的地方。

（9）试验日期。

5.5 成鞋耐折性能的测定

鞋类耐折性能的测定是考察成鞋在一定弯折条件下，鞋底、帮面、帮底粘合处发生破坏变形时所能承受的弯折次数，用以评价成鞋和鞋底（片）的耐用性能。下面按照国家标准 GB/T 3903.1—2008《鞋类 通用试验方法 耐折性能》介绍成鞋或鞋底耐折性能的试验方法。该标准适用于检验成鞋、鞋底产品或材料（片）。

1. 仪器设备

（1）耐折试验机。

耐折试验机如图 5-21 所示，应符合以下要求：

①屈挠角度在 0°~55°以内任意可调。

②屈挠频率在 100~300 次/min 范围内任意可调。

③具有按预置屈挠次数自动停机的功能。

④有对试样鼓风的装置。

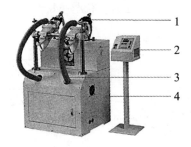

1—夹具；2—控制面板；3—鼓风机；4—箱体

图 5-21 耐折试验机

（2）可折试验楦。

试验楦的第一跖趾关节部位至楦底样轴线的中线上装有 φ5.5 mm×40 mm 的钢轴，钢轴相对楦底表面无凹凸现象，试验楦的最大可折角度不小于 50°。

（3）游标卡尺。

分度值为 0.02 mm。

（4）割口刀。

割口刀示意图如图 5-22 所示。

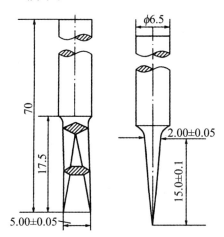

图 5-22　耐折性能试验割口刀规格示意图（单位：mm）

2. 取样和环境调节

（1）每组试样不少于两双（副）成鞋或鞋底或按产品标准要求执行。

（2）试验前，试样应按照 GB/T 22049—2008《鞋类 鞋类和鞋类部件环境调节及试验用标准环境》的规定，在标准环境的温度条件（23℃）下放置 4 h。

3. 试验方法

（1）试验原理。

将成鞋或鞋底，用割口刀割一规定长度的裂口，以一定角度和频率在耐折试验机上进行屈挠试验后，测量鞋底割口扩展后的长度，同时观测帮面、鞋底、帮底（包括围条、底墙）结合部位的变化情况。

注：成鞋或鞋底可不割口而直接进行屈挠试验，割口与否应根据相关产品标准的要求决定。

（2）试验条件。

①耐折试验机屈挠角度为（50±1）°（特殊要求可在 0°～55°之间选择）。

②耐折试验机屈挠频率为（230±10）次/min（特殊要求可在 100～300 次/min 范围内选择）。

③按照 GB/T 22049—2008《鞋类 鞋类和鞋类部件环境调节及试验用标准环境》的规定，在标准环境的温度条件（23℃）下进行试验。

（3）试验步骤。

①检查试样，如表面有杂物，应用纱布沾酒精擦净。

②将试样装配适合规格的可折试验楦，一般来说，楦号应小于鞋号 5 mm（可折楦

前端不得顶到鞋帮）。

③将试样夹紧在耐折试验机的夹持器中，鞋底面的跖趾关节屈挠部位与夹持器活动轴轴线重合，若需割口，则割口部位必须在此轴线上。

④调节耐折试验机偏心距，使屈挠角度达到规定角度。

⑤将耐折试验机处于最小屈挠角度状态，观察鞋后跟的位置，使试样处于不受任何方向弯折的自然状态，否则调节夹持器的倾斜角，使鞋处于自然状态之后再调准屈挠角度。

⑥将耐折试验机处于最大屈挠角度状态，在鞋底面的跖趾关节屈挠部位的中间分割5 mm 长的割口，并将鞋底割透。

⑦试验开始前将计数器清零，预置屈挠次数、屈挠频率至规定值，开鼓风机，然后开主机。

⑧耐折试验机工作期间，观察试样的夹持状况，若有松动或屈挠位置发生变化，应及时停机进行调整。

⑨耐折试验机按预置次数停机后，使用游标卡尺进行测量，并目测试样的变化情况：

a. 将耐折试验机置于最大屈挠角度状态，测量鞋底割口扩展后的长度，以及新产生的裂纹的长度及数量。

b. 将试样从夹持器中取下，使其处于自然状态，观测帮面、鞋底、帮底（包括围条、底墙）结合部位的变化情况。

4. 试验结果

（1）鞋底割口扩展后的长度、新产生的裂纹的长度、帮底（包括围条、底墙）结合部位的开胶长度（mm），有效数字到小数点后一位。

（2）帮面（如裂浆、裂面）、鞋底（如新产生的裂纹、涂色龟裂或脱落）、帮底（包括围条、底墙）结合部位（如开胶）的变化情况用文字说明。

（3）每只鞋（底）的结果分别表示。

5. 试验报告

试验报告应包含以下内容：
（1）本标准编号。
（2）试样编号、名称、规格、数量、材质等。
（3）对测试部位及其表面处理方法的描述。
（4）试验结果。
（5）试样进行环境调节及试验时的环境条件。
（6）试验人员、日期。
（7）与本试验方法的任何偏差。

6. 讨论

本试验方法与德墨西亚疲劳试验机测试的结果基本一致。在德墨西亚疲劳试验机上试样温度较高，从鞋的穿着情况考虑，本方法所用的耐折试验机的屈挠角度更接近于实际走路的跷角。试验结果是材料特性和成鞋结构性的综合反映，故本试验较为切合鞋的使用特征，且试验无须破坏鞋的完整性，试验程序简单。试验鞋底朝上，易于观察鞋底裂纹，观察时可以不停车或少停车，有利于试验的连续性。

在规定屈挠次数的情况下，屈挠频率高，可节省试验时间，但试样升温稍快，且频率高时不宜在耐折试验机运转情况下观察试样出现的裂纹，所以统一规定为（230±10）次/min。不同的环境温度对试验结果也有影响，环境温度升高，鞋底较早出现裂纹，试样升温速率也相应增高，在试验范围内，试样温度升高与环境温度呈线性关系，故试验温度统一规定为标准温度（23±2）℃。

5.6　外底耐磨性能的测定

鞋底的耐磨性能是鞋类重要的质量指标之一。成品鞋在穿用过程中，鞋底对地面产生的总的平均压力为 0.4~0.7 MPa，个别部位可高达 1.5 MPa 以上，因此鞋底会受到反复的、较大的摩擦作用。如果鞋底没有较好的耐磨性能，就会影响鞋的穿用寿命，所以需要对鞋底的耐磨性能进行测定。下面按照国家标准 GB/T 3903.2—2008《鞋类 通用试验方法 耐磨性能》介绍整鞋鞋底和成型底（片）耐磨性能的试验方法。该标准适用于测定整鞋鞋底和成型底（片）的耐磨性能。

1. 术语和定义

耐磨性能（abrasion resistance）：使用耐磨试验机，用旋转的钢磨轮在外底平整处进行一定时间磨耗后测得的磨痕长度。

2. 原理

旋转的磨轮垂直压在试样上，在特定条件下对试样进行磨耗试验，测量试样磨痕长度用来表示试样的耐磨性能。

3. 取样和环境调节

（1）整鞋、鞋底或平整试片均可作为试样。
（2）每组试样一般不少于两只鞋、底或片。
（3）试样预处理：处理影响试验结果的表面，要求试样表面平整，面积足够进行磨耗，试样在试验条件下应放置 4 h 以上。

4. 仪器设备

（1）耐磨试验机。
图 5-23 为一台耐磨试验机。耐磨试验机的要求如下：
①装有带小齿的钢磨轮，磨轮为 φ（20±0.1）mm×（4±0.1）mm 的 T12 钢磨轮，

孔径（6±0.02）mm，具有 72 个齿，齿角为（90±5）°，齿尖宽度为（0.20±0.05）mm，齿尖粗糙度 Ra 为 3.2 μm，硬度大于等于 55 HRC，同轴度为 0.03 mm。

②磨轮转速在 100~300 r/min 范围内可调。

③磨轮顺时针方向旋转，运转平稳，径向跳动不大于 0.05 mm。

④磨轮和试样间保持恒定压力，压力负荷在 19.6 N 以内可调。

⑤天平量程为 2000 g，准确度为 5 g。

（2）游标卡尺。

准确至 0.02 mm。

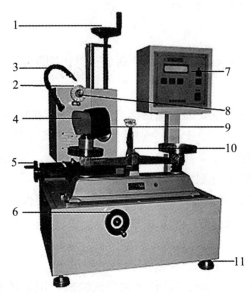

1—手轮 a（调节磨轮高低位置）；2—毛刷（扫除试样磨耗的尘沫）；

3—吸尘器（接口在后面）；4—试样座；5—手轮 c（调节磨轮左右位置）；

6—手轮 b（调节磨轮前后位置）；7—控制面板；8—磨轮；

9—固定螺栓（固定手轮 a）；10—天平；11—脚钉

图 5-23 耐磨试验机

5. 试验条件

（1）施加 4.9 N 的压力（特殊要求可在 0~19.6 N 以内另选）。

（2）磨轮转速为（191±5）r/min（特殊要求可在耐磨试验机允许范围内另选）。

（3）试验时间为连续 20 min（特殊要求可另选）。

（4）试验环境温度为室温，应避免阳光直射。

6. 试验步骤

（1）将耐磨试验机各部位调节正常，磨轮空转 5 min。

（2）试样鞋底朝上，鞋尖指向仪器外侧，紧固在耐磨试验机天平左端，将鞋底磨耗部位调水平。

（3）调节磨轮前后、左右位置使其对准试样平整处，磨轮位置须在试样座支柱左上方。

（4）在天平盘上加砝码，使天平两端平衡，即指针指零，然后在天平右端按试验要求的负荷值增加砝码（如 4.9 N 或加砝码 500 g），这时试样和磨轮间的接触负荷即为规定值。

（5）调节磨轮高度位置，使天平指针指零，然后旋紧磨轮轴座的固定手柄。

（6）将时间选择开关调到需要值。

（7）开机，调磨轮转速到规定值，同时将时间显示清零，开始进行试验。

（8）耐磨试验机按规定时间自动停车后，用游标卡尺测量磨痕两边的长度。

（9）试验过程中若发现欠硫试样，应立即停止试验，将被污染的磨轮用有机溶剂进行清洗。

7. 试验结果

（1）以磨痕长度（mm）表示试验结果，有效数字到小数点后一位。

（2）每只试样至少测两次，取两处四个数据的算术平均值，如果磨痕为梯形，长边不得大于短边 10%。

（3）每只试样每一试验数据对平均值的最大允许偏差为 10%，否则应重新进行试验。

（4）每只试样的试验结果应分别表示。

8. 试验报告

试验报告应包含以下内容：

（1）本标准编号。

（2）试验编号、名称、规格、货号、鞋底材料、生产厂或送检单位以及磨耗部位。

（3）试样处理条件。

（4）试验压力、磨轮转速、磨耗时间、试验温度。

（5）试验结果。

（6）试验人员、日期。

（7）与本试验方法的任何偏差。

5.7　跟面耐磨性能的测定

跟面的耐磨性能也是鞋类重要的质量指标之一。成品鞋在穿用过程中，鞋底对地面产生的总的平均压力为 0.4～0.7 MPa，因此鞋底会受到反复的、较大的摩擦作用。其中，跟面受到的压力最大，因而摩擦作用也最大，所以需要对跟面的耐磨性能进行测定。下面按照国家标准 GB/T 26703—2011《皮鞋跟面耐磨性能试验方法 旋转辊筒式磨耗机法》介绍采用旋转辊筒式磨耗机测定皮鞋跟面耐磨性能的试验方法。该标准适用于各类材质的皮鞋跟面。

1. 试验设备和材料

（1）磨耗机。

磨耗机应符合 GB/T 9867—2008《硫化橡胶或热塑性橡胶耐磨性能的测定（旋转辊筒式磨耗机法)》中 5.1 的要求，并采用非旋转夹持器。

（2）砂布。

砂布应符合 GB/T 9867—2008《硫化橡胶或热塑性橡胶耐磨性能的测定（旋转辊筒式磨耗机法)》中 5.2 的要求。

（3）天平。

用于称量试样质量的天平应准确到 1 mg。

（4）标准胶。

标准胶应符合 GB/T 9867—2008《硫化橡胶或热塑性橡胶耐磨性能的测定（旋转辊筒式磨耗机法)》中 B.2 章的要求。

（5）旋转裁刀。

旋转裁刀尺寸应符合 GB/T 9867—2008《硫化橡胶或热塑性橡胶耐磨性能的测定（旋转辊筒式磨耗机法)》中 5.3 的要求。

（6）皮鞋跟面磨样机。

皮鞋跟面磨样机如图 5-24 所示，用于将皮鞋跟面磨削成圆柱形试样。该机一侧为电机带动一个直径为 100~120 mm 的砂轮。砂轮为白刚玉，粒度为 60 目，砂轮线速度为 15~20 m/s。另一侧为跟面的夹持装置。跟面试样固定在夹持装置中，可随连接夹持装置的电机转动，速度为 60 r/min。砂轮和夹持装置之间的距离可调，当跟面试样一边旋转一边向砂轮靠近时，跟面会被砂轮磨削，直到磨成直径为 16 mm 的圆柱体试样。

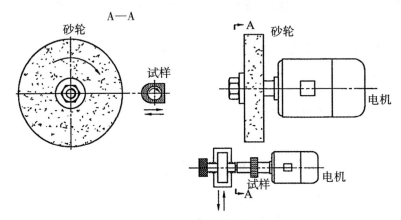

图 5-24　皮鞋跟面磨样机

2. 试样

（1）试样的尺寸和数量。

①试样为圆柱形，其直径为（16.0±0.2）mm，厚度最小为 6 mm。

②对于厚度小于 6 mm 的试样，可将试样固定在同样材质或硬度不小于试样硬度的基片上，但被磨试样厚度不应小于 2 mm。

③每组试样不少于 4 个，用于仲裁目的，需要 10 个试样。

（2）试样的制备和调节。

①根据跟面的材质和尺寸，选择合适的制备方法。

②使用旋转裁刀裁取试样，裁切时可在裁刀的刃口上添加水作润滑剂进行润滑，不允许冲裁试样。

③当不适宜用旋转裁刀取样时，可采用皮鞋跟面磨样机制备试样。

注：此制备方法适合于尺寸小或硬度较高的跟面。

④跟面着地面作为试样面，保持其原有花纹。试样的非试验面不平整时，应将其处理平整。

⑤当跟面尺寸较小不足以制备完整试样时，可从与跟面同一配方的加工试片上取样，或者将跟面直接固定在基片上形成一个组合试样，如有需要再用磨样机修整该组合试样。这种情况应在试验报告中注明。

注：对于带有插销的跟面，可直接插入带孔的基片并固定，组成一个组合试样。

⑥所有试样在试验前应在温度为（23±2）℃、相对湿度为（50±5）％条件下至少调节 24 h。

3. 试验步骤

（1）每次试验应在温度为（23±2）℃、相对湿度为（50±5）％条件下进行。

（2）设定标准胶磨耗行程为 40 m，按步骤（3）的规定进行试验，每组试样的试验前和试验后，标准胶各测定 3 次，并且每次试验的结果质量损失应在 180～220 mg 之间。

（3）每次试验前，应用硬毛刷或吸尘器清除砂布上的碎屑。

称取试样的质量，精确到 1 mg。将试样固定在磨耗机夹持器上，试样从开口中伸出的长度为（2±0.2）mm，该长度可用磨耗机配备的量规测量。

把带有试样的夹持器从滑道移至辊筒的起点处，开动机器进行试验。如果试验过程中有异常振动，试验结果视为无效。

试验结束后，再称取试样的质量，精确到 1 mg。称量前应清除粘在试样上的磨屑。

（4）取一个试样按步骤（3）的规定进行预磨。设定预磨行程为 20 m，计算试样预磨的磨耗量。根据预磨的磨耗量的大小选择试验磨耗行程：

①预磨的磨耗量小于 200 mg，剩余试样的试验磨耗行程选择 40 m。

②预磨的磨耗量大于 200 mg 而小于 300 mg，剩余试样的试验磨耗行程选择 40 m，试验可在 20 m 行程时停止，将试样的伸出长度重新调整至（2±0.2）mm 后，再继续试验完成剩余的磨耗行程。

③预磨的磨耗量大于 300 mg，剩余试样的试验磨耗行程选择 20 m，最后应将 20 m 磨耗行程的结果换算为 40 m 行程的磨耗量（在试验报告中进行说明）。

试验结束后，试样不应被磨穿。

（5）剩余试样根据步骤（4）确定的磨耗行程，按照步骤（3）的规定进行试验。

（6）按 GB/T 533—2008《硫化橡胶或热塑性橡胶密度的测定》规定的方法测定试样密度。

4. 试验结果

（1）按下式计算标准胶质量损耗：

$$S=M_1-M_2$$

式中，S——标准胶质量损耗（mg）；

M_1——试验前标准胶质量（mg）；

M_2——试验后标准胶质量（mg）；

取 6 次标准胶质量损耗的算术平均值。

（2）按下式计算试样质量损耗：

$$m=m_1-m_2$$

式中，m——试样质量损耗（mg）；

m_1——试验前试样质量（mg）；

m_2——试验后试样质量（mg）。

取所测试样（不包括预磨试样）的质量损耗算术平均值。

（3）试样的磨耗结果用相对体积磨耗量表示。

磨耗行程 40 m 时试样相对体积磨耗量按下式计算：

$$V=\frac{m \times S_0}{\rho \times S}$$

式中，V——试样相对体积磨耗量（mm^3）；

m——试样质量损耗的算术平均值（mg）；

S_0——标准胶固定质量损耗（200 mg）；

ρ——试样密度（mg/mm^3）；

S——标准胶质量损耗的算术平均值（mg）。

5. 试验报告

试验报告应包括以下内容：

（1）试样的样式、颜色、材质等描述。

（2）本试验方法的标准号。

（3）密度。

（4）相对体积磨耗量。

（5）试样制备方法（当跟面尺寸较小不足以制备直径为 16 mm 的完整试样时）。

（6）试验日期。

（7）与本试验方法的任何偏差。

5.8 鞋跟结合力的测定

鞋跟结合力是表征成品鞋可穿用性和安全性的重要指标。下面按照国家标准 GB/T 11413—2015《皮鞋后跟结合力试验方法》介绍皮鞋后跟和后帮或外底的结合力的测定方法。该标准适用于后跟与后帮或与外底粘合或钉合的皮鞋，不适用于后跟和外底为整体的皮鞋。

1. 原理

将皮鞋成鞋装于专用夹具上，在拉力试验机上以一定的速度拉伸至鞋后跟和后帮或外底分离，所需的力值即为后跟结合力。

2. 试验设备

（1）拉力试验机。

①拉力试验机应符合 GB/T 16825.1—2008《静力单轴试验机的检验 第 1 部分：拉力和（或）压力试验机测力系统的检验与校准》中的要求，最大负荷应不小于 1500 N。

②精度为 2 级。

③拉伸速度可调至（25±2）mm/min。

（2）拉跟专用夹具。

①拉跟专用夹具由夹持后跟的上夹具和夹持成鞋的下夹具两部分组成，夹持成鞋的下夹具如图 5-25 所示，夹持鞋跟的上夹具可分为Ⅰ型上夹具（见图 5-26）、Ⅱ型上夹具（见图 5-27）和Ⅲ型万能上夹具（见图 5-28）。

②Ⅰ型上夹具用于一般鞋跟，能被上夹钳夹紧的鞋跟。Ⅱ型上夹具适用于矮粗跟，而鞋跟侧面呈凹形且材质坚硬，用Ⅰ型上夹具容易滑脱的鞋跟。Ⅲ型万能上夹具则适用于一些较细的鞋跟且材质坚硬，用Ⅰ型上夹具无法夹紧且容易滑脱的鞋跟。

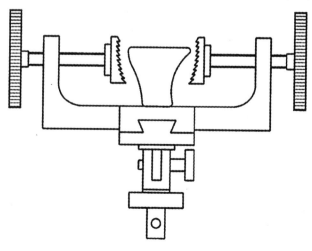

图 5-25 下夹具示意图

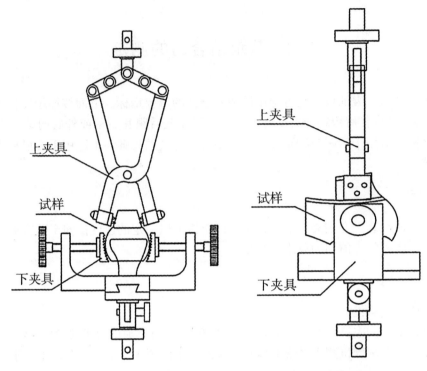

图 5－26　Ⅰ型上夹具和下夹具两部分的正视图和侧视图

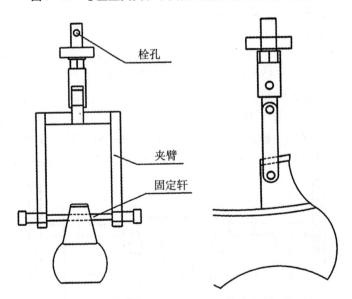

图 5－27　Ⅱ型上夹具将鞋跟夹持在拉力试验机中的正视图和侧视图

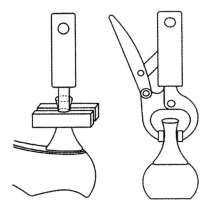

图 5-28　Ⅲ型万能上夹具将鞋跟夹持在拉力试验机中的正视图和侧视图

3. 试样与环境调节

（1）通常在试验前不需要对鞋类进行环境调节。

（2）试样为制成 48 h 后的皮鞋成鞋，测试部位不得有明显缺陷，后跟不得受过挤压、冲击，不得有明显变形。因试验需要采用Ⅱ型上夹具时，钻孔而产生的轻微缺陷、挤压可不考虑。

（3）对外底后跟口包粘在后跟正前部的卷跟皮鞋，测试前在外底和后跟刚接触的位置，将外底两部分切断。

（4）试样测试前须在室温下放置 30 min 以上。

（5）每组试样不得少于两双成鞋（同批产品）。

（6）对于采用Ⅱ型上夹具中鞋跟，在鞋跟上钻直径为 7~8 mm 的孔，位置如图 5-29 所示，与跟口和鞋跟/跟面的接触面基本平行，中心距离跟面和跟口均（10±2）mm，样品应从鞋跟的两侧钻孔，保证直径为（6±0.5）mm 横杆能穿过鞋跟上预先钻好的孔。

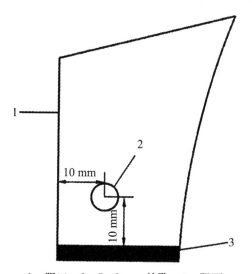

1—跟口；2—7~8 mm 的孔；3—跟面

图 5-29　穿过矮粗鞋跟的水平孔

4. 试验条件

（1）拉力试验机拉伸速度为（25±2）mm/min。

（2）试验环境温度为室温。

5. 试验步骤

（1）根据鞋跟不同，选择合适的上夹具类型。

（2）将拉跟专用夹具安装于拉力试验机上，上夹具安装于上钳口联杆接口，成鞋夹具安装于下钳口联杆接口。

（3）将试样鞋跟向上，夹紧在成鞋夹具上。

（4）调整成鞋夹具位置，目测使鞋跟面呈水平状态，鞋跟受力方向与拉力试验机施力方向一致，并使上、下夹具钳夹紧鞋跟。

（5）将拉力试验机调零，调整拉力试验机的拉伸速度为（25±2）mm/min。

（6）开动拉力试验机，直至鞋后跟与后帮或外底分离，立即停机并记录最大负荷值。

（7）试验过程中，如果出现帮面撕裂或鞋跟分离以及鞋内底被拉出，未将鞋跟与后帮或外底分离，则终止试验，记录最大负荷值。

（8）试验过程中，如果由于鞋跟结合力过大，达到试验机最大负荷时，仍未将鞋跟与后帮或外底分离，则终止试验，记录最大负荷值。

（9）试验过程中，如果出现鞋跟断裂或破裂，未将鞋跟与后帮或外底分离，则终止试验，记录最大负荷值。

（10）如果只测鞋跟结合强度是否达到规定值，则当负荷达到产品标准规定值时，保持负荷 15~20 s 后检查鞋跟与后帮或外底是否分离。

（11）其他试样以相同方法进行。

6. 试验结果

（1）以鞋后跟与后帮或外底分离所需的最大负荷值表示试验结果，精确到 5 N。

（2）试验过程中，如果出现"5. 试验步骤（7）（8）（9）"所描述的情况，或是"5. 试验步骤（10）"的试验后未出现鞋跟与后帮或外底分离，以记录的最大负荷值表示试验结果，要注明"未分离"及相应的情况。

（3）每只鞋的试验结果应分别表示。

7. 试验结果

试验报告应包含以下内容：

（1）本试验方法标准号。

（2）试验试样名称、鞋跟高度、夹具类型、鞋跟材料、鞋跟装配形式（粘合或钉合）、鞋跟分离情况等描述。

（3）鞋跟结合力。

（4）试验人员及试验日期。

5.9 成型底鞋跟硬度的测定

本节按照国家标准 GB/T 3903.4—2008《鞋类 通用试验方法 硬度》介绍鞋类外底与鞋跟硬度的试验方法。该标准适用于成鞋外底、成型底（包括后跟与外底为整体的成型底的后跟）等鞋类外底产品的硬度检验。

1. 试验设备

手持式邵尔 A 型、D 型、W 型的橡塑材料或橡塑微孔材料硬度计。

2. 取样和环境调节

（1）样品数量按产品标准要求执行。一般情况下，一组试样为一双（副）成鞋或鞋底。

（2）试验前，试样按照 GB/T 22049—2008《鞋类 鞋类和鞋类部件环境调节及试验用标准环境》的规定，在标准环境温度（23℃）的条件下放置 4 h 后进行试验。

3. 试验方法

（1）试验原理。

①使用手持式邵尔硬度计，测量将规定形状的压针在一定条件下压入试样的深度，并将其转换为硬度值表示出来。

②由于测试结果受压针形状和所施压力的影响，所以不同类型硬度计所测试的结果没有简单的对应关系。

（2）试验条件。

①按照 GB/T 22049—2008《鞋类 鞋类和鞋类部件环境调节及试验用标准环境》的规定，在标准环境温度（23℃）下进行试验。当不能实现时，试验应在试样从标准环境中取出 15 min 内进行。

②测试成鞋要装楦，测试成型底要垫楦，测试部位的鞋楦与成鞋或成型底间不得有空隙。

（3）试验步骤。

①检查试样，如表面有杂物，应用纱布沾酒精擦净。

②选择试样表面的平整处作为测试部位（若产品标准规定了试验部位，则在规定试验部位的平整处）。测试部位应平整（若无平整处，应打磨平整），无缺胶、气泡、机械损伤及杂质，若成鞋或成型底装有勾心时，应避开勾心处。

③手持硬度计，压针垂直于试样表面并距离试样边缘不少于 12 mm，平稳、匀速地将压足压在测试部位，压紧后立即读表值。

注：所施加的力应刚好使压足与试样完全接触，并在压足与试样完全接触后 1 s

读数。

④每个测量点只准测一次硬度，测量点间距不小于 6 mm。

⑤使用邵尔 A 型硬度计，当测量值超出 90°时，推荐使用邵尔 D 型硬度计；使用邵尔 D 型硬度计，当测量值低于 20°时，推荐使用邵尔 A 型硬度计。当邵尔 A 型硬度计示值低于 10°时是不准确的，该测量结果不能使用。邵尔 W 型硬度计适用于橡胶、塑料等微孔、泡沫材料硬度的测试。

4. 试验结果

（1）记录使用的硬度计型号，以硬度计指针所指示的表值为测定值，单位为"度"。

（2）每组试样两只鞋（底）分别测试，每只鞋（底）测 3 点，仲裁检验每只测 5 点，取其算术平均值作为该只鞋的测试结果。每个测定值与平均值的相对偏差的绝对值应不大于 5%，若超出偏差，应舍掉超差的数值并补测。试验结果取整数值。

（3）每只鞋（底）的试验结果应分别表示。

5. 试验报告

试验报告应包含以下内容：

（1）试验结果。

（2）试样的详细描述，应包括试样编号、名称、规格、数量、试样材质等。

（3）对测试部位及其表面处理方法的描述。

（4）试样处理条件。

（5）试验人员及试验日期。

（6）本标准编号。

（7）与本试验方法的任何偏差。

5.10 衬里和内垫材料的耐摩擦色牢度的测定

衬里和内垫材料的耐摩擦色牢度可以评价颜色在使用过程中对外界作用的抵抗力，及对附着材料的沾色能力。下面根据轻工行业标准 QB/T 2882—2007《鞋类 帮面、衬里和内垫试验方法摩擦色牢度》中的方法 A（轻工行业标准 QB/T 1002—2015《皮鞋》规定使用此方法，见 5.1 节）介绍评定材料在干、湿摩擦中的抗损伤性（抗刮伤性）和表面颜色迁移性。该方法适用于各种材料制成的鞋类帮面、衬里和内垫，目的是评定其最终用途的适宜性。

1. 术语和定义

（1）摩擦色牢度（colour fastness to rubbing）。
在干、湿摩擦中材料的抗损伤能力（抗刮伤能力）和材料表面颜色的迁移性。

（2）耐汗色牢度（perspiration fastness）。

材料在汗液中的抗变色性。

（3）厚革（thick leather）。

厚度小于 2 mm 的皮革。

2. 试验设备和材料

（1）试验设备。

①金属平台，尺寸至少为 80 mm×25 mm。

②金属平台沿 80 mm 边长方向水平往复移动，移动距离为（35±2）mm，频率为（40±2）次/min。

③在平台两端有一对夹具，与 80 mm 边呈 90°，在平台上夹持试样。夹具之间的距离至少为 80 mm。

④移动夹具，试样被线性拉伸，拉伸长度可调整到 20%。

⑤摩擦头，底面为平面，能固定方形毛毡垫。对于平台宽度大于 25 mm 的机器，摩擦头能在平台宽度范围上调整其相对位置。

⑥方形毛毡垫能固定到摩擦头上。

⑦能向摩擦头施加向下（4.9±0.1）N 和（9.8±0.2）N 的作用力。

⑧记录平台运行次数的装置。

（2）方形精梳纯毛毡垫应符合以下要求：

①边长为（15±1）mm。

②单位面积质量为（1750±100）g/m²，当使用压脚直径为（10±1）mm，施加压力为（49±5）kPa 的数字测厚仪时，测定厚度为（5.5±0.5）mm。

③将 2 g 研碎的毛毡垫放入聚乙烯瓶中，加入符合 GB/T 6682 要求的 100 mL 蒸馏水或去离子水，进行振荡，然后放置 2 h，水萃取物的 pH 为 6～7。

（3）评定变色和沾色用五级九挡的灰色样卡，应符合 GB 250—1995《评定变色用灰色样卡》和 GB 251—1995《评定沾色用灰色样卡》的要求。

（4）评定箱所用的人工光源，应符合 GB/T 6151—1997《纺织品 色牢度试验 试验通则》的要求。若用日光光源，使用来自北面的日光。

（5）蒸馏水或去离子水，符合 GB/T 6682 中三级水的要求。

（6）人工汗液，每升溶液应包括氯化钠 5 g，以及密度为 0.880 g/cm³ 氨水 6.0 cm³（mL）。

（7）石油溶剂，普通试剂级。

3. 取样和环境调节

（1）长方形试样，要求尺寸足够大，能牢固夹持在试验平台上。在材料的任何方向取样。一般情况下试样最小尺寸为 100 mm×25 mm。

使用试验平台宽度为 25 mm 的试验机器时，按摩擦次数或使用摩擦试验条件，将试样分组。

对于试验平台较宽的试验机器，摩擦头可在平台宽度的不同位置调节安装，可以使用较宽试样，使摩擦轨道并排。

（2）在试验前将试样放置在按 ISO 18454（同 GB/T 22049—2008《鞋类 鞋类和鞋类部件环境调节及试验用标准环境》）规定的标准环境中，时间至少为 24 h。

注：可以从片材、成型帮面或成鞋上取样。

4. 试验方法

（1）试验原理。

对于摩擦色牢度，干、湿毛毡在恒定压力下摩擦试样，毛毡垫往复摩擦试样表面。在完成预先设定摩擦次数后停止试验，使用几何定级的灰色样卡对颜色的损坏或迁移进行客观评定。

一共有四种摩擦类型：①干摩擦；②湿摩擦；③汗液摩擦；④石油溶剂摩擦。

（2）试验步骤。

①总则

所有试样至少重复一次，验证试验结果，试验应在 ISO 18454（同 GB/T 22049—2008《鞋类 鞋类和鞋类部件环境调节及试验用标准环境》）规定的标准环境中进行。

②干摩擦试验。

a. 将试样固定在平台上。

b. 将夹具分开，拉伸试样：

——机织纤维和厚革，拉伸 5%；

——标准鞋类用革，拉伸 10%；

——软革，拉伸 15%~20%。

c. 将新的干毛毡垫固定到摩擦头底面上，毛毡垫的两个边与平台的运动方向平行。

d. 毛毡垫与试样接触，施加力为：

——反绒面革，（4.9±0.1）N；

——其他材料，（9.8±0.2）N。

e. 开动机器直至规定次数。如果没有规定摩擦次数，在 100 次后停止机器。当摩擦次数很高时，如有需要，间隔停止机器，使试样冷却，检查是否由于摩擦产生热量损坏试样表面涂饰层。

f. 将毛毡垫升起，露出试样表面，然后从机器上移去。

g. 将试样从机器上移去，取新试样固定到平台上，或调整摩擦头位置，毛毡垫摩擦位置与试样边和已摩擦部位至少相距 5 mm。然后重复步骤 c~f。

h. 对于任何额外摩擦次数和要求的重复试验，重复步骤 g。

③湿摩擦试验。

a. 将毛毡垫浸泡在冷的蒸馏水中，煮沸，保持沸腾（60±5）s，冷却到常温。在试验前立即将毛毡垫从水中取出，舍去过度膨胀或柔软的毛毡垫。毛毡垫在水中的时间不应超过 24 h。没有使用的毛毡垫应在 24 h 后丢弃，准备新的毛毡垫。

b. 通过轻轻挤压毛毡垫，调节其中的水分，当固定到摩擦头上和停放在试样上时，有少量的液体挤压出，形成一圈湿印，停止挤压。

c. 使用湿而不是干的毛毡垫进行"②干摩擦试验 c~h"的步骤。

d. 按 ISO 18454（同 GB/T 22049—2008《鞋类 鞋类和鞋类部件环境调节及试验用标准环境》）规定的标准环境，干燥毛毡垫和试样，干燥时间至少为 16 h。

④汗液摩擦试验。

a. 按"③湿摩擦试验 a"将毛毡垫浸湿。

b. 轻轻挤压毛毡垫，除去多余水分，立即将其浸入人工汗液，时间为 5 min。

c. 将毛毡垫从汗液中取出，舍去过度膨胀的毛毡垫。

d. 进行"③湿摩擦试验 b~d"的步骤。

⑤石油溶剂摩擦试验。

a. 将毛毡垫浸泡在石油溶剂中，时间为（30±5）s。舍去过度膨胀的毛毡垫。

b. 进行"③湿摩擦试验 b~d"的步骤。

⑥评定试验结果（所有试验）。

a. 为了更易于评定色迁程度，建议将每个毛毡垫一分为二，将试验后的毛毡垫与未经试验的毛毡垫进行对比。

b. 为了更易于评定褪色程度，建议将每个试验后的试样与未经试验的试样进行对比。

c. 在按 GB/T 6151—1997《纺织品 色牢度试验 试验通则》规定的人工光源或来自北面的日光下，对比试验后和未经试验的部分，用相应几何定级的灰色样卡进行定级（即对颜色迁移用"沾色程度"，损伤用"颜色变化"）。如果评定在两个定级之间，取较低的定级，即较差的情况。

d. 如果重复试验的定级不同，取两者之间较低的定级作为试验结果。

5. 试验报告

试验报告应包括以下部分：

（1）测定的颜色迁移和损伤（刮伤）的较低颜色迁移或损坏（损伤）的定级。

（2）描述试样，包括商业信息（样式货号等）。

（3）本试验方法的标准编号。

（4）要进行试验的试样表面。

（5）使用的试验类型（干、湿、汗液、石油溶剂）。

（6）摩擦次数。

（7）试验日期。

（8）本试验方法的任何偏差。

5.11 勾心的测定

勾心是皮鞋的重要部件，用于加固鞋类腰窝部位，如图 5-30 所示，它起着大梁作用，涉及人体健康、安全以及皮鞋外形稳定。因此，皮鞋钢勾心的质量对于提高皮鞋质量起到重要的作用。下面按照国家标准 GB 28011—2011《鞋类钢勾心》介绍鞋（含靴）类钢勾心的产品分类、技术要求、试验方法、检验规则和标志、包装、运输、贮存。该标准适用于由金属材料制成的鞋（含靴）用钢勾心。

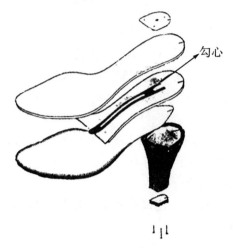

勾心

图 5-30　皮鞋勾心

1. 产品分类

按使用对象分为：男鞋勾心、女鞋勾心、儿童（大童）鞋勾心。
按钢勾心形状分为：Ⅰ型勾心、L 型勾心、Y 型勾心。

2. 技术要求

（1）标志。
勾心上应标志以下内容：
①使用对象："1"表示男鞋用勾心，"2"表示女鞋用勾心和儿童鞋用勾心。
②适用跟高或适用跟高范围，用阿拉伯数字表示，单位为毫米（mm）。
示例：
1/20（男鞋用勾心，适用跟高 20 mm）。
2/30～35（女鞋和儿童鞋用勾心，适用跟高 30～35 mm）。
（2）外观。
勾心表面无毛刺，无锈蚀，筋、钉孔、叉口位置要正。
（3）尺寸。
①尺寸允差。
同批勾心的长度允差不大于±2.0 mm，宽度允差不大于±1.0 mm，厚度允差不大于±2.0 mm。
②长度下限值。
a. 男鞋勾心长度下限值见表 5-14。

表 5－14　男鞋勾心长度下限值

鞋号	235～243	244～253	254～263	264～278	279～298	299 以上
勾心长度/mm	105	110	115	120	125	130

b. 女鞋勾心和儿童（大童）鞋勾心长度下限值见表 5－15。

表 5－15　女鞋勾心和儿童（大童）鞋勾心长度下限值

鞋号		200～213	214～223	224～233	234～243	244～258	259～278	279 以上
勾心长度/mm	跟高＜30 mm	90	100	105	110	115	120	125
	跟高≥30 mm	95	105	110	115	120	125	130

c. L 型勾心（用于女高跟鞋，其后部向下弯曲形成短边嵌入成型底跟内的勾心），其长度下限值允许比表 5－15 中的规定值短 15 mm。Y 型勾心其长度下限值允许比表 5－14 或表 5－15 中的规定值短 25 mm。

（4）纵向刚度。

勾心纵向刚度要求见表 5－16。

表 5－16　勾心纵向刚度要求

跟高/mm	＜50	50～74	74～99（不含 74）	＞99
纵向刚度/kN·mm²	≥400	≥800	≥1200	≥1600

（5）抗疲劳性。

勾心做抗疲劳性试验，达到表 5－17 规定的试验次数，试样不断裂，表面允许有微小裂纹。

表 5－17　勾心抗疲劳性试验次数要求

跟高/mm	＜50	50～74	74～99（不含 74）	＞99
试验次数	3000	8000	20000	60000

（6）硬度。

勾心硬度要求见表 5－18。

表 5－18　勾心硬度要求

跟高/mm		＜30	≥30
硬度	HR15N	≥70.0	≥82.0
	HRA	≥61.5	≥72.5
	HRC	≥22.5	≥43.5

注：1. 硬度要求符合 HR15N、HRA 和 HRC 指标之一即可。

　　2. 试样厚度小于 1 mm 时不使用 HRA 和 HRC。

（7）弯曲性能。

勾心做 180°弯曲试验，试样不断裂，表面可有微小裂纹。

3. 试样数量

以同材料、同规格、一个连续生产批次的勾心为一个抽样批，随机抽取 6 根勾心作为试样，其中 2 根勾心用于标志、外观、尺寸、纵向刚度、硬度及弯曲性能的检验，另 4 根做抗疲劳性检验。

注：纵向刚度检验与抗疲劳性检验所用试样不能重复使用。

4. 试验方法

（1）标志和感官质量。

在正常光线下目测。

（2）钢勾心长度测量。

①I 型勾心长度测量。

使用精度不低于 1 mm 的鞋用带尺，贴紧勾心上表面测量勾心的最长部位即为勾心的长度，结果保留整数位。每根勾心的长度值分别表示，长度允差为试样测量值中最大值与最小值的差。

②L 型勾心长度测量。

将勾心按如图 5-31 所示摆放在平台上，使用高度尺测量并标注勾心的最高点 B，用精度不低于 1 mm 的鞋用带尺，贴紧勾心上表面测量该点到勾心的头部端点的距离即为勾心的长度值，结果保留整数位。长度允差为试样测量值中最大值与最小值的差。

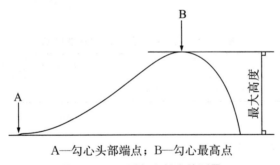

A—勾心头部端点；B—勾心最高点

图 5-31　L 型勾心长度的测量

③Y 型勾心长度测量。

使用精度不低于 1 mm 的鞋用带尺，贴紧勾心中心线上表面测量勾心前部端点到勾心 Y 部卧槽中心点处即为勾心长度，结果取整数位。长度允差为试样测量值中最大值与最小值的差。

（3）勾心宽度测量。

使用精度不低于 0.05 mm 的游标卡尺，分别在勾心头部和尾部无毛刺部位各测量一点，结果保留小数点后一位。每根勾心的头部和尾部宽度值分别表示。宽度允差为试样相应部位测量值中最大值与最小值的差。

（4）勾心厚度测量。

使用精度不低于 0.05 mm 的游标卡尺，分别在勾心头部和尾部无毛刺部位各测量一点，头尾厚度测量值的算术平均值为该根勾心厚度值。结果保留小数点后一位。厚度允差为试样相应部位测量值中最大值与最小值的差。

（5）纵向刚度。

按 QB/T 1813—2000《皮鞋勾心纵向刚度试验方法》（基本与 GB/T 3903.34—2008《鞋类 勾心试验方法纵向刚度》一致），每根勾心的试验结果分别表示。

（6）抗疲劳性。

按 GB/T 3903.35—2008《鞋类 勾心试验方法 抗疲劳性》进行试验，每根勾心的试验结果分别表示。

（7）硬度。

按 GB/T 230.1—2018《金属材料洛氏硬度试验 第 1 部分：试验方法（A、B、C、D、E、F、G、H、K、N、T 标尺)》进行试验，每根勾心的试验结果分别表示。

（8）弯曲性能。

①试验设备。

勾心弯曲性能试验器（见图 5-32）有固定夹持管及活动夹持管，其活动夹持管可绕直径为 10 mm 的中心立柱旋转 180°。

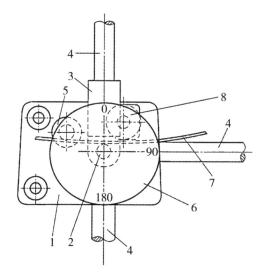

1—底座；2—中心立柱；3—加载头；4—加载杆；5—支点；
6—刻度盘；7—钢勾心；8—辊轮
图 5-32　勾心弯曲性能试验器

②试验温度。

室温（20±5）℃。

③试样数量。

1 根（应选取试样中硬度值最大的一根）。

④试验步骤。

设备示意图见图 5-32。弯曲性能试验按以下步骤进行：

a. 将钢勾心插入支点（见图 5-32 中 5）、中心立柱（见图 5-32 中 2）与辊轮（见图 5-32 中 8）。

b. 使勾心中间部分（L 型勾心测试其长边部分，转角部位除外）的上表面紧贴中心立柱（ϕ10 mm）为支点做 180°弯曲试验。

c. 目测勾心是否发生断裂，同时观察其表面的裂纹状况。

5. 检验规则

（1）勾心产品的检验。

①组批。

产品以批为单位进行验收。同型号、同规格连续生产的产品可作为一个检验批。

②检验分类。

产品检验分出厂检验和型式检验。

a. 出厂检验。

标志、外观全检；尺寸长度下限、纵向刚度、硬度、弯曲性能等抽检；尺寸允差、抗疲劳性选检。

b. 型式检验。

进行所有项目的检验时，按顺序先进行标志、感官质量、尺寸、长度下限值、纵向刚度和硬度试验，后再选其硬度最大的 1 根勾心做弯曲性能试验；另 4 根勾心做疲劳性试验。

有下列情况之一时，还应进行型式检验：

——产品结构、工艺、材料有重大改变时；

——产品长期停产（三个月）后恢复生产时；

——国家质量监督检验机构提出进行型式检验要求时；

——正常生产时，每半年至少进行一次型式检验。

（2）鞋类产品中勾心的检验。

鞋类产品抽查、送检，试样数量不能满足本标准要求时，应以同双鞋内取出的 2 根勾心作为试样，进行勾心所有项目的检验，2 根进行标志、外观、尺寸、硬度的检验。之后，1 根勾心做抗疲劳性试验，1 根做其他项目的试验。

（3）结果判定。

若在各个单项试验中，有 1 根及以上勾心未达到本标准要求时，则判定该项不合格；若所检项目中，有 1 项及以上不合格，则判定该批产品不合格。其中标志、长度下限、纵向刚度、硬度、弯曲性能为强制性条款，有 1 项及以上不合格，不得复检，判定该批产品不合格；外观、抗疲劳性为推荐性条款，有 1 项及以上不合格，可在原批次产品中再次抽样，样品数量加倍，对不合格项进行复检，按复检结果进行判定。

6. 标志、包装、运输、贮存

（1）标志。

产品包装应标志如下内容：

产品名称、使用对象、规格（长、宽、厚）、适用跟高（也可以为适用跟高范围）、数量、制造厂名、厂址、电话、邮政编码、商标、生产日期、防潮标志、出厂检验合格证及本标准编号。

进口产品应标注原产国、国内经销商名、地址和电话。

包装贮运图示应符合 GB/T 191—2008 的要求。

（2）包装。

包装内有防锈措施，包装形式可采用纸盒、木箱或供需双方商定的形式。

（3）运输、贮存。

运输、贮存时不得重压、雨淋、与酸或碱等腐蚀物接触。仓库内要保持通风干燥。产品离地和墙 0.2 m 以上，防止产品生锈。

5.12　内底纤维板屈挠指数的测定

在成品鞋的穿用过程中会反复地受到屈挠作用。内底纤维板屈挠指数是评判皮鞋的耐穿用性的重要指标之一。下面按照轻工行业标准 QB/T 1472—2013《鞋用纤维板屈挠指数》介绍鞋用纤维板屈挠指数的术语和定义、要求、试验方法、结果表示、检验规则及判定、试验报告。该标准适用于日常穿用鞋的内底纤维板，不适用于半托底和有特殊要求的鞋内底纤维板。

1. 术语和定义

屈挠指数（flexing index）：试验时鞋用纤维板试样断裂时屈挠次数的对数。

2. 要求

各种鞋用内底纤维板纵、横方向上的屈挠指数应符合表 5-19 的要求。

表 5-19　鞋用内底纤维板屈挠指数指标

项目	优等品	合格品
屈挠指数	≥2.9	≥1.9

3. 试验方法

（1）试验原理。

鞋用纤维板经反复机械屈挠直至断裂，以断裂时的屈挠次数计算出屈挠指数。

（2）试样。

①环境调节。

在温度为（23±2）℃、相对湿度为（65±5）%的环境里放置48 h。

②试样制备。

在经过环境调节的试样上裁切两组尺寸长（80±1）mm、宽（10±0.2）mm的试样各3条，第一组试样的长边方向平行于鞋用纤维板的机加工方向（称其为横向），第二组试样的长边方向垂直于鞋用纤维板的机加工方法（称其为纵向）。

（3）试验设备。

①夹持器由上夹持器和下夹持器（包括载荷）组成，如图5-33所示。上夹持器的屈挠角度为左、右各（90±1）°，屈挠频率为（60±10）次/min（左、右各屈挠一次为1屈挠次数）。下夹持器（包括载荷）的质量为（2±0.01）kg。限制在试样屈挠部位下垂直运动。

②计数器可分别记录每个试样断裂时的屈挠次数。试条全部断裂后停车。

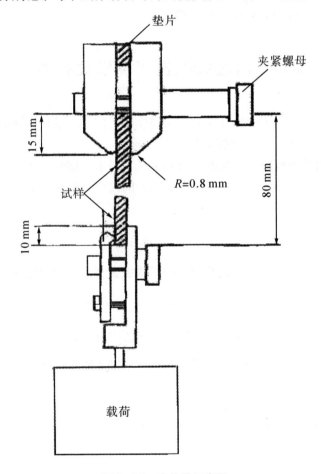

图5-33　夹持器示意图

（4）试验条件。

试验在温度为（23±2）℃、相对湿度为（65±5）%的环境条件下进行。

（5）试验步骤。

①每一组的 3 条试样应同时试验。

②将试样顺序夹在上夹持器里，试样的长边垂直于水平面，夹持长度约 15 mm，并在试样上方夹具的另一端里垫入与试样厚度相同的小纤维板，以保持两个夹持面的平行。

③将下夹持器（包括载荷）夹挂在试样的另一端，夹持长度约 10 mm。

④将计数器清零后开机试验，直至全部试样断裂，记录屈挠次数 N。

4. 结果表示

（1）按下式计算屈挠指数 X：

$$X = \frac{\lg N_1 + \lg N_2 + \lg N_3}{3}$$

式中，N_1，N_2，N_3——同组 3 个试样各自的屈挠次数。

（2）结果保留 1 位小数。

（3）纵、横方向的结果分别表示。试验结果中纵、横向等级不同时，以低等级判定。

5. 检验规则及判定

（1）检验规则。

①每批产品应随机抽取 1 张纤维板进行屈挠指数试验。

②每一次试验如有任一方向的结果不符合屈挠指数要求时，可加倍抽样，对不符合要求的方向进行复检，按复检结果判定。

（2）判定。

①屈挠指数符合本标准优等品指标要求，则判定该产品为优等品。

②屈挠指数符合本标准合格品指标要求，则判定该产品为合格品。

③屈挠指数低于本标准合格品指标要求，则判定该产品为不合格品。

6. 试验报告

（1）试样规格、型号、厚度和生产厂家。

（2）试验温度和相对湿度。

（3）本标准编号。

（4）试验结果。

（5）试验人员及日期。

5.13　帮面材料低温屈挠性能的测定

有的帮面材料会随着温度的降低而在屈挠时出现脆裂的现象，这种材料在严寒的冬天不耐使用，即为低温屈挠性能较差。本节按照轻工行业标准 QB/T 2224—2012《鞋类 帮面低温耐折性能要求》介绍鞋类帮面低温耐折性能要求、试验方法和检验规则等。该标准适用于各类帮面材料。

1. 术语和定义

低温耐折性能（flexing resistance at low temperature）：在低温条件下，帮面材料抗反复屈挠的性能。

2. 要求

在（−10±2）℃的温度下，进行帮面材料耐折试验，要求优等品屈挠次数不少于 6 万次，合格品屈挠次数不少于 3 万次。各种材料部件达到规定的屈挠次数时，试验不应出现目测能观察到的鞋面材料破裂及裂纹（包括裂浆和裂面）。

3. 耐寒试验仪

（1）制冷箱内控制温度应满足（−10±2）℃，精确度为 1.0℃。
（2）制冷箱内 V 形夹具，应满足以下条件：
①每对夹具的轴线在同一直线上。
②夹具安装在制冷箱内，弯折角度 0°～90°可调，误差±2°。
③每对夹具由一个固定夹具和一个活动夹具组成，耐寒试验仪运转时，活动夹具做往复运动，使两个夹具间的距离反复变化，从而使试样反复受到屈挠。
④两个夹具远离时，相距（28.5±1.0）mm；靠近时，相距（9.5±1.5）mm，从而产生（19.0±2.5）mm 的冲程。
⑤夹具运动频率（试样屈挠率）为 1.5 Hz。
⑥夹具的 V 形夹角为（40±1）°。
⑦夹具的 V 形顶端是圆弧形，其曲率半径为 6.4 mm。

4. 取样和环境调节

（1）试样数量：取样不得少于 4 片（横纵方向各 2 片），试样长 70 mm，宽 65 mm。
（2）试样外观不允许有伤痕、杂质、污斑及擦伤等缺陷。
（3）试样厚度为材料原厚度。推荐使用厚度不大于 2.5 mm 的试样进行试验。
（4）将试样放置在符合 GB/T 22049—2008《鞋类 鞋类和鞋类部件环境调节和试验用标准环境》要求的标准环境中调节 24 h。

5. 试验步骤

（1）将夹具调到远离位置，然后将试片装在夹具里夹紧。试片外层朝外对称定位，试片的长度方向要平行于夹具轴线，试片两半部的边缘要在同一水平面上。
（2）将每对夹具合拢，检查每个试片折叠时是否有一条对称地横跨试片的向里的皱折，且该皱折被一个由4条向外的皱折形成的菱形所环绕。

（3）装试片之后，带制冷箱内的温度达到（−10±2）℃，开始屈挠。

（4）当试片出现裂纹或达到规定屈挠次数时停机。记录屈挠次数。推荐每1万次停机检查试片，出现裂纹立即停止试验。

6. 检验规则

检验规则按 QB/T 1187—2010《鞋类 检验规则及标志、包装、运输、贮存》执行。

7. 判定

样品中不同试片的检测结果等级不同时，按低等级判定。试片全部达到优等品或合格品要求，则相应判定该样品低温耐折性能为优等品或合格品。如果有一片或一片以上未达到合格品要求，判定该样品低温耐折性能为不合格品。

5.14 鞋带耐磨性能的测定

鞋带耐磨性能是指鞋带与相似鞋带或鞋眼之间进行反复摩擦时，鞋带的耐摩擦能力，用鞋带经受反复摩擦断裂时的次数和鞋带断裂、磨损情况表示。下面按照国家标准 GB/T 3903.36—2008《鞋类 鞋带试验方法 耐磨性能》介绍测定鞋带反复摩擦的耐磨强度的三个试验方法，即方法1：鞋带与鞋带的摩擦，方法2：鞋带与标准鞋眼的摩擦，方法3：鞋带与鞋眼（从鞋上剪切）的摩擦。该标准适用于各种鞋类用鞋带。

1. 术语和定义

（1）鞋带耐磨性能（abrasion resistance of shoe laces）。
鞋带与相似鞋带或鞋眼之间进行反复摩擦时，鞋带的耐摩擦能力。
（2）断裂时的循环次数（number of cycles to failure）。
试样断裂时往复摩擦次数的算术平均值。
（3）断裂类型（type of failure）。
较短鞋带或较长鞋带的断裂，连同各自的磨损情况一并描述。

2. 试验原理

将鞋带穿过环孔，环孔以精确的角度固定，鞋带与环孔的固定接触点穿过环孔，鞋带在标准张力下夹持，鞋带在线圈中做往复运动直至断裂，如图5−34和图5−35所示。其中，方法1的环孔是用垫圈固定一个相似的鞋带环孔，方法2和方法3的环孔是鞋眼。

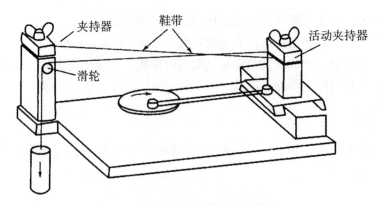

图 5—34　鞋带摩擦测试示意图

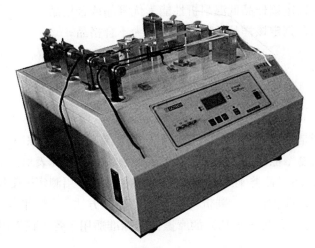

图 5—35　鞋带摩擦测试实际操作图

3. 试验设备和材料

（1）一般情况。

①有一个或多个工作位的试验机器（见图 5—36）。

注：在本试验中可以使用少于六个工作位的试验机器。在这种情况下，重复试验直到六个试样都进行了试验。

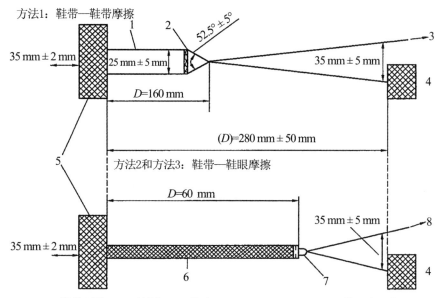

1—鞋带环孔；2—垫圈；3—拉力（2.45 N±0.03 N）；4—静止夹具钳；

5—可移动夹具钳；6—金属条；7—鞋眼；8—拉力（2.45 N±0.03 N）

图 5－36　鞋带摩擦的平面图

②可移动夹具钳，能牢固固定：

a. 鞋带的两端（方法 1）。

b. 金属条的一段（方法 2 和方法 3）。

③静止夹具钳在与可移动夹具钳同一水平面固定，夹持鞋带一端，当静止夹具钳和可移动夹具钳相距最短时，静止夹具钳与可移动夹具钳的距离为（280±50）mm。最短距离用 D 表示。

④在与静止夹具钳同一水平面上相距（35±5）mm 的地方用拉力设备将鞋带固定，施加（2.45±0.03）N 的力，见图 5－36。将鞋带穿过一个滑轮后，在鞋带较低的垂直部分的末端悬挂（250±3）g 重物来施加拉力。

⑤可移动夹具钳进行往复运动，移动距离为（35±2）mm，以（60±6）r/min 的速率回到原始点。

⑥计数器，当鞋带或鞋眼断裂时记录摩擦次数。

⑦对于方法 1：

a. 坚硬的垫圈，宽度为（25±5）mm，夹持可移动夹具钳中的鞋带环孔的两个端头（见图 5－45），在拉力作用下，环孔的端头与垫圈形成一个以垫圈为底边的等腰三角形，鞋带边之间的夹角为（52.5±5.0）°。

b. 为了将垫圈放置在合适的位置，使用夹角为 52.5°的样板。

⑧对于方法 2：

一个宽度大约为 25 mm 的金属条，厚度大约为 1 mm，长度大约为 D＝60 mm。金属条的一端固定在可移动夹具钳中，另一端固定鞋眼。

（2）标准鞋眼（方法 2）。

具有以下性质：

①结构为可见（标准/扁平）类型。

②金属类型为铜。

③内孔的公称直径为 4.5 mm。

④整体公称长度为 5.5 mm。

（3）六个鞋眼（方法 2 和方法 3）。

①方法 2。

安装板：坚硬的纤维板，厚度（3.0±0.5）mm，鞋眼固定到直径为（5.0±0.2）mm 的孔中（剪切带有鞋眼的纤维板使能安装到机器中），将其固定到金属条上（见图 5-36）。

②方法 3。

从鞋上剪切包括鞋眼的样品，将其固定到金属条上（见图 5-36）。

4. 取样

（1）方法 1。

①剪切 6 个鞋带试样，长度至少为 2×（D=160）mm（试样①）。

如果有足够的成品鞋带，分别从独立鞋带上剪切试样。

②剪切 6 个鞋带试样，每个长度为（500±10）mm（试样②）。

如果有足够的成品鞋带，分别从独立鞋带上剪切试样。

对于一些设备，只要鞋带试样①能够与鞋带试样②相互摩擦，可以使用 100 mm 的短鞋带，将鞋带首尾连接起来使之变长进行试验。

（2）方法 2 和方法 3。

剪切 6 个鞋带试样，每个长度为（300±10）mm。

如果有足够的成品鞋带，分别从独立鞋带上剪切试样。

对于一些设备，只要鞋带试样能够与鞋眼相互摩擦，可以使用 100 mm 的短鞋带，将鞋带首尾连接起来使之变长进行试验。

5. 环境调节

将试样和试样夹持器放置在 GB/T 22049—2008《鞋类 鞋类和鞋类部件环境调节及试验用标准环境》规定的标准环境［温度为（23±2）℃、相对湿度为（50±5）％］下至少 48 h，并在此环境下进行试验。

6. 试验步骤

（1）方法 1。

①将鞋带［见"4. 取样（1）方法 1 ①"］的两端都固定在可移动夹具钳中，使之形成一个长度大约为 2×（D=160）mm 的环孔。

②将鞋带［见"4. 取样（1）方法 1 ②"］的一端固定在相应的静止夹具钳中。

③将鞋带［见"4. 取样（1）方法 1 ②"］自由端穿过由鞋带［见"4. 取样（1）方法 1 ①"］形成的环孔中。

④对鞋带［见"4. 取样（1）方法 1 ②"］自由端施加（2.45±0.03）N 的拉力。

⑤将垫圈安装到鞋带［见"4. 取样（1）方法 1 ①"］形成的环孔中，向与鞋带［见"4. 取样（1）方法 1 ②"］接触点方向滑动，直到样板显示鞋带［见"4. 取样（1）方法 1 ①"］形成环孔的顶角角度为（52.5±5.0）°。

⑥另外 5 双鞋带重复以上①和⑤的步骤，对于少于 6 个工作位的仪器，重复①~④的步骤直至 6 双试样都进行试验。

⑦将计数器回零，开动机器。

⑧当所有鞋带都断裂时，停止机器。

⑨记录每根鞋带断裂时的循环次数和断裂类型。

（2）方法 2。

①将鞋眼（包括标准鞋眼）固定到每个金属条的端头上，保证试验用鞋眼和金属条的相对位置与成鞋上鞋眼和鞋眼护条的相对位置一致。

②将金属条的另一端夹持在可移动夹具钳上，鞋眼与可移动夹具钳的距离大约为 $D=60$ mm。

③6 个鞋带试样进行"6. 试验步骤（1）方法 1 ②~④"的步骤，所不同的是将它们穿到鞋眼中而不是将其穿到鞋带环孔中。对于少于 6 个工作位的仪器，进行"6. 试验步骤（1）方法 1 ⑥"的步骤。

④进行"6. 试验步骤（1）方法 1 ⑦~⑧"的步骤。

⑤对于每个鞋带试样，记录断裂时的循环次数、断裂类型和鞋眼受损情况。

（3）方法 3。

①将鞋眼（包括从鞋上剪切的样品）固定到金属条的端头上，保证试验用鞋眼和金属条的相对位置与成鞋上鞋眼和鞋眼护条的相对位置一致。

②将金属条的另一端夹持在可移动夹具钳上，鞋眼与可移动夹具钳的距离大约为 $D=60$ mm。

③6 个鞋带试样进行"6. 试验步骤（1）方法 1 ②~④"的步骤，所不同的是将它们穿到鞋眼中而不是将其穿到鞋带环孔中。对于少于六个工作位的仪器，进行"6. 试验步骤（1）方法 1 ⑥"的步骤。

④进行"6. 试验步骤（1）方法 1 ⑦~⑧"的步骤。

⑤对于每个鞋带试样，记录断裂时的循环次数、断裂类型和鞋眼受损情况。

7. 计算和试验结果

计算 6 个试样中每个试样断裂时的摩擦次数的算术平均值。

8. 试验报告

试验报告应包含以下内容：

（1）本标准编号。

（2）使用的试验方法［方法 1：鞋带与鞋带的摩擦；方法 2：鞋带与标准鞋眼的摩擦；方法 3：鞋带与鞋眼（从鞋上剪切）的摩擦］。

（3）详细描述：鞋带（方法 1），鞋带和标准鞋眼（方法 2），鞋带和从鞋上剪切的鞋眼（方法 3）。

（4）断裂时的摩擦次数。

（5）断裂类型。

（6）与本试验方法的任何偏差和任何影响试验结果的情况。

（7）试验日期。

5.15　鞋后跟耐冲击性能的测定

本节按照轻工行业标准 QB/T 2863—2007《鞋类 鞋跟试验方法 横向抗冲击性》介绍鞋后跟耐冲击性能的测定。该标准测定的女鞋鞋跟横向抗冲击性试验结果可以作为对女鞋穿着期间鞋跟在偶尔冲击下破裂倾向的评定。该试验方法适用于所有类型、任何结构的高跟，尤其适用于注塑成型的带钢定位销加固的塑料鞋跟，为选择定位销的硬度提供有关数据。对于某些鞋跟，因鞋跟造型本身就具有较高的横向抗冲击性，所以通常此类鞋跟不需要进行此项试验。

1. 试验设备和材料

（1）横向冲击试验机。

横向冲击试验机示意图和实物图分别见图 5-37 和图 5-38。此设备固定在内置试验台上，或安装到固定在地面上的独立框架上。

横向冲击设备应包括以下部分：

①冲摆。

包括一个直径为（108±1）mm、厚度为（49±2）mm 的圆形冲锤，冲锤通过一个直径为（25±0.5）mm 的摆臂固定到支撑轴承上，支撑轴承的直径为（75±1）mm，冲锤与轴的中心距为（432±2）mm。当水平方向时，冲摆的力矩为（17.3±0.2）N·m。

②冲头。

包括一个厚度为（6.0±0.5）mm、宽度为（25.0±0.5）mm、长度为（35±2）mm 的金属条，圆角半径为（3.0±0.5）mm。冲头固定在冲摆的冲锤上，其顶端和冲锤中心在冲摆的同一摆动圆上，两者相距（89±2）mm。

③能量刻度盘。

能量范围为 0~18.3 J，以 0.68 J 的能量递增，冲摆上的指针沿着此刻度盘移动，可将冲摆设定在所需冲击能量的位置上。

④底座夹具。

夹持金属安装托盘，能进行垂直和水平调节，使鞋跟位于正确位置。

注：如果设备没有牢固安装，试验时会造成部分冲击能量的损失，产生错误结果。

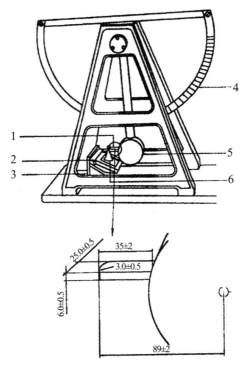

1—冲头；2—鞋跟托盘；3—底座夹具；4—能力刻度盘；5—冲摆；6—试样

图 5-37　横向冲击试验机（单位：mm）

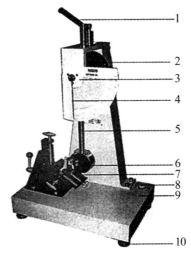

1—拉杆；2—齿轮；3—刻度盘；4—指针；5—摆杆；6—摆锤；

7—夹具；8—水平仪；9—底座；10—水平脚钉

图 5-38　横向冲击试验机实物图

（2）金属安装托盘。

金属安装托盘示意图见图 5-39。鞋跟通过熔点范围为 100℃～150℃ 的低熔点金属合金固定在此托盘上。

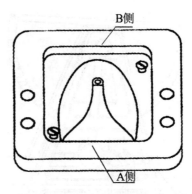

图 5-39　注入熔融合金前的带有鞋跟的金属安装托盘

（3）金属合金。

熔点范围为 100℃～150℃。

2. 取样和环境调节

（1）取 3 个鞋跟，将每个鞋跟分别安装到一个干燥的金属安装托盘上，使用步骤（2）制备试样装配，或对于矮跟试样（一般鞋跟高度低于 40 mm），使用步骤（3）制备试样装配。

（2）将跟面向上平放到金属托盘上，鞋跟的中心线与金属托盘的中心线重合，鞋跟的跟口紧靠金属底座托盘平端 A 侧（见图 5-39）。将金属合金加热至合金能流动的最低温度。在鞋跟周围注入熔融合金，合金注满距托盘上端 3 mm 以下的空间。合金冷却后将鞋跟牢固安装。

（3）一些矮跟如果根据步骤（2）的安装方法，冲头不能正确冲击鞋跟（因为冲摆的底部有可能接触或卡在底座装置上），有必要使用另外的安装方法，即用短鞋跟进行试验时，跟座的后部紧靠底座平端 B 侧安装，为了使冲头能正确冲击鞋跟，必要时将鞋跟后部剪切一部分，使鞋跟更靠近 B 侧。

3. 试验方法

（1）试验原理。

将跟面向上，鞋跟大约垂直时夹持鞋跟，冲头以已知能量连续击打鞋跟，冲击能量持续增加直至鞋跟断裂。

（2）试验步骤。

①将试样装配放置在横向冲击试验机上，沿着底座夹具倾斜表面尽可能地向上滑动，鞋跟的背面面向冲摆，将其固定，试样装配与水平成一定的角度放置，冲头能对鞋跟垂直冲击，调整夹具，当冲摆垂直时，鞋跟与冲头刚刚接触，跟面高于冲头 6 mm。

②将冲摆升到 0.68 J 的位置上，然后放下，冲头冲击鞋跟，将冲摆固定在弹回位置，防止第二次冲击。重复此步骤，每次冲击增加冲击能量 0.68 J，直到鞋跟断裂，或因鞋跟弯曲而使冲摆不能冲击鞋跟，或对鞋跟施加了 18.3 J 的冲击能量。记录总共的冲击次数。

③如果冲击点上出现了裂纹或破裂等损坏，此试验视为无效，这是因为在模拟鞋跟穿用中受到冲击的过程中，冲头的作用是给鞋跟施加冲击力而不是使鞋跟破裂。如果发生这样的损坏，连同此解释一起记录。

④按相同的步骤对另外两个试样装配进行试验。

4. 试验结果

对每个试样按以下方式描述：

(1) 记录鞋跟破损时的冲击次数（或在 27 次冲击后没有发生破损）和最后冲击能量，单位以焦耳（J）表示。

(2) 破损类型如"3. 试验方法（2）试验步骤②"描述，或参照"3. 试验方法（2）试验步骤③"描述鞋跟在冲击点上出现的裂纹或破裂等损坏情况。

5. 试验报告

试验报告应包含以下内容：
(1) 试验结果。
(2) 样品的详细描述，包括商业货号、颜色、材质等。
(3) 本标准编号。
(4) 试验日期。
(5) 与本试验方法的任何偏差。

思考题

1. 我们在市场购买皮鞋时对产品质量有哪些要求？

2. 成品鞋的使用和耐用性能可以从哪些方面去保证？

3. 轻工行业标准 QB/T 1002—2015《皮鞋》对皮鞋的质量要求有哪些？其中物理机械性能含有哪些主要内容？

4. 皮鞋产品的检验规则是什么？

5. 皮鞋产品检验中的质量判定原则是什么？

6. 我国标准 GB/T 3903.1—2008《鞋类 通用试验方法 耐折性能》和 SATRA TM 92 有什么差异？

第6章　其他皮革制品的品质检验

6.1　皮革服装的品质检验

皮革服装的质量受原材料质量的影响更大，而受结构设计的影响相对较小。因此，皮革服装的质量检验更注重原材料的分析检验，更关注服装本身的做工和外观，检验方法多为"手摸眼看"。

轻工行业标准 QB/T 1615—2006《皮革服装》规定了皮革服装的产品分类、要求、试验方法、检验规则和标志、标签、包装、运输、贮存；适用于以各种皮革为主要面料的服装。毛革服装参照使用该标准，但不适用于各种毛皮服装。

下面按照上述行业标准介绍皮革服装的品质检验。

1. 产品分类

（1）上装：西服、夹克衫、猎装、马甲、衬衫等。

（2）下装：裙、裤等。

（3）全身装：风衣、大衣等。

2. 要求

皮革服装的部位命名如图 6-1 所示。

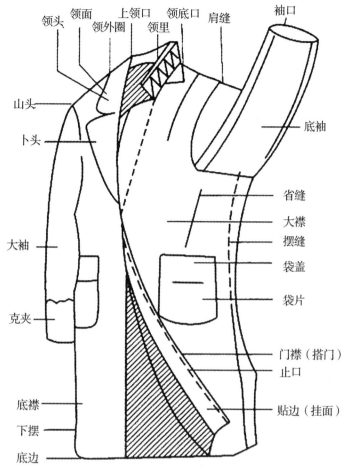

图 6－1　皮革服装的部位命名

（1）号型及规格。

①号型。

按 GB/T 1335.1《服装号型男子》和 GB/T 1335.2《服装号型女子》的有关规定进行检验。

②规格。

按 GB/T 1335.1《服装号型男子》和 GB/T 1335.2《服装号型女子》的有关规定自行设计，允许偏差应符合表 6－1 的要求。

表 6－1　主要部位规格允许偏差

部位名称	允许偏差/mm
衣长	±10
胸围	±15
袖长	±10
总肩宽	±8

续表6-1

部位名称	允许偏差/mm
领围	±8
裤长、裙长	±15
腰围	±10

（2）皮革（含毛革）。

①皮革原料。

按照 QB/T 1872—2004《服装用皮革》（见 2.3 节）、QB/T 2536—2007《毛革》（见 2.5 节）或有关面料标准选用。

②部位用料。

应符合表 6-2 的规定（特殊风格的产品除外）。

表6-2 部位用料

部位	质量要求	
	优等品	合格品
领面	表面光洁，粗细一致，无伤残	
前身前面	左右身颜色适宜，表面光洁，粗细一致，主要部位无伤残，次要部位允许有不明显的轻微伤残 2 处，摆线两边用料不允许用边肷部位，绒面革绒毛细致	左右身颜色适宜，表面光洁，粗细基本一致，摆线两边边肷用料不超过 30 mm，允许有不明显的轻微伤残 3 处，绒面革允许有轻微粗绒
后身后面	左右身颜色适宜，与前身接缝处颜色相称，允许有不明显的轻微伤残 2 处，绒面革绒毛细致	左右身颜色适宜，与前身接缝处颜色基本相称，允许有不明显的轻微伤残 3 处，绒面革允许有轻微粗绒
袖面	表面光洁、细致，与前身颜色相称，袖底缝两边边肷用料不超过 20 mm，不允许有轻微伤残，绒面革不允许有粗绒	表面光洁、细致，与前身颜色基本相称，袖底缝两边边肷用料不超过 30 mm，在不明显处允许有轻微伤残和粗绒
袖底	与袖面相称，允许有不明显的轻微伤残 2 处	与袖面基本相称，不明显处允许有分散的小结疤、小糙斑等轻微伤残
里料	厚薄基本均匀，不允许有明显外观缺陷	除严重厚薄不匀、刀伤、破洞外，一般缺陷的正面革、绒面革都能使用，允许刀伤深度不超过厚度的 1/2，但必须胶补
腰头、腰带及小料	与大身基本相称，表面允许有轻微伤残	
基本要求	正面革革面平整光滑，无露底、裂面、裂浆。绒面革绒毛细致均匀，无油腻感。皮革柔软，无色花，厚薄、粗细、色泽基本一致。除规定部位接缝两边外，不允许使用边肷、边腹皮	

（3）辅料和配件。

应符合表 6-3 的规定。

表 6-3　辅料和配件

品种	质量要求	
	优等品	合格品
纺织品	性能、色泽与皮革面料相适应，收缩率应与面料相适应，无跳丝、色花、色差等缺陷	性能、色泽与皮革面料相适应，收缩率应与面料相适应，不得有明显跳丝、较明显的色花、色差等缺陷，跳丝不得超过 2 处，每处跳丝长度不大于 5 mm
毛皮	色泽光亮，毛被粗细、长短基本一致，不得有僵板、酥板、脱毛、异味等，不脱色，接缝处应平服	
配件	色泽与皮色相称，无毛刺，安装牢固，金属配件光亮无锈	
拉链	拉链颜色与皮色相称，拉合滑顺，无错位、掉牙，缝合平直，边距一致	
纽扣	耐用、光滑，色泽与面料相适应	
缝线	性能、色泽与面料、里料相适宜	
商标	位置端正、牢固、正确、清晰	

（4）缝制要求。

应符合表 6-4 的规定。

表 6-4　缝制要求

项目	质量要求	
	优等品	合格品
针距	与材料性能、厚度、缝线、制作工艺相适应，面料表面面线（6~15）针/30mm	
针迹	自然顺直，针距均匀，上下线吻合，松紧适宜，不得歪斜及皱裂，起落针处应有回针或打结，主要部位无空针、漏针、跳针，次要部位不超过 2 处，且空针、漏针、跳针各不得超过 2 针	自然顺直，针距均匀，上下线吻合，松紧适宜，无严重歪斜及皱裂，起落针处应有回针或打结，空针、漏针、跳针各不得超过 2 处，主要部位不得超过 2 处，总数不超过 5 处
缝纫表面	面料表面无针板及送料牙所造成的伤痕	面料表面无针板及送料牙所造成的明显伤痕
扣眼	眼位与扣相对、适宜，钉扣收线打结须牢固	

（5）外观质量。

应符合表 6-5 的规定。

表 6-5　外观质量

部位	质量要求
领子	领面平服，领窝圆顺，左右对称，领尖不翘，串口、驳口顺直，领翘适宜
肩	肩部平服，肩缝顺直，肩省长短一致，左右对称
袖	绱袖圆顺，吃势均匀，两袖长短一致，相差不大于 5 mm，两袖口大小（宽度）相差不大于 3 mm

部位	质量要求
门襟、里襟	止口顺直平挺，松紧适宜，门襟不短于里襟，长短相差不大于 3 mm
背衩、摆衩	不吊、不歪，平服，长短相差不大于 3 mm
底边	平服，无脱胶、起皱，宽窄一致
口袋	左右袋高低、前后对称，袋盖与袋宽相适应，相差不大于 3 mm
扣眼	长短、宽窄一致，扣眼对应边距相等，不歪斜，相差不大于 2 mm
袢	左右两边高低、长短一致，不歪斜，牢固，相差不大于 3 mm
腰头	面、里、衬平服，松紧适宜
前、后档	圆顺、平服
串带	长短、宽窄一致，相称，高低相差不大于 3 mm
裤腿	两裤腿长短、肥瘦一致，相差不大于 5 mm，两裤腿脚口大小（宽度）相差不大于 3mm
夹里	与面料相适应，坐势松紧适宜
整体要求	周身平服，松紧适宜，不得打裥、吊紧或拔宽，粘合衬部位不得出现开胶、气泡，整体不得有污渍、划破、掉扣、拉链头脱落损坏、严重异味等

3. 试验方法

（1）装置与条件。

①测量工具。

钢板尺，最小刻度 0.5 mm。钢卷尺，最小刻度 1 mm。

②检验台。

长、宽、高适度，台面平整，样品能在台上摊平。

③照度。

不低于 750 lx。

（2）号型和规格。

①号型表示。

按 GB/T 1335.1《服装号型男子》和 GB/T 1335.2《服装号型女子》的有关规定进行检验。

②规格允许偏差。

当相关方对规格及允许偏差有异议时，按设计规定、表 6-1 主要部位规格允许偏差和表6-6测量方法进行检验，检验前，将样品摊放平直，扣上纽扣或拉上拉链，恢复自然。

表 6-6　测量方法

部位名称	测量方法
前衣长	由领侧最高点垂直量至底边
后衣长	由后领中点垂直量至底边
胸围	扣上纽扣或拉好拉链，正面摊平，沿袖窿底缝横量再乘以 2
袖长	从袖子最高点量至袖口边；从后领接缝中点量至袖口边
总肩宽	从左肩袖接缝处量至右肩袖接缝处（背心包括挂肩边）
领围	领子摊平横量，立领量上口，其他领量下口
裤长	由腰上口沿侧缝摊平垂直量至裤脚口
裙长	由腰上口垂直量至底边最下端
腰围	扣好裤扣，拉好拉链，正面摊平，沿腰宽中间横量再乘以 2

注：特殊款式按设计规定。

（3）皮革原料。

在裁剪、制作以前，按照 QB/T 1872—2004《服装用皮革》、QB/T 2536—2007《毛革》等标准规定进行检验。

（4）针距。

用钢板尺在成品任意部位（厚薄部位、刺绣部位除外）取 50 mm 测量。

（5）外观尺寸。

外观检验中，需测量产品尺寸时，将样品在检验台上摊放平直，扣上纽扣或拉上拉链，恢复自然，进行检验。袖长、裤长的测量按表 6-6 规定进行。

（6）要求中其他各项目。

用目测、感官并结合量尺检验。

4. 检验规则

（1）组批。

以同一批原料投产，按同一生产工艺生产出来的同一品种的产品组成一个检验批。

（2）成品等级划分规则。

成品等级划分以缺陷是否存在及其存在的轻重程度为依据。

①缺陷定义。

单件产品不符合本标准所规定的技术要求即构成缺陷。按照产品不符合标准和对产品的使用性能、外观的影响程度，缺陷分为以下三类：

a. 轻微缺陷：轻微不符合标准的规定，但不影响产品的使用性能，对产品的外观有较小的影响的缺陷称为轻微缺陷。

b. 一般缺陷：超过标准规定较多，但不影响产品的使用性能，对产品的外观有略明显的影响的缺陷称为一般缺陷。

c. 严重缺陷：严重降低、影响产品的基本使用功能，严重影响产品外观的缺陷称为严重缺陷。

②缺陷判定依据。

a. 轻微缺陷：定量指标中，超过标准值50％以内（含）的缺陷。定性指标中，轻微不符合标准规定的缺陷。

b. 一般缺陷：定量指标中，超过标准值50％以上、100％以下（含）的缺陷。定性指标中，较大程度不符合标准规定的缺陷。号型标志表示方法不符合国家标准规定，均为一般缺陷。

c. 严重缺陷：定量指标中，超过标准值100％以上的缺陷。皮革表面裂面、裂浆、掉浆，严重掉色，严重色花、油腻，严重异味，破损、熨烫伤，较严重、大面积的伤残，刀伤超过厚度的1/2，使用粘合衬部位脱胶、渗胶、起皱，毛皮掉毛严重，成品表面出现15 mm以上断表面缝线，拉链损坏等，均为严重缺陷。

注：定量指标是指本标准中有数值规定的指标。

（3）出厂检验。

产品出厂前应进行检验，经检验合格并附有合格标志（或检验标志）方可出厂。

（4）常规型式检验。

有下列情况之一时，应从出厂检验合格的产品中随机抽取三件进行常规型式检验。

①产品结构、工艺、材料有重大改变时。

②产品长期停产（六个月）后恢复生产时。

③国家质量技术监督机构提出进行型式检验时。

④正常生产时，每半年至少进行一次型式检验。

（5）特殊型式检验。

适用于国家监督抽查、仲裁检验。在常规型式检验的基础上，应符合表6−7的规定。

表6−7　特殊型式检验要求

项目		指标
皮革撕裂力/N		≥9
皮革摩擦色牢度/级（测试头质量500 g）	干擦（50次）	光面革≥3/4，绒面革≥3
	湿擦（10次）	光面革≥3，绒面革≥2/3

注：如果测试撕裂力的样片不是从皮革服装上直接取样，而是企业提供的与样品相同的皮革样品上取样，撕裂力指标应符合QB/T 1872—2004《服装用皮革》的规定。

①皮革撕裂力。

按照QB/T 2711—2005《皮革 物理和机械试验 撕裂力的测定：双边撕裂》（见4.4节）的规定，从企业提供的与样品相同的皮革样品，或从口袋临近兜口部位（或腋下部位）、正常穿用造成破损处的相邻部位取样，纵、横取样各一个，进行检验，结果取平均值。

②皮革摩擦色牢度。

从企业提供的与样品相同的皮革样品，或在成品的领部（或袖口部）、正常穿用造成脱色的部位取样，按照 QB/T 2537—2001《皮革 色牢度试验 往复式摩擦色牢度》（见 4.9 节）的规定进行检验。

以上有一项不合格，则判定该产品不合格。

（6）合格判定。

①单件判定原则。

a. 优等品：使用正面服装革、头层绒面服装革、毛革为主要面料，无严重缺陷和一般缺陷，轻微缺陷数不大于 3 处。

b. 合格品：无严重缺陷和一般缺陷，轻微缺陷数不大于 8 处；无严重缺陷，允许有 1 处一般缺陷，轻微缺陷数不大于 6 处；无严重缺陷，允许有 2 处一般缺陷，轻微缺陷数不大于 4 处。

②批量判定原则。

a. 优等品：三件被测样品全部达到优等品要求，则判定该批产品为优等品。

b. 合格品：三件被测样品全部合格，则判定该批产品合格。如有一件（及以上）不合格，则加倍抽样六件复验。复验中六件全部合格，则判定该批产品合格。

5. 标志、标签、包装、运输、贮存

（1）标志。

①经检验合格的产品应有以下标志：生产单位（经销单位）名称、产地、商标、产品合格证（或检验标志）、联系电话，还应附必要的产品使用（维护保养）说明（应以简明文字标明皮革服装的清洁、维护、保养方法，穿用和贮藏条件的注意事项，必要的售后服务规定）。

②必要时，产品外包装应包括产品名称、货号、颜色、数量、贮运（防护）标志等。

（2）标签。

产品标签应包括以下内容：产品名称、产品标准编号、号型（规格）、货号、材质（面料、里料）、合格（检验）标志。

（3）包装。

产品的内外包装应采用适宜的包装材料，防止产品受损。

（4）运输和贮存。

①防止曝晒、雨雪淋。

②保持通风干燥，不得重压，防蛀、防潮，避免高温环境。

③远离化学物质、液体侵蚀。

④避免尖锐物品的戳、划。

6.2 日用皮手套的品质检验

日用皮手套的品质检验按照轻工行业标准 QB/T 1584—2005《日用皮手套》进行介绍。该标准规定了日用皮手套的产品分类、要求、试验方法、检验规则和标志、标签、包装、运输、贮存，既适用于以天然皮革制成的日用皮手套，也适用于人造革、合成革等材料制成的日用手套，以及以天然皮革、人造革、合成革材料为主，以纺织材料等为辅的日用手套，不适用于各种特殊用途和要求的皮手套。

1. 产品分类

（1）按用途和款式分为男式手套和女式手套。
（2）根据加工方式分为机缝手套和手缝手套。

2. 要求

对手套的常规部位的测量如图 6-2 所示。

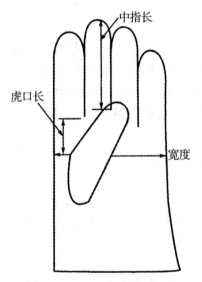

图 6-2 成品手套主要部位测量示意图

（1）规格。

以薄型针织锦纶丝为辅料的手套常见规格可分为 5 个型号，允许尺寸偏差应符合表 6-8 和表 6-9 的规定。

表 6-8 规格及允许尺寸偏差（一） 单位：mm

项目		号					允许偏差
		165	175	185	195	205	
男式	中指长	84.0	86.5	89.0	91.5	93.0	±1.0
	虎口长	47.0	48.0	49.0	50.0	51.0	±1.0
项目		号					允许偏差
		150	160	170	180	190	
女式	中指长	78.5	80.5	83.5	85.5	87.0	±1.0
	虎口长	44.0	45.0	46.0	47.0	48.0	±1.0

表 6-9 规格及允许尺寸偏差（二） 单位：mm

项目		型					允许偏差
		185	195	205	215	225	
男式	宽度	96.5	99.5	102.5	105.5	108.5	±1.5
项目		型					允许偏差
		165	175	185	195	205	
女式	宽度	81.5	84.5	87.5	90.5	93.5	±1.5

（2）原料。

①皮革原料。

皮革原料按 QB/T 2704—2005《手套用皮革》的规定选用（见 2.3 节）。

a. 皮革厚度：不小于 0.5 mm。

b. 革面：表面光洁，粗细一致，无伤残，不明显处可有分散的小结疤、小糙斑等轻微伤残。无裂面、裂浆、掉浆现象。颜色基本均匀，不脱色。

c. 革身：柔软、丰满有弹性，手感舒适。

d. 革里：无油腻感，内刀伤深度可不超过厚度的二分之一，但应胶补。

e. 切口：切口颜色与表面颜色基本一致。

f. 同一副手套左右两只外观基本相称。

②人造革、合成革原料。

按有关标准选用，不应有明显印道、凹凸、疙瘩。

③纺织材料。

按有关标准选用，不应有抽丝、跳丝，与面料相适应。

（3）辅料。

①内衬里料。

长度、宽度、弹性应与面料相适应，套戴舒服，无洞眼、破缝现象，衬里五指与面料五指缝牢，整个衬里无褶皱。毛皮衬里应柔软，无严重掉毛、脱色、异味现象，拼接缝平服。

②拉链。

无错位、掉牙，拉合滑顺。

③纽扣及其他配件。

安装牢固，使用灵活，无毛刺，无锈，同一副手套装置部位协调一致。

④标识。

外观清晰、整洁，装订平服、牢固。

（4）缝制要求。

①缝制外观。

针距稀密均匀、整齐，底、面线松紧适度，回针在原针孔内，无二道线迹。

②针距。

在 30 mm 内机缝手套为 14～16 针，手缝手套为 6～7 针。

③边距。

明缝为 1.0～1.5 mm，暗缝为 1.5～2.0 mm，双线中距为 1.5～2.0 mm。

④五指。

指头圆正，叉角虎口平服，大指斜势对称，缝合大指弧形圆盘流畅。

⑤滚口。

粗细均匀，叉口同副长短相同（允许误差±3 mm），反面修剪整齐。

⑥背筋。

同一副手套必须对称整齐，缝线流畅顺直。

⑦整体外观。

整体平服，松紧适宜，无线头外露，整体不应有污渍、烫痕、划破、掉扣、拉链头脱落损坏、严重异味等，同一幅手套左右两只基本一致。

3. 试验方法

（1）装置。

钢板尺，最小刻度 0.5 mm。

（2）规格。

将手套摊放平直，用分度值为 0.5 mm 的钢板尺按图 6－2 进行测量。

（3）原料。

在裁剪、制作以前进行检验，成品只检验外观。

（4）针距、边距。

用钢板尺在主要部位进行测量，针距选取 50 mm 测量。

（5）要求中其他各项目。

用目测、感官并结合量尺检验。

4. 检验规则

（1）组批。

以同一批原料投产、按同一生产工艺生产出来的同一品种的产品组成一个检验批。

（2）出厂检验。

①产品出厂前应进行检验，经检验合格并附有合格标志（或检验标志）方可出厂。

②检验项目。

规格、针距、外观质量。

③检验内容和数量。

外观质量为逐副进行检验，规格、针距为组批抽查检验，每批抽查 3%。

④合格判定。

a. 单副判定规则：规格、针距指标中有 1 项不合格，即判定该副产品不合格。外观质量中不合格项不超过 3 项，则判定该副产品合格。

b. 批量判定规则：批量检验合格率≥90%，则判定该批产品合格。

（3）特殊型式检验。

在常规型式检验的基础上，应符合表 6-10 的规定。

表 6-10　特殊型式检验要求

项目	指标
皮革撕裂力/N	≥9

注：如果测试撕裂力的样片不是从皮手套上直接取样，而是从企业提供的与样品相同的皮革样品上取样，撕裂力指标应符合 QB/T 2704—2005《手套用皮革》的规定。

按照 QB/T 2711—2005《皮革 物理机械试验 撕裂力的测定：双边撕裂》的规定（见 4.6 节），从企业提供的与样品相同的皮革样品，或从手掌部位（或手背部位）取样，纵、横取样各一个，按 QB/T 2711—2005 进行检验，结果取平均值。

皮革撕裂力指标不合格，则判定该产品不合格。

（4）常规型式检验。

①有下列情况之一时，应进行型式检验：

a. 产品结构、工艺、材料有重大改变时。

b. 产品长期停产（六个月）后恢复生产时。

c. 国家质量技术监督机构提出进行型式检验时。

d. 正常生产时，每半年至少进行一次型式检验。

②抽样数量。

从出厂检验合格的产品中随机抽取，1000 副及 1000 副以下抽 3～5 副。每超过 1000 副增抽 3 副。

③合格判定。

a. 单副判定原则。

规格、针距指标中有 1 项不合格，即判定该副产品不合格。规格、针距指标全部合格，其他各项指标不合格项不超过 3 项，则判定该副产品合格。如出现缝纫线断线、破损、掉扣、严重异味、严重影响产品外观或影响产品基本使用功能的缺陷，则判定该副产品不合格。

b. 批量判定原则。

批量检验合格率≥90％，则判定该批产品合格。如果合格率达不到90％，则加倍抽样复验；复验合格率达到95％及以上，则判定该批产品合格。

5. 标志、标签、包装、运输、贮存

（1）标志。

①经检验合格的产品应有以下标志：生产单位（经销单位）名称、产地、商标、产品合格证（或检验标志）、联系电话、号型、材质。

②产品外包装应注明产品名称、货号、颜色、数量、材质、采用的标准编号、出厂日期。

（2）标签。

产品标签应包括以下内容：产品名称、产品标准编号、号型（规格）、货号、材质（面料、里料）、合格（检验）标志。

（3）包装。

产品的内外包装应采用适宜的包装材料，防止产品受损。

（4）运输和贮存。

①防止曝晒、雨雪淋。

②保持通风干燥，不得重压，防蛀、防潮，避免高温环境。

③远离化学物质、液体侵蚀。

④避免尖锐物品的戳、划。

6.3　背提包的品质检验

随着人们生活水平和消费水平的不断提高，箱包已经成为我们身边不可或缺的日用品和饰品。现在人们越来越重视箱包的装饰性和时尚性，有时容易忽视它们的基本安全性能。例如，在背提包的使用过程中常遇到背带断裂、开线、拉链失效等问题。

轻工行业标准 QB/T 1333—2010《背提包》规定了日用背提包的产品分类、要求、试验方法、检验规则和标志、标签、包装、运输、贮存，适用于各种日常生活用背提包，具有特殊用途的背提包可参照使用。本节按照该标准对背提包的品质检验进行介绍。

1. 产品分类

（1）按品种（面层材料）分类。

①天然皮革背提包。

②人造革、合成革背提包。

③再生革背提包。

④织物面料背提包。

⑤使用多种材料为面料的背提包。

⑥其他材料背提包。

（2）**按结构形式分类。**

①带有各种背带的背包。

②带有各种提把的提包。

③带有各种背带、提把的背提两用包。

2. **要求**

（1）**原料和配件。**

按有关产品标准选用。

①有害物质限量。

皮革、再生革类材料有害物质限量值应符合 GB 20400—2006《皮革和毛皮 有害物质限量》和表 6-11 的规定，聚氯乙烯人造革类材料有害物质限量应符合 GB 21550—2008《聚氯乙烯人造革 有害物质限量》的规定，织物类材料有害物质限量应符合表 6-11 的规定，箱包用胶粘剂中有害物质限量应符合表 6-12 的规定。

表 6-11　皮革、再生革、织物类材料有害物质限量

项目	限量值
可分解有害芳香胺染料/(mg/kg)	≤30
游离甲醛/(mg/kg)	≤300

注：被禁芳香胺名称见 GB 20400—2006 附录 A（本书 5.1 节表 5-9）。如果 4-氨基联苯和（或）2-萘胺的含量超过 30 mg/kg，且没有其他证据，以现有的科学知识，尚不能断定使用了禁用偶氮染料。

表 6-12　箱包用胶粘剂中有害物质限量

项目		指标
苯/(g/kg)		≤5.0
甲苯+二甲苯/(g/kg)		≤200
游离甲苯二异氰酸酯[a]/(g/kg)		≤10.0
正己烷/(g/kg)		≤150
二氯甲烷	卤代烷/(g/kg)	≤50.0
1,2-二氯乙烷		
1,1,2-三氯乙烷		
三氯乙烯		
总挥发性有机物/(g/L)		≤750

注：[a] 聚氨酯胶粘剂测试本项目。

②包锁。

符合 QB/T 1586.1—2010《箱包五金配件 箱锁》或有关产品标准的规定。

③五金配件。

符合 QB/T 2002.1《箱包五金配件 电镀层技术条件》和 QB/T 2002.2《箱包五金配件 表面喷涂层技术条件》的规定。

（2）规格。

产品主体外形长度的最长距离为产品规格，产品规格应符合设计规定，允许偏差 ±5 mm。

（3）外观质量。

应符合表 6-13 的规定。

表 6-13 外观质量

序号	检验项目		要求	
			优等品	合格品
1	整体外观		形体饱满，弧线自然，粘贴平服，角对称，端正、整洁干净	形体饱满，弧线自然，粘贴平服，角对称，基本端正、整洁干净
2	面料	皮革、再生革	厚薄均匀，无裂面、裂浆、脱色现象，表面平服，前后大面无伤残，不允许有明显印道、折痕	厚薄均匀，无裂面、裂浆、脱色现象，表面平服，前后大面无伤残，后大面、底部上允许有粗糙斑 2 处，面积不大于 9 mm²，允许有不明显印道、折痕 2 处
		人造革、合成革	无印道、凹凸、疙瘩	无明显印道、凹凸、疙瘩
		织物	无断经、断纬，无跳丝、跳线、印道、污点、瑕点	主要部位无断经、断纬，无跳丝、跳线、明显印道、污点、瑕点，次要部位允许有轻微缺陷 2 处
3	里料		平服周正，整洁干净，无裂面、断经、断纬、跳纱、裂匹、散边等缺陷	
4	缝合线		选用适合所用面料、里料质量的缝线，质量、色泽与各部位相适应	
5	缝合线迹		上下线吻合、线迹平直，针距一致。背提包表面不允许空针、漏针、跳针，不允许有线迹歪斜	上下线吻合、线迹平直，针距一致。背提包前大面、前盖不允许空针、漏针、跳针，不允许有超过 15 mm 长的线迹歪斜。单只产品上空针、漏针、跳针各不得超过 1 处，空针、漏针、跳针各不得超过 2 处
6	拉链		缝合平直，边距一致，拉合滑顺，无错位、掉牙，不掉色	
7	配件		光亮无锈残，无漏镀、无毛刺，不允许有针孔、起泡、起皮、脱落和明显划伤	光亮无锈残，无漏镀、无毛刺，不允许有起皮、脱落现象
8	配件安装		平服、牢固	
9	标样ᵃ		产品附带的标样与背提包主体材质完全一致	

注：ᵃ标样是指为表明主体材质，产品附带的材质样块，未附带标样的产品不检验此项。

（4）标识。

①材质名称、标注与产品所用材料相符。

②按分类规定，单一产品使用的某类面层材料超过产品使用面层材料总面积的 20％，应标注。

③面层材料 90％以上使用头层皮革（头层移膜皮革除外），允许标注"真皮"。

④移膜皮革、剖层皮革材质应明确标注"移膜""剖层"字样。

⑤使用多种成分复合制成的材料，其中皮革基体厚度不大于总厚度的 60％，不能标注"皮革"。

（5）物理机械性能。

①规定负重。

应符合表 6－14 的规定。

表 6－14　规定负重

规格/mm	规定负重/kg	
	优等品	合格品
＜180	2	1
180～300（不含 300）	5	3
300～400（不含 400）	7	5
400～500（不含 500）	9	7
≥500	12	10

②振荡冲击性能。

在规定负重条件下进行振荡冲击试验，分别检验背带、提把、侧提带，振荡冲击次数为：双背带、双提把各 400 次，单背带、单提把各 250 次，侧提带 150 次。测试后包体无开裂，各部件不变形，无断裂、损坏，不开线，各类连接作用的带袢类不允许发生 30％以上的变形，固定件、连接件不松动，包锁开启正常，密码锁无卡死、跳号、脱勾、乱号及密码失控现象。

注：双背带、双提把指在产品相应对称部位具有相同部件。

③其他物理机械性能。

应符合表 6－15 的规定。

表 6－15　其他物理机械性能

序号	检验项目	要求	
		优等品	合格品
1	缝合强度	面料之间的缝合强度在 60 mm×60 mm 有效面积上不低于 196 N	
2	配件	包锁、插接件、磁扣件等能正常开关，无异常	

序号	检验项目		要求	
			优等品	合格品
3	拉链耐用度		300次无掉牙、无错牙、无损坏	200次无掉牙、无错牙、无损坏
4	摩擦色牢度（沾色）	皮革、再生革	干擦：≥4级，湿擦：≥3级	
		人造革、合成革		
		织物		
5	五金配件耐腐蚀性		表面无腐蚀	表面腐蚀面积≤1 mm²

3. 试验方法

（1）原料和配件。

在加工生产以前，按有关标准进行检验或验证，有害物质限量按 GB 20400—2006《皮革和毛皮 有害物质限量》、GB 19340《鞋和箱包用胶粘剂》、GB 21550—2008《聚氯乙烯人造革有害物质限量》、GB/T 2912.1—2009《纺织品 甲醛的测定》、GB/T 17592《纺织品 禁用偶氮染料的测定》等标准进行检验。

（2）规格。

采用分度值为 1 mm 的钢板尺或专用尺测量，以包体自然状态外轮廓最长点为准进行测量。

注：当相关方对规格及允许偏差有异议时，按设计规定检验规格及允许偏差。

（3）外观质量、标识。

在自然光线下，用目测、感官并结合量尺检验。

（4）物理机械性能。

①振荡冲击性能。

试验前，用分度值为 1 mm 的钢直尺测量起连接作用的袢类部件长度（未固定部分长度），按表6-14规定负重，将负重物均匀地摆放在包内，并将背带调节到最大长度，按 QB/T 2922—2007《箱包 振荡冲击试验方法》的规定分别对背带、提把、侧提带进行试验，试验后在 2 min 内测量起连接作用的袢类部件的长度，计算其变形量。

测试双背带、双提把时，应将两条背带或两个提把同时固定在箱包振荡冲击试验机的弹簧钩上。

②缝合强度。

截取背提包主要部位的缝合面料两份，有效面积为 60 mm×60 mm（缝合线长度 60 mm，缝合线两侧面料宽度各 60 mm），上下夹具夹量宽 50 mm，深（30+2）mm，用拉力试验机测试，拉伸速度为（100±10）mm/min，至拉断（线或面料）为止，结果取最低值。如果拉力试验机显示数值超过缝合强度规定数值，而试样未断，可终止试验。

③配件。

在振荡冲击性能试验后用手工检验，开、关记作一次，分别测试 200 次。

机械密码锁用手拨密码轮设定密码，并用所设定的密码开启和关闭密码锁，任意组合各位数码，分别开、关试验 200 次。钥匙锁用手拿钥匙顺着锁芯窝插入锁芯钥匙槽内开启和关闭锁具。电子编码锁使用电子钥匙开启和关闭锁具。

钥匙锁、电子编码锁使用非专用钥匙开启测试 10 次，机械密码锁选用任意 10 组不同的乱码开启测试。

插接件、磁扣件手动开、合记作一次，分别测试 200 次。

④拉链耐用度。

选取拉链长度 20 cm，以 20 次/min 的速度进行测试，开、合记作一次。拉链长度不足 20 cm，在拉链最大长度范围内进行测试。

⑤摩擦色牢度。

在背提包大面、包盖上分别取样，检验沾色牢度。前大面、后大面、包盖为相同材料时，从后大面取样、测试；前大面、后大面、包盖为不同材料时，分别取样、测试。前大面、包盖为相同材料时，从前大面或包盖取样测试。

皮革、人造革、合成革、再生革类材料按 QB/T 2537—2001《皮革 色牢度试验 往复式摩擦色牢度》（本书 4.9 节）进行检验，测试头质量 1000 g，干擦 50 次，湿擦 10 次。织物类材料按 GB/T 3920—1997《纺织品 色牢度试验 耐摩擦色牢度》规定，取一组试样进行检验。

⑥五金配件耐腐蚀性。

按 QB/T 3826—1999《轻工产品金属镀层和化学处理层的耐腐蚀试验方法中性盐雾试验（NSS）法》进行检验，镀铬件测试 12 h，镀镍件、镀锌件测试 6 h。

4. 检验规则

（1）组批。

以同一批原料投产，按同一生产工艺生产出来的同一品种、同一规格的产品组成一个检验批。

（2）出厂检验。

每批产品出厂前必须对产品逐件进行外观检验，经检验合格后方可出厂。

（3）常规型式检验。

有下列情况之一时，应从出厂检验合格的产品中随机抽取 3 只进行常规型式检验：

①产品结构、工艺、材料有重大改变时。

②产品长期停产（六个月）后恢复生产时。

③国家质量技术监督机构提出进行型式检验时。

④正常生产时，每半年至少进行一次型式检验。

（4）特殊型式检验。

适用于国家监督抽查、仲裁检验、消费争议。在常规型式检验的基础上，皮革、再生革、织物类材料（面料、里料）中可分解有害芳香胺染料应符合表 6-11 的规定。

检验方法：①取样，在产品的主要部位取样，不同材料分别取样，样品应具有代表性，并在报告中详细记录取样情况。②检验，不同材料分别检验，皮革、再生革类材料按 GB/T 19942—2005《皮革和毛皮 化学试验 禁用偶氮染料的测定》进行检验，织物类材料按 GB/T 17592—2006《纺织品 禁用偶氮染料的测定》进行检验。

如该项检验不符合表 6-11 的规定，则判定该产品不合格。

（5）合格判定。

①单只判定原则。

a. 优等品：有害物质限量、外观质量、标识、物理机械性能全部达到优等品要求，判定该只产品为优等品。

b. 合格品：有害物质限量、标识、物理机械性能如有一项不合格，即判定该只产品不合格。有害物质限量、标识、物理机械性能全部合格，外观质量中允许有不超过三项的轻微缺陷，则判定该产品合格。如产品出现影响产品使用功能的缺陷，即判定该产品不合格。

②批量判定原则。

a. 优等品：三只被测样品全部达到优等品要求，则判定该批产品为优等品。

b. 合格品：三只被测样品全部合格，则判定该批产品合格。如有一只（及以上）不合格，则加倍抽样六只进行复验，复验中六只全部合格，则判定该批产品合格。

5. 标志、标签、包装、运输、贮存

（1）标志。

经检验合格的产品应有以下标志：生产单位（经销单位）名称、产地、商标、等级、产品合格证（或检验标志）、联系电话，必要时，还应附必要的产品使用（维护保养）说明。

必要时，产品外包装应包括产品名称、货号、颜色、数量、贮运（防护）标志等。

（2）标签。

产品标签应包括以下内容：产品名称、产品标准编号、号型（规格）、货号、主体材质（面料、里料）、合格（检验）标志等。

（3）包装。

产品的内外包装应采用适宜的包装材料，防止产品在运输、贮存过程中受损。

（4）运输和贮存。

①防止曝晒、雨雪淋。

②保持通风干燥，不得重压，防蛀、防潮，避免高温环境。

③远离化学物质、液体侵蚀。

④避免尖锐物品的戳、划。

思考题

1. 皮革服装质量检验的主要内容和重点是什么？

2. 轻工行业标准 QB/T 1584—2005《日用皮手套》规定的日用皮手套的要求有

哪些?

3. 轻工行业标准 QB/T 1333—2010《背提包》规定的日用背提包的要求和检验规则是什么?

4. 革制品检验分为出厂检验和型式检验，这两种检验的目的和意义是什么?

附录 1　皮革和毛皮成品的部分感官检验项目

1. 皮革成品的感官检验项目

（1）丰满性：皮革的丰满性是轻革的一个重要指标，即用手触摸成革时有"海绵"般的感觉或者有"真皮"的手感。这是在加工过程中皮纤维没有遭受到过多的损失，纤维保持了一定的空间结构和良好的弹性。与丰满相反的是成革扁平、板硬，晃动时发出如抖动牛皮纸的响声。

（2）松面：松面是革的粒面层纤维空松，或粒面层与网状层的连接处被削弱甚至两层轻微分离的现象。检验时将革的粒面向内弯曲 90°，粒面上出现较大皱纹，放平后皱纹不能消失，即为松面。严重的松面叫管皱，是粒面层与网状层的连接处遭到严重削弱，产生分离的现象。此时当革面向内弯曲 90°，会出现粗大管状皱纹，且放平后不能消失。当粒面层与网状层分离现象严重时，会产生"起壳"现象，这是一种极为严重的松面现象。

（3）弹性：皮革的弹性是指当外力除去后能恢复到原有形态的能力。对于硬性和较硬的革如底革和面革，一些工厂采用测定皮革的硬度来间接反映皮革的弹性。对于柔软的革如服装革等，仍主要依靠感官检验。方法是把革揉成一团握在手中一定时间后放开，再把革面铺平，若能恢复到原来平整状态称为弹性良好；反之，弹性则差。

（4）裂面：裂面是由于皮纤维受到微生物或化学材料的侵害、腐蚀而强度降低，当革受外力时产生碎纹龟裂的现象；或者由于粒面层内积蓄了过多的杂物（石灰、皮垢、氢氧化铬、鞣质、鞣质—石灰沉淀物等），常在脆裂时发出爆响声，开裂处呈长而深的裂纹。检验时，将革弯曲，拉伸或折叠强压，粒面上出现裂纹，这种现象就叫作裂面。

（5）光泽度：需要光泽的革，如某些鞋面革和绒面革，其光亮程度往往靠目测比较来确定。其中，绒面革的光泽是用手顺毛方向抚摸革上的绒毛进行比较。

（6）粒面花纹的清晰度：正面革、服装革等均要求保持清晰的天然粒面花纹。在加工过程中要保持粒面不受损伤，整理时要求涂饰层尽量薄或不进行涂饰，以免影响皮革天然粒纹的显现，保持皮革的"真皮感"。粒纹清晰度的检验方法是用目测或借助放大镜观察来判定的。

（7）色调的纯正和均匀：经染色和涂饰过的革，其质量指标之一就是评定色调是否纯正和均匀。如染黑色时革不黑，染艳色时革颜色晦暗，这些都是色调不纯正的反映；又如革上出现色差、色花等颜色不均匀。目前，色调的纯正和均匀也主要靠目测与标准样品比较来鉴定。

2. 毛皮成品的感官检验项目

（1）毛皮皮板。

①丰满：又称饱满、结实，指皮板纤维饱满而分散，皮板软而不空虚。

②柔软：又称软和，指皮板纤维松散，不僵硬。

③平展：又称平坦、平整，皮板无鼓包、凹凸、折痕，全皮基本舒展平坦。

④洁净：皮板上无颜色沾污及不卫生的沾污，无附着灰土杂物。

⑤细致：又称细腻，皮板肉面纤维绒头细而微密。

⑥厚薄均匀：皮板各部位的厚度差别不大，合乎规定或适于使用要求。

⑦延展性：又称延伸性、可塑性，皮板随外力而容易改变其形状，除去外力后仍能保持改变后的形状。

⑧弹性：又称弹力，皮板随外力改变其形状，除去外力后能恢复原来形状的性质。

⑨掉材：又称缺材、掉料，指毛皮加工不慎，将皮撕破而未缝上，皮形不完整。

（2）毛皮毛被。

①光泽：毛被的毛光滑，能较好地反光而发亮，称作光亮、有光泽。

②洁白：毛被洁净而且颜色白度好。

③洁净：干净、清洁，毛被无尘土、油腻、杂物、污迹、异味等。

④松散灵活：抖动毛被或用嘴吹气，毛绒容易分散摇动，灵活自如。

⑤平整：毛被平顺整齐，无局部高低、杂乱、歪斜、弯曲、结毛、齐毛等缺陷。

⑥毛峰齐全：针毛整齐，毛峰不弯不缺。

⑦弹性：毛被的毛能保持松散、灵活、整齐、美观的外形，用手压毛被，放手后较易恢复原来的外形，称为有弹性。

⑧颜色均匀不花：指染色的毛被，各部位颜色达到一定标准，不应有过于明显的花斑或不同之处。

附录 2　真皮标志生态皮革产品规范

本规范规定了服装、鞋面以及家具用真皮标志生态皮革的产品分类、技术要求、试验方法、检验规则和标志、包装、运输、贮存，适用于采用各种工艺、各种鞣剂鞣制加工的各类头层服装革、鞋面革、家具装潢革，以及头层手套革、鞋里革、包袋革和汽车坐垫革等。

1. 产品分类

产品分类按照 QB/T 1872—2004《服装用皮革》、QB/T 1873—2010《鞋面用皮革》、GB/T 16799—2008《家具用皮革》等行业标准或国家标准的规定进行分类。

2. 技术要求

（1）一般理化指标和感官要求。

生态皮革的一般理化指标和感官要求应符合 QB/T 1872—2004《服装用皮革》、QB/T 1873—2010《鞋面用皮革》、GB/T 16799—2008《家具用皮革》等行业标准或国家标准的规定。

（2）特殊化学指标应符合附表 2—1 的要求。

附表 2—1　特殊化学指标要求

项目	最高限量/（mg/kg）	
	直接与皮肤接触	一般
甲醛	75	150
铬（Cr Ⅳ）	5	
五氯苯酚（PCP）	5	
致癌芳香胺（见附表 2—2）	30	

附表 2—2　对人体或动物有致癌性的芳香胺

中文名称	英文名称	CAS
4—氨基联苯	4—Aminodiphenyl	92—67—1
联苯胺	Benzidine	92—87—5
4—氯邻甲苯胺	4—Chloro—o—toluidine	95—69—2
2—萘胺	2—Naphthylamine	91—59—8

中文名称	英文名称	CAS
邻氨基偶氮甲苯	o－Aminoazotoluene	97－56－3
2－氨基－4－硝基甲苯	2－Amino－4－nitrotoluene	99－55－8
对氯苯胺	p－Chloroaniline	106－47－8
2,4－二氨基苯甲醚	2,4－Diaminoanisole	615－05－4
4,4′－二氨基二苯甲烷	4,4′－Diaminodiphenylmethane	101－77－9
3,3′－二氯联苯胺	3,3′－Dichlorobenzidine	91－94－1
3,3′－二甲氧基联苯胺	3,3′－Dimethoxybenzidine	119－90－4
3,3′－二甲基联苯胺	3,3′－Dimethylbenzidine	119－93－7
3,3′－二甲基－4,4′－二氨基二苯甲烷	3,3′－Dimethyl－4,4′－Diaminodipheylmethane	838－88－0
3－氨基对甲苯甲醚	p－Cresidine	120－71－8
4,4′－次氨基－双－(2－氯苯胺)	4,4′－Methylene－bis－(2－Chloroaniline)	101－14－4
4,4′－二氨基二苯醚	4,4′－Oxydianiline	101－80－4
4,4′－二氨基二苯硫醚	4,4′－Thiodianiline	139－65－1
邻甲苯胺(2－甲基苯胺)	o－Toluidine	95－53－4
2,4－二氨基甲苯	2,4－Diaminotoluene	95－80－7
2,4,5－三甲基苯胺	2,4,5－Trimethylaniline	137－17－7

3．试验方法

（1）一般理化指标和外观检验。

按 QB/T 1872—2004《服装用皮革》、QB/T 1873—2010《鞋面用皮革》、GB/T 16799—2008《家具用皮革》等产品规范的规定进行一般理化指标的测试和外观检验。

（2）特殊化学指标。

①取样。

在成品皮革的边腹部取（20×25）cm² 大小皮样用于特殊化学指标的测试。

②五氯苯酚（PCP）的测定。

按 DIN 53313《皮革五氯苯酚的测定》的规定进行。

③六价铬的测定。

按 DIN 53314《皮革六价铬的测定》的规定进行。

④甲醛的测定。

按 DIN 53315《皮革甲醛的测定》的规定进行。

（5）偶氮染料的测定。

按 DIN 53316《皮革芳香胺的测定》的规定进行。

4. 检验规则

（1）一般理化指标。

按照 QB/T 1872—2004《服装用皮革》、QB/T 1873—2010《鞋面用皮革》、GB/T 16799—2008《家具用皮革》等行业标准或国家标准的规定进行组批、检验。

（2）特殊化学指标。

皮样经过上述一般理化指标检验合格后，再进行化学指标的检验，如全部符合附表2-1的要求，则该批产品具备佩挂真皮标志生态皮革标识的资格。

（3）型式检验。

①有下列情况之一者，应进行型式检验。

a. 工艺、皮化材料、产品结构有重大改变时。

b. 产品长期停产后恢复生产时。

c. 有关监督机构提出进行型式检验时。

d. 生产正常时，每年至少进行一次型式检验。

②抽样数量。

每批产品中随机抽取 3 张进行检验。

③合格判定。

a. 单张（片）判定原则。

按照 QB/T 1872—2004《服装用皮革》、QB/T 1873—2010《鞋面用皮革》、GB/T 16799—2008《家具用皮革》等行业标准或国家标准的规定进行一般理化指标的合格判定。再进行特殊化学指标的合格判定。如一般理化指标合格，而特殊化学指标未达到本规范的要求，应对所存样品进行复检，如结果仍未达到本规范要求或出现影响使用的严重缺陷，则判定该产品不合格。

b. 整批判定原则。

按照 QB/T 1872—2004《服装用皮革》、QB/T 1873—2010《鞋面用皮革》、GB/T 16799—2008《家具用皮革》等行业标准或国家标准的规定进行一般理化指标的合格判定。如一般理化指标合格，而任何 1 张（及以上）的特殊化学指标未达到本规范的要求，加倍抽样 6 张进行复检，复检中 6 张全部合格，则判定该批产品合格。

5. 标志、包装、运输、贮存

应符合 GB/T 4694《皮革成品的包装、标识、运输和保管》的规定，此外应在每张符合本规范的皮革反面臀部右侧加盖真皮标志生态皮革标识。

附录3 部分成品皮革的品质检验

3.1 鞋里用皮革（轻工行业标准 QB/T 2680—2004）

1. 要求

（1）理化性能。

应符合附表3－1的规定。

附表3－1 理化性能指标

项目		指标	
		头层革	二层革
抗张强度/MPa（或 N/mm²）		≥7.0	≥4.0
规定负荷伸长率/%（规定负荷 10N/mm²）		≤55	
撕裂强度/（N/mm）		≥18.0	≥12.0
摩擦色牢度/级（测试头质量 1000 g）	干擦（50 次）	≥4	
	湿擦（10 次）	≥3	
收缩温度/℃		≥90	
pH		3.5～6.0	
pH 稀释差（当 pH<4.0 时，检验稀释差）		≤0.7	

（2）感官要求。

①全张革厚薄均匀，无油腻感，无异味。

②革身柔软而有弹性，主要部位不应严重松面。

③经涂饰的鞋里革涂层应粘着牢固。绒面革绒毛均匀，颜色基本一致。

2. 分级

（1）产品经过检验合格后，根据全张革可利用面积的比例进行分级，应符合附表3－2的规定。

附表 3-2 分级

项目	等级			
	一级	二级	三级	四级
可利用面积/%	≥90	≥80	≥70	≥60
可利用面积内允许轻微缺陷[a]/%	≤5		≤10	
最小面积/m²	≥0.45		≥0.3	

注：轻微缺陷，指不影响产品的内在质量和使用，只略影响外观的缺陷，如轻微的色花、革面粗糙、色泽不均匀等。

[a] 缺陷的测量和计算按 GB/T 4692—2008《皮革 成品缺陷的测量和计算》的规定进行。

（2）革身缺乏丰满弹性，一级品、二级品应降一级。

3. 试验方法

（1）理化性能。

①抗张强度和规定负荷伸长率。

按 QB/T 2710—2005《皮革 物理和机械试验 抗张强度和伸长率的测定》（见 4.5 节）的规定测定。

②撕裂强度。

按 QB/T 2711—2005《皮革 物理和机械试验 撕裂力的测定：双边撕裂》（见 4.4 节）的规定进行检验，按下式计算：

$$T = \frac{F}{t}$$

式中，T——撕裂强度（N/mm）；

F——试验时的最大力值（N）；

t——试样撕裂一段的厚度（A 点或 B 点）（mm）。

③摩擦色牢度。

按 QB/T 2537—2001《皮革 色牢度试验 往复式摩擦色牢度》的规定测定（见 4.9 节），测试头质量 1000 g。

④收缩温度。

按 QB/T 2713—2005《皮革 物理和机械试验 收缩温度的测定》的规定测定（见 4.10 节）。

⑤pH 及稀释差。

按 QB/T 2724—2005《皮革化学试验 pH 的测定》的规定测定（见 3.5 节）。

（2）感官要求。

在自然光线下，选择能看清的视距，以感官进行检验。

4. 检验规则

（1）组批。

以同一品种原料投产，按同一生产工艺生产出来的同一品种的产品组成一个检验批。

（2）出厂检验。

①产品出厂前应经过检验，经检验合格并附有合格证方可出厂。

②检验项目为感官要求，按"1. 要求（2）感官要求"的规定逐张进行检验。

感官要求应全部符合"1. 要求（2）感官要求"的规定。

（3）型式检验。

①有下列情况之一者，应进行型式检验。

a. 产品结构、工艺、材料有重大改变时。

b. 产品长期停产后恢复生产时。

c. 正常生产时，每半年至少进行一次型式检验。

d. 国家质量监督机构提出进行型式检验要求时。

②抽样数量。

每批产品中随机抽取 3 张（片）进行检验。

③合格判定。

a. 单张判定规则。

如产品出现撕裂强度、摩擦色牢度、严重异味中的任一项不合格，或出现影响使用的严重缺陷，即判定该产品不合格。要求中其他各项，累计两项不合格，则判定该张不合格。

b. 整批判定规则。

在 3 张被测样品中，全部合格，则判定该批产品合格。如有 1 张及以上不合格，则加倍取样 6 张（片）进行复验。复验中如有 2 张及以上不合格，则判定该批产品不合格。

5. 标志、包装、运输、贮存

标志、包装、运输、贮存应符合 QB/T 2802—2006《皮革成品的包装、标志、运输和保管》的规定。

3.2　家具用皮革（国家标准 GB/T 16799—2008）

1. 产品分类

产品分类见附表 3-3。

附表 3-3　分类

类别	厚度/mm
一型	<0.9
二型	0.9~1.5
三型	>1.5

2. 要求

（1）理化性能。

应符合 GB 20400—2006《皮革和毛皮 有害物质限量》附表 3-4 的规定。

附表 3-4　理化性能指标

项目			指标		
			一型	二型	三型
撕裂力/N			≥20	≥30	≥40
断裂伸长率/％			35～60		
摩擦色牢度/级	光面革	干擦（500 次）	≥4		
		湿擦（250 次）	≥3		
		碱性汗液（80 次）	≥3		
	绒面革	干擦（50 次）	≥4/3		
		湿擦（20 次）	≥3		
		碱性汗液（20 次）	≥3		
耐折牢度（光面革）（20000 次）			无裂纹		
耐光性/级			≥4		
耐热性（4h/120℃）/级			≥4		
耐磨性（CS-10，1000g，500 转）			无明显损伤、剥落		
涂层粘着牢度/（N/10 mm）			≥2.5		
气味/级			≤3		
pH			3.5～6.0		
pH 稀释差（当 pH<4.0 时，检验稀释差）			≤0.7		
项目			指标		
			一型	二型	三型
禁用偶氮染料/（mg/kg）			≤30		
游离甲醛（分光光度法）/（mg/kg）			≤75		

注：被禁芳香胺名称见 GB 20400—2006。如果 4-氨基联苯和（或）2-萘胺的含量超过 30 mg/kg，且没有其他证据，以现有的科学知识，尚不能断定使用了禁用偶氮染料。

（2）感官要求。

①全张革厚薄基本均匀，无油腻感。

②革身平整、柔软、丰满有弹性。

③正面革不裂面、无管皱，主要部位不应松面。涂饰革涂饰均匀，涂层粘着牢固，不掉浆，不裂浆。绒面革绒毛均匀，颜色基本一致。

3. 分级

产品经过检验合格后，根据全张革可利用面积的比例进行分级，应符合附表3—5的规定。

附表3—5　分级

项目	等级			
	一级	二级	三级	四级
可利用面积/%	≥85	≥75	≥65	≥55
可利用面积内允许轻微缺陷/%	≤5			

注：轻微缺陷，指不影响产品的内在质量和使用，只略影响外观的缺陷，如轻微的色花、革面粗糙、色泽不均匀等。

4. 试验方法

（1）理化性能。

①撕裂力。

按 QB/T 2711—2005《皮革 物理和机械试验 撕裂力的测定：双边撕裂》的规定测定（见4.4节）。

②断裂伸长率。

按 QB/T 2710—2005《皮革 物理和机械试验 抗张强度和伸长率的测定》的规定进行（见4.5节）。

③摩擦色牢度。

按 QB/T 2537—2001《皮革 色牢度试验 往复式摩擦色牢度》进行检验（见4.9节），光面革，测试头质量1000 g；绒面革，测试头质量500 g。

碱性汗液：符合 QB/T 2464.23—1999《皮革 颜色耐汗牢度测定方法》，即三（羟甲基）甲胺5 g+氯化钠5 g+尿素0.5 g+次氮基三乙酸0.5 g配制成1 L水溶液，用盐酸溶液（2 mol/L）调节 pH 至8.0。

④耐折牢度。

按 QB/T 2714—2005《皮革 物理和机械试验 耐折牢度的测定》的规定进行（见4.7节）。

⑤耐光性。

按 QB/T 2727—2005《皮革 色牢度试验 耐光色牢度：氙弧》进行检验，按曝晒方法3进行，其中：

亮周期：黑色标准温度计温度89℃，箱体温度62℃，相对湿度（50±5）%，时间3.8 h。

暗周期：温度38℃，相对湿度（95±5）%，时间1 h。

控制波长340 nm时的发光度为（0.55±0.01）W/m²，终点以辐射能量为基础，曝晒终点的总辐射能量为 451.2 kJ/m²。用灰色变色卡进行等级评定。

⑥耐磨性。

按 QB/T 2726—2005《皮革 物理和机械试验 耐磨性能的测定》进行检验，取样三个，磨轮：CS—10，1000 g，500 转。三个试样全部符合要求，即为合格。

⑦涂层粘着牢度。

按 GB/T 4689.20—1996《皮革 涂层粘着牢度测定方法》的规定进行（见 4.8 节）。

⑧气味。

按 QB/T 2725—2005《皮革 气味的测定》的规定测定（见 4.12 节）。

⑨pH 及稀释差。

按 QB/T 2724—2005《皮革 化学试验 pH 的测定》的规定测定（见 3.5 节）。

⑩禁用偶氮染料。

按 GB/T 19942—2005《皮革和毛皮 化学试验 禁用偶氮染料测定方法》的规定测定（见 3.7 节）。

⑪游离甲醛。

按 GB/T 19941—2005《皮革和毛皮 化学试验 甲醛含量的测定》中的分光光度法进行检验（见 3.6 节）。

（2）感官要求。

在自然光线下，选择能看清的视距，以感官进行检验。

5. 检验规则

（1）组批。

以同一品种原料投产，按同一生产工艺生产出来的同一品种的产品组成一个检验批。

（2）出厂检验。

产品出厂前应经过检验，经检验合格并附有合格证方可出厂。

（3）型式检验。

①有下列情况之一者，应进行型式检验。

a. 原料、工艺、化工材料有重大改变时。

b. 产品长期停产（六个月）后恢复生产时。

c. 国家各级质量监督机构提出进行型式检验要求时。

d. 正常生产时，每半年至少进行一次型式检验。

②抽样数量。

从经检验合格的产品中随机抽取 3 张（片）进行检验。

③合格判定。

a. 单张（片）判定规则。

撕裂力、摩擦色牢度、耐折牢度、耐光性、耐磨性、涂层粘着牢度、气味、禁用偶氮染料、游离甲醛中如有一项不合格，或出现裂面、裂浆等影响使用功能的缺陷，即判定该张（片）不合格。

要求中其他各项，累计三项不合格，则判定该张（片）不合格。

b. 整批判定规则。

在 3 张（片）被测样品中，全部合格，即判定该批产品合格。如有 1 张（片）及以上不合格，则加倍取样 6 张（片）进行复验。6 张（片）中如有 1 张（片）及以上不合格，则判定该批产品不合格。

6. 标志、包装、运输、贮存

标志、包装、运输、贮存应符合 QB/T 2802—2006《皮革成品的包装、标志、运输和保管》的规定。

3.3 移膜皮革（轻工行业标准 QB/T 2288—2004）

1. 术语和定义

（1）移膜皮革：将预制成的涂饰膜粘附于革面的皮革。

（2）干法移膜皮革：将聚氨酯（PU）涂饰材料涂在离型纸上制成膜，然后将此膜转移到皮革表面上加工制成的移膜皮革。

（3）湿法移膜皮革：在水中加入二甲基甲酰胺，使聚氨酯树脂在皮革表面形成连续多孔层的膜，再将离型纸上已制好的聚氨酯（PU）膜转移到皮革表面加工制成的移膜皮革，或用喷涂法、辊涂法，将溶剂型聚氨酯涂饰在皮革表面加工制成的皮革。

2. 产品分类

（1）按生产工艺分类。
干法移膜皮革、湿法移膜皮革、湿法涂饰皮革。
（2）按产品用途分类。
鞋面革、箱包革、腰带革、沙发革、服装革等。

3. 要求

（1）理化性能。
应符合附表 3-6 的规定。

附表 3-6 理化性能指标

项目	指标			
	鞋面革	服装革	箱包革、腰带革	沙发革
抗张强度/MPa（或 N/mm^2）	≥10.0	≥7.0	≥10.0	≥10.0

项目	指标			
	鞋面革	服装革	箱包革、腰带革	沙发革
规定负荷伸长率/% (规定负荷：服装革5 N/mm², 其他革10 N/mm²)	30~60	25~60	25~50	40~70
撕裂强度/（N/mm）	≥50.0	≥20.0	≥50.0	≥30.0
崩裂高度/mm	≥8.0	≥7.0	≥8.0	≥8.0
崩破强度/（N/mm）	≥350	—	≥350	≥350
摩擦色牢度/级　革面（测试头质量1000 g）	干擦≥4/5。湿擦≥3/4			
摩擦色牢度/级　革里（测试头质量500 g）	干擦≥4。湿擦≥3			
收缩温度/℃	≥90			
pH	3.5~6.0			
pH稀释差（当pH<4.0时，检验稀释差）	≤0.7			
常温耐折牢度（标准空气）/次	100000	30000	30000	50000
常温耐折牢度（标准空气）/次	不起层，无裂纹			
低温耐折牢度/次［服装革（−10±2)℃， 其他革（−20±2)℃］	50000	3000	5000	5000
低温耐折牢度/次［服装革（−10±2)℃， 其他革（−20±2)℃］	不起层，无裂纹			
干态剥离强度/（N/10mm）	≥12			

注：ª鞋面革、服装革、腰带革无衬里时，检验此项。

（2）感官要求。

①革面。

色泽均匀，光滑细致，无裂纹、松面和管皱现象。

②革身。

丰满柔软而有弹性，厚薄均匀，无异味。

③革里。

洁净，无油腻感。

4. 分级

产品经过检验合格后，根据全张革可利用面积的比例进行分级，应符合附表3-7的规定。

附表 3-7 分级

项目	等级			
	一级	二级	三级	四级
可利用面积/%	≥90	≥80	≥70	≥60
	主要部位不应有影响使用功能的伤残		—	
可利用面积内允许轻微缺陷ᵃ/%	≤5		≤10	
最小面积/m²	≥0.45		≥0.3	

注：轻微缺陷，指不影响产品的内在质量和使用，只略影响外观的缺陷，如轻微的色花、革面粗糙、色泽不均匀等。

ᵃ 缺陷的测量和计算按 GB/T 4692—2008《皮革成品缺陷的测量和计算》的规定进行。

5. 试验方法

（1）理化性能。

①抗张强度和规定负荷伸长率。

按 QB/T 2710—2005《皮革 物理和机械试验 抗张强度和伸长率的测定》的规定测定（见 4.5 节）。

②撕裂强度。

按 QB/T 2711—2005《皮革 物理和机械试验 撕裂力的测定：双边撕裂》的规定测定（见 4.4 节），按下式计算：

$$T = \frac{F}{t}$$

式中，T——撕裂强度（N/mm）；

　　　F——试验时的最大力值（N）；

　　　t——试样撕裂一段的厚度（A 点或 B 点）（mm）。

③崩裂高度和崩破强度。

按 QB/T 2712—2005《皮革 物理和机械试验 粒面强度和伸展高度的测定：球形崩裂试验》的规定测定（见 4.6 节）。

④摩擦色牢度。

按 QB/T 2537—2001《皮革 色牢度试验 往复式摩擦色牢度》进行检验（见 4.9 节），干擦 50 次，湿擦 10 次。

碱性汗液：符合 QB/T 2464.23—1999《皮革 颜色耐汗牢度测定方法》，即三（羟甲基）甲胺 5 g+氯化钠 5 g+尿素 0.5 g+次氮基三乙酸 0.5 g 配制成 1 L 水溶液，用盐酸溶液（2 mol/L）调节 pH 至 8.0。

⑤收缩温度。

按 QB/T 2713—2005《皮革 物理和机械试验 收缩温度的测定》的规定测定（见 4.10 节）。

⑥pH 及稀释差。

按 QB/T 2724—2005《皮革 化学试验 pH 的测定》的规定测定（见 3.5 节）。

⑦耐折牢度。

按 QB/T 2714—2005《皮革 物理和机械试验 耐折牢度的测定》的规定测定（见 4.7 节）。

⑧干态剥离强度。

按 GB/T 4689.20—1996《皮革 涂层粘着牢度测定方法》的规定测定（见 4.8 节）。

（2）感官要求。

在自然光线下，选择能看清的视距，以感官进行检验。

6. 检验规则

（1）组批。

以同一品种原料投产，按同一生产工艺生产出来的同一品种的产品组成一个检验批。

（2）出厂检验。

①产品出厂前应经过检验，经检验合格并附有合格证方可出厂。

②检验项目为感官要求，按"3. 要求（2）感官要求"的规定逐张进行检验。

感官要求应全部符合"3. 要求（2）感官要求"的规定。

（3）型式检验。

①有下列情况之一者，应进行型式检验。

a. 产品结构、工艺、材料有重大改变时。

b. 产品长期停产后恢复生产时。

c. 正常生产时，每三个月进行一次。

d. 国家质量监督机构提出进行型式检验要求时。

②抽样数量。

每批产品中随机抽取 3 张进行检验。

③合格判定。

a. 单张判定规则。

如产品出现撕裂强度、摩擦色牢度、耐折牢度、剥离强度、严重起层（脱浆、裂浆）、裂面、严重异味中任一项不合格，或出现影响使用功能的缺陷，即判定该产品不合格。

要求中其他各项，累计两项不合格，则判定该张不合格。

b. 整批判定规则。

在 3 张被测样品中，全部合格，即判定该批产品合格。如有 1 张及以上不合格，则加倍取样 6 张进行复验。复验中如有 2 张及以上不合格，则判定该批产品不合格。

6. 标志、包装、运输、贮存

标志、包装、运输、贮存应符合 GB/T 4694《皮革成品的包装、标志、运输和保管》的规定。

附录 4 皮革含氮量和皮质测定原理

皮革试样与浓硫酸及催化剂（铜或汞）共热分解，生成 NH_4HSO_4 消解液，与浓碱作用成强碱性，加热分解生成游离的氨，氨被硼酸溶液吸收后生成 $(NH_4)_2B_4O_7$，以甲基红以及次甲基蓝为混合指示剂，以硫酸标准溶液滴定之。

1. 皮蛋白质的消解过程

浓 H_2SO_4 在 338℃ 以上分解产生氧，使有机物氧化，生成 CO_2 和水：

$$2H_2SO_4 \longrightarrow 2SO_2 + H_2O + O_2$$
$$C + O_2 \longrightarrow CO_2$$
$$2H_2 + O_2 \longrightarrow 2H_2O$$

以甘氨酸代表皮蛋白质（因在胶原中甘氨酸较其他氨基酸含量高，约占 26%）与硫酸反应如下：

$$NH_2CH_2COOH + H_2SO_4 \longrightarrow CO_2 + NH_3 + C + SO_2 + 2H_2O$$

其中过量的硫酸使游离的氨生成铵盐：

$$NH_3 + H_2SO_4 \longrightarrow NH_4HSO_4$$

在消解过程中加入少量 $CuSO_4$ 或 Hg、HgO 及 Se 等催化剂以加速反应：

$$2CuSO_4 \longrightarrow Cu_2SO_4 + SO_2 \uparrow + O_2 \uparrow$$
$$C + O_2 \longrightarrow CO_2$$
$$2H_2 + O_2 \longrightarrow 2H_2O$$
$$Cu_2SO_4 + 2H_2SO_4 \longrightarrow 2CuSO_4 + SO_2 \uparrow + 2H_2O$$

反应速度与温度有关。反应过程中，加入硫酸钾来提高溶液的沸点，使反应温度升高。浓硫酸的沸点因水分含量而异，一般硫酸的浓度为 96%～98%，沸点为 290℃～330℃，但消解时生产水使沸点降低，从而导致消解不完全。加入硫酸钾后，生成硫酸氢钾使溶液温度升高到 338℃。

$$K_2SO_4 + H_2SO_4 \longrightarrow 2KHSO_4$$

2. 蒸馏过程

（1）氨的释出。

$$NH_4HSO_4 + 2NaOH \longrightarrow NH_4OH + NaSO_4 + H_2O$$
$$NH_4OH \longrightarrow NH_3 \uparrow + H_2O$$

加入碱量越多对反应越有利，所加碱量一部分用来中和消解液中的硫酸，另一部分使铵盐在碱性溶液中分解，一般加碱量为反应需要量的 10 倍即可。碱是否加足可依溶液的颜色来判断。加碱后溶液的颜色从淡绿色转变为淡蓝色并发生沉淀，有时可变成黑色，其反应如下：

$$CuSO_4 + 2NaOH \longrightarrow Cu(OH)_2 \downarrow （淡蓝色） + Na_2SO_4$$

$$Cu(OH)_2 \longrightarrow CuO_2 （黑色） + H_2O$$

（2）氨的吸收：所生成的氨被硼酸吸收。

硼酸（H_3BO_3）是三元酸，但实际上它的电离过程是：

$$H_3BO_3 + H_2O \longrightarrow [B(OH)_4]^- + H^+$$

所以

$$H_3BO_3 + H_2O + NH_3 \longrightarrow NH_4B(OH)_4$$

即硼酸实际上是一元酸的特性，且硼酸液为 0.5 mol/L 时主要是 $H_2B_4O_4$，则氨被吸收时可用下式表示：

$$2NH_3 + 4H_3BO_3 \longrightarrow (NH_4)_2B_4O_7 + 5H_2O$$

3. 铵盐的滴定

$$(NH_4)_2B_4O_7 + H_2SO_4 + 5H_2O \longrightarrow (NH_4)_2SO_4 + 4H_3BO_3$$

（1）用强酸滴定弱碱。

$[B(OH)_4]^-$ 是 H_3BO_3 的共轭碱，而 H_3BO_3 溶液酸性极弱（$K_a = 5.8 \times 10^{-10}$），则 $H_2BO_3^-$ 的离解常数为（且在终点时都转变为 H_3BO_3 的形式）

$$K_b = K_w/K_a = 10^{-14}/(5.8 \times 10^{-10}) = 1.72 \times 10^{-5}$$

因 $cK_b > 10^{-8}$，符合强酸滴定弱碱的条件，所以此硼酸铵是可以用强酸来滴定的。

（2）指示剂的选择。

在终点时溶液中的组成为 $(NH_4)_2SO_4$、H_3BO_3、H_2O。其中 $(NH_4)_2SO_4$ 有弱酸性反应（因为 NH_4^+ 有小部分离解成氨及氢离子，即 $NH_4^+ + H_2O \Longrightarrow H_3O^+ + NH_3$），但它的酸性远小于 H_3BO_3 所产生的酸，H_3BO_3 的存在不但抑制了 NH_4^+ 的水解，而且决定了滴定终点的 pH，滴定至终点时，溶液中硼酸大约降低至 0.1 mol/L，此时：

$$[H^+] = \sqrt{c} = \sqrt{0.1 \times 5.8 \times 10^{-10}} = 7.6 \times 10^{-8}，pH = 5.1$$

所以应选用变色范围在 pH 为 5 左右的指示剂。甲基红变色的 pH 值范围是 4.4（红）～6.2（黄），在指示剂变色时恰好把滴定终点包括进去了，所以用它比较合适。但甲基红变色时有橙色过渡，仍不易观察，为了使变色敏锐，便于观察，选用混合指示剂，即将惰性染料次甲基蓝和甲基红混合配用，前者不受 pH 值影响，在溶液中一直保持蓝色，当溶液为碱性时，黄色加蓝色混合为绿色；当溶液为酸性时，红色加蓝色混合为紫色。这样，终点时由绿色变紫色便很容易观察了。

附录 5 褪色/沾色程度（色差）的测量

　　试样褪色/沾色程度（色差）的测量是两种颜色在色调、纯度和明度三方面差别的综合反映。测量的方法有目测法和仪器测量法。目测法是以标准灰色样卡为尺度衡量试样及织物在处理前后的色差（褪色和沾色）；仪器测量法是用色差仪进行测定。目测法直接、简便、迅速，但依赖操作者的经验，受主观因素影响较大；而色差仪可以测得比较准确的数据，但测得的数据须经过计算，不如目测法直观。因此，目前目测法应用得更为普遍。

　　目测法所使用的标准灰色样卡有"染色牢度褪色样卡"（又称"褪色分级标准样卡"）和"染色牢度沾色样卡"（又称"沾色分级标准样卡"），两者均由纺织工业联合会统一制定，如附图 5-1 所示。染色牢度褪色样卡包括两张大小一样的深灰色纸板制成的长方形卡片，其中一张样卡自上向下沿长边共分五个矩形格，每格中贴有上下并列的两张标准纯灰色色样。这五个格分为五个分级标准，最上面一格上下两张颜色一样，说明没有色差，定为第五级；第二格以下每一格中，上面的一张都和第一格中的色样一样，为深灰色，而下面的那张色样变浅，说明上下两张略有差异，但色差很小，定为第四级；第三格下面的色样比上面的色差更大一些，定为第三级；以此类推，最下面一格（第五格）下面的颜色最浅，呈浅灰色，上下两张色样颜色的差别最大，说明色差最大，定为第一级。如果试样在试验前后的色差与第五级相当，说明色差等于零，没有褪色。另一张样卡灰色纸板与上述色卡大小一样，中间挖两块大小一样并列的长方孔，孔的上下两侧略小于色卡上每一方块长度的一半左右，两侧与色卡上方块的左右长度相同。测定时将两块试样（处理和未处理）上下并列，把深色的夹在上面，浅色的放在下面，盖在纸板右面的方孔之下，使这块纸板与色卡放在同一平面上，左右并列，使纸板左面的孔对准色卡上某一格的色样方格，在标准灯箱中或在北面方向的阳光下，使光线入射角大约为 45°，上下移动色卡进行目测，看两块试样的色差与样卡某格中的一对色样的色差一致时，即可按相当的色样定级。

　　染色牢度沾色样卡也是由长方形纸板制成的，比褪色样长尺寸略小，右侧一列都是白色，左侧一列自下而上依次为白色、浅灰色、灰色、深灰色。根据可分辨的色差分为五个牢度等级，即 5、4、3、2、1，在每两个级别中再补充半级，即 4~5、3~4、2~3、1~2，就扩大为五级九挡沾色样卡。最上面的第一对色样都是白色，表示没有色差，定为 5 级；第二行左侧的色样略显浅灰色，与右侧白色色样相比有色差，但不是很明显，定为 4~5 级；依次往下，左侧的灰色色样与右侧的色差逐渐增大，则依次定为较低的等级。沾色样卡还附有白色纸板一块，上边挖有圆孔。测定时，将沾色试验前后的一对标准纺织品左右排列，深色在左，浅色在右，然后将挖有圆孔的纸板放在上面，使纸板右边的上下两孔对准并列的标准纺织品试样，左边和中间的上下两排圆孔对准沾色样卡的两对色样。上下移动样卡，比较沾色试验前后两块织物色差与标准卡的哪一对色差一致，如与 4 级相当，则定为 4 级；如在 3 级与 4 级之间，则定为 3～4 级。

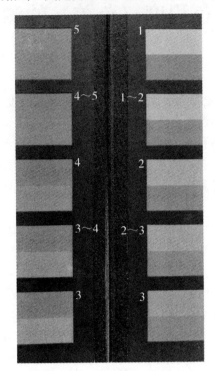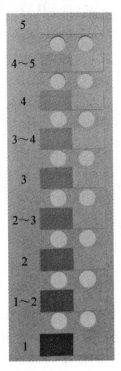

附图 5-1　染色牢度褪色样卡（左）和沾色样卡（右）

附录6 儿童皮鞋
（轻工行业标准 QB/T 2880—2016）

1. 术语和定义

（1）婴幼儿皮鞋（infants' leather shoes）：鞋号不大于170，供3周岁及以下婴幼儿穿用的皮鞋。

（2）儿童皮鞋（children's leather shoes）：鞋号大于170，但不大于250，供3周岁以上至14周岁儿童穿用的皮鞋。

（3）主要部位（primary）：一般情况下为帮面外侧、前部、主跟和包头部位。

（4）次要部位（subsidiary）：一般情况下为帮面内侧、后部。

2. 分类

按使用对象分为儿童皮鞋和婴幼儿皮鞋。

3. 要求

（1）一般要求。

①鞋号应符合 GB/T 3293.1—1998《鞋号》的要求。

②鞋楦尺寸应符合 GB/T 3293—2007《中国鞋楦系列》的要求。

③产品标识应符合 QB/T 2673—2013《鞋类产品标识》的要求。

④不应出现影响穿用的缺陷。

⑤儿童皮鞋售后质量判定应符合以下规则：

a. 售后服务期限：应按国家或地方相关法律、法规的规定执行，法律、法规无明确规定的，可由企业按产品档次确定，并在售后服务规定中明确声明。

b. 售后服务期限内正常穿用情况下出现以下问题可判定为质量问题：不符合产品标准中质量要求；鞋内突出钉尖（头），鞋内不平服影响穿用；帮面裂，帮脚断、裂，白霜，脱色等，前帮明显松面，涂饰层脱落或者龟裂；开线、开胶；主跟或包头变形；鞋跟变形、裂、断或掉，跟面脱落；鞋里明显脱色污染袜子，鞋里磨破；外底或内底裂、断或凹凸不平影响穿用；围条开胶、断裂；勾心软、断或松动；严重影响美观或影响穿用的其他问题。

c. 检验方法：外观，按 GB/T 3903.5—2011《鞋类 整鞋试验方法 感官质量》进行检验（见5.2节）；脱色，以吸透清水（以手指压不滴水为准）的白色脱脂棉或纱布，在顾客反映脱色部位（帮面内侧、衬里或内垫）或与其脱色部位材料相同的其他部位，在 10 cm 长度内用手轻压往复摩擦 10 次，观察脱脂棉或纱布，不应有明显污染。

d. 处理方法：应按国家或地方相关法律、法规的规定执行，法律、法规无明确规定的，可按企业制定的售后服务规定办理或按销售单位所在地的统一规定办理。

（2）感官质量。

感官质量应符合附表 6-1 的要求。其中序号 1~5 项和严重缺陷项为主要项目，序号 6~10 项为次要项目。

附表 6-1 感官质量

序号	项目		要求
1	整体外观		平服、平稳、清洁、对称（特殊风格除外），绷帮端正平服。鞋垫牢固、平整。无明显感官缺陷
2	帮面		皮革、合成革、人造革帮面：同双鞋相同部位的色泽、厚度、花纹、绒毛粗细基本一致（特殊风格除外）。可有轻微缺陷，但不应有裂浆、裂面（裂纹革等特殊帮面材料除外），不应有露帮脚、白霜。不应有伤残。次要部位可有轻微松面 纺织品帮面：主要部位不应有严重的疵点
3	主跟和包头		有主跟和包头的皮鞋要求主跟和包头端正、平服、对称、到位。不应收缩变形
4	后跟		装配牢固，平正对称。大小、高矮、色泽一致
5	子口		整齐严实
6	折边沿口		基本整齐、均匀、圆滑，无剪口外露，不应有裂口
7	配件		装配牢固，基本对称。感官无明显缺陷。金属扣、金属袢及各种金属件表面光滑。拉链滑爽，拉链两头无毛刺
8	鞋帮缝线		线道整齐，针码均匀。底、面线松紧基本一致。主要部位不应有跳线，次要部位跳针、重针可有一针（工艺设计上的回针除外），每只鞋不应超过两处
9	外底		除特殊设计风格外，同双鞋外底相同部位色泽、花纹、厚度基本一致。皮革外底可有轻微缺陷
			外底前掌着力部位扣除花纹后厚度≥3.0 mm
10	尺寸	1	同双鞋前帮长度允差≤2.0 mm，后帮高度允差≤2.0 mm，靴后帮高度（<205 mm）允差≤3.0 mm，靴后帮高度（≥205）允差≤4.0 mm
		2	同双鞋外底长度允差≤2.0 mm，宽度允差≤1.5 mm，厚度允差≤1.0 mm
		3	同双鞋后跟高度允差≤1.5 mm，前翘允差≤2.0 mm
		4	后缝歪斜≤2.0mm

注：1. 鞋号≤150，外底前掌着力部位扣除花纹后厚度不做考核。

2. 表中未列入的感官质量缺陷，按表中类似项目处理。

3. 出现下列情况之一，属于严重缺陷：同双鞋前帮长度允差超过 4.0 mm；后帮高度允差超过 4.0 mm；靴后帮靴后帮高度（<205 mm）允差超过 5.0mm；靴后帮高度（≥205 mm）允差超过 7.0mm；同双鞋外底长度允差超过 4.0 mm 或宽度允差超过 3.0mm。

（3）物理机械性能要求（婴幼儿皮鞋不要求）。

①耐折性能。

应符合附表6-2的规定。

附表6-2　耐折性能

外底材质	试验条件	要求
非天然皮革外底	预割口 5 mm，连续屈挠 4 万次	折后割口裂口长度≤30.0 mm。折后出现新裂纹长度≤5.0 mm，并且不应超过 3 处。折后不应出现帮面分层、涂饰层分层及其他破损，帮底、围条、沿条、底墙结合部位无开胶，复合底无脱层。鞋底、底墙涂饰层不应脱落
天然皮革外底	无割口，连续屈挠 4 万次	单个裂纹不应大于 5 mm 并且不应超过 3 处。折后不应出现帮面分层、涂饰层分层及其他破损，帮底、围条、沿条、底墙结合部位无开胶，复合底无脱层。鞋底、底墙涂饰层不应脱落

注：出现下列情况之一，不测成鞋耐折性能：

①鞋号小于 230。

②整鞋刚性按 GB/T 20991—2007 中 8.4.1 规定测试，在 30 N 的力作用下弯折角度小于 45°。

③鞋底屈挠部位厚度大于 25 mm。鞋底屈挠部位厚度包括内垫的厚度，不包括高于内垫的底墙部分厚度。

② 耐磨性能。

a. 磨痕长度不应大于 15.0 mm。

b. 不应出现欠硫现象或外底磨穿现象。

c. 天然皮革、合成革、人造革外底不测耐磨性能。

③剥离强度。

a. 剥离强度不应小于 40 N/cm。

b. 剥离试验中若材料撕裂而剥离层未开时，剥离强度不大于 30 N/cm 为不合格。

c. 出现以下情况之一，不测剥离强度，改测鞋帮拉出强度：前空式的儿童皮鞋；外底硬度小于 50 邵尔 A 的儿童皮鞋（不包括复合底）；测试部位鞋底厚度超过 25 mm；测不出剥离强度的儿童皮鞋。

④外底硬度。

a. 实芯外底硬度应为（45～65）邵尔 A。微孔发泡外底硬度应为（45～65）邵尔 C。

b. 出现以下情况之一，不测外底硬度：天然皮革外底；仿皮底；复合底；外底厚度不足 3 mm。

⑤外底与外中底粘合强度。

外底与外中底粘合强度不应小于 20 N/cm，微孔底撕裂而胶层不开时不应小于 15 N/cm。

⑥鞋帮拉出强度。

鞋帮拉出强度不应小于 70 N/cm。

⑦内底纤维板屈挠指数。

纤维板屈挠指数不应小于 1.9。

⑧衬里和内垫摩擦色牢度。

衬里和内垫摩擦色色牢度沾色等级不应小于 3 级。

注：如果没有衬里，帮面与脚的接触面作为衬里进行试验。

⑨鞋面材料低温屈挠。

应符合 QB/T 2224—2012《鞋类 帮面低温耐折性能要求》的要求。

注：根据产品投放市场的穿用环境需求，确定是否进行本项目检测。

（4）安全性能。

①鞋跟高度 20.0 mm 以上且跟口 8.0 mm 以上应装勾心或其他刚性支撑材料，鞋跟口高度不应超过 15 mm。

②注塑中底儿童皮鞋的勾心不要求。中底纵向刚度应符合 QB/T 4862—2015《鞋类中底》的要求。

③安全性能应符合 GB 30585—2014《儿童鞋安全技术规范》技术要求的规定。

4. 试验方法

（1）感官质量。

按 GB/T 3903.5—2011《鞋类 整鞋试验方法 感官质量》进行检验（见 5.2 节）。

（2）耐折性能。

按 GB/T 3903.1—2008《鞋类 通用试验方法 耐折性能》进行检验（见 5.5 节）。

（3）耐磨性能。

按 GB/T 3903.2—2008《鞋类 通用试验方法 耐磨性能》进行检验（见 5.6 节），试验条件：施加 4.9 N 的压力，连续磨耗 20 min。

（4）剥离强度。

按 GB/T 3903.3—2011《鞋类 整鞋试验方法 剥离强度》（见 5.3 节）进行检验，试验条件：刀口宽度（10±0.2）mm。

（5）外底硬度。

按 GB/T 3903.4—2008《鞋类 通用试验方法 硬度》进行检验（见 5.9 节），实芯外底采用邵尔 A 型硬度计检验，微孔发泡外底采用邵尔 C 型硬度计检验。

（6）外底与外中底粘合强度。

①按 GB/T 21396—2008《鞋类 成鞋试验方法 帮底粘合强度》进行检验（见 5.4 节），样品数量为 1 双，每只鞋底裁取 1 个试样，试验结果取 2 只鞋测试结果的低值。

②若样品鞋底为硬质材料不易切割，用割刀裁取 50 mm×15 mm 的外层软质材料，不割破硬质材料，然后按 GB/T 21396—2008《鞋类 成鞋试验方法 帮底粘合强度》进行检验（见 5.4 节）。

（7）鞋帮拉出强度。

①试样制备：样品为 1 双，将鞋帮连同鞋底剪切宽 10 mm 的试条，内侧、外侧各取 1 条试样。

②试验设备：拉力试验机，准确度为 2 级，量程 250 N。

③夹具钳移动速度：（25±5）mm/min。

④环境温度：（23±2）℃。

⑤拉力试验机上下夹具钳分别夹持鞋底部（不应夹住帮底结合层）和鞋帮试条。

⑥鞋帮与鞋底部位拉开时的最大力值为拉出力，取两条试样结果的低值为试验结果，每只结果分别表示。

⑦鞋帮拉出强度按下式计算：

$$\sigma = F/B$$

式中，σ——鞋帮拉出强度（N/cm）；

　　　F——最大拉出力（N）；

　　　B——鞋帮试条宽度（cm）。

（8）内底纤维板屈挠指数。

按 QB/T 1472—2013《鞋用纤维板屈挠指数》检验，试样从厂材料库抽取相同批号的材料检验。

（9）衬里和内垫摩擦色牢度。

按 QB/T 2882—2007《鞋类 帮面、衬里和内垫试验方法 摩擦色牢度》中的方法 A，用人工汗液摩擦 50 次进行检验，衬里和内垫无法取样时，从厂材料库抽取相同材料检验（见 5.10 节）。

（10）鞋面材料低温屈挠。

按 QB/T 2224—2012《鞋类 帮面低温耐折性能要求》进行检验（见 5.5 节），鞋面材料无法取样时，从厂材料库抽取相同鞋面材料检验。

（11）安全性能检验。

按 GB 30585—2014《儿童鞋安全技术规范》的规定检验。

5. 检验项目及判定规则

（1）检验项目。

检验项目应符合附表 6-3 的规定。

附表 6-3　检验项目

检验项目	型式检验	出厂检验	
		全检	抽检
感官质量	●	●	●
耐折性能	●	—	●
耐磨性能	●	—	●
剥离强度	●	—	●

检验项目	型式检验	出厂检验	
		全检	抽检
外底硬度	●	—	●
外底与外中底粘合强度	●	—	●
鞋帮拉出强度	○	—	○
纤维板屈挠指数	○	—	○
衬里和内垫摩擦色牢度	●	—	●
鞋面材料低温屈挠	○	—	○
安全性能	●	—	●

注：1. ●为必检项目，○为选检项目，一为不检项目。

2. 剥离强度和鞋帮拉出强度二选一。

（2）判定规则。

①物理机械性能、安全性能符合要求，感官质量主要项目符合要求，次要项目不超过两项不符合要求，则判定该产品为合格。

②物理机械性能、安全性能有1项或1项以上不符合，或感官质量中有1项或1项以上主要项目不符合，或超过两项次要项目不符合，则判定该产品不合格。

6. 检验规则、标志、包装、运输、贮存

按 QB/T 1187—2010《鞋类 检验规则及标志、包装、运输、贮存》执行。

附录7 帮底粘合强度测试的老化处理条件

1. 原理

运用加速热老化处理来测定按 GB/T 21396—2008《鞋类 成鞋试验方法 帮底粘合强度》（见 5.4 节）测得的粘合强度的变化，以评估老化后的粘合质量。

2. 样品

GB/T 21396—2008《鞋类 成鞋试验方法 帮底粘合强度》规定了老化样品的制备。这些样品首先应该适合老化前粘合强度的测定。

3. 仪器

（1）老化试验箱，箱内空气强制流通，可以保持温度（50±2）℃或者（70±2）℃。
（2）试验悬挂并避免接触箱壁。

4. 加速老化条件

（1）标准老化条件。
将试样放置在老化试验箱中，温度为（50±2）℃，放置 7 d，试样应避免与箱壁接触。
老化处理后，在进行粘合强度测试之前，试样应按 EN 12222《鞋类 鞋和鞋部件调节和试验的标准环境》调节 24 h。
（2）生产控制。
对于生产控制，可以通过以下条件快速得到结果：
将试样放置在老化试验箱中，温度为（70±2）℃，放置 72 h。
老化处理后，在进行粘合强度测试之前，试样应按 EN 12222《鞋类 鞋和鞋部件调节和试验的标准环境》调节 24 h。
注：（1）和（2）所列出的老化条件得到的结果可能会不同。

主要参考文献

[1] 罗晓民，丁绍兰，周庆芳. 皮革理化分析 [M]. 北京：中国轻工业出版社，2013.

[2] 丁绍兰，罗晓民，周越. 革制品分析检验 [M]. 北京：中国轻工业出版社，2010.

[3] 蒋维祺. 皮革成品理化检验 [M]. 北京：中国轻工业出版社，1999.

[4] 马贺伟，罗建勋. 皮革与纺织品环保指标及检测 [M]. 北京：中国轻工业出版社，2017.

[5] 中华人民共和国国家质量监督检验检疫总局. 进出口制革原料皮检验规程：SN/T 1329—2003 [S]. 北京：中国标准出版社，2003.

[6] 中华人民共和国国家质量监督检验检疫总局，中国国家标准化管理委员会. 牛皮：GB/T 11759—2008 [S]. 北京：中国标准出版社，2008.

[7] 中华人民共和国公安部. 山羊板皮检验方法：GB/T 8132—2009 [S]. 北京：中国标准出版社，2009.

[8] 中华人民共和国国家质量监督检验检疫总局，中国国家标准化管理委员会. 盐湿猪皮检验方法：GB/T 9700—2009 [S]. 北京：中国标准出版社，2009.

[9] 国家质量监督检验检疫总局. 进出口铬鞣（蓝）湿革检验检疫监管规程：SN/T 0941—2011 [S]. 北京：中国标准出版社，2012.

[10] 工业和信息化部. 鞋面用皮革：QB/T 1873—2010 [S]. 北京：中国轻工业出版社，2011.

[11] 中华人民共和国国家发展和改革委员会. 服装用皮革：QB/T 1872—2004 [S]. 北京：中国轻工业出版社，2005.

[12] 中华人民共和国国家发展和改革委员会. 手套用皮革：QB/T 2704—2005 [S]. 北京：中国轻工业出版社，2005.

[13] 中华人民共和国国家发展和改革委员会. 汽车装饰用皮革：QB/T 2703—2005 [S]. 北京：中国轻工业出版社，2005.

[14] 中华人民共和国国家发展和改革委员会. 毛革：QB/T 2536—2007 [S]. 北京：中国轻工业出版社，2007.

[15] 中华人民共和国国家发展和改革委员会. 皮革 取样 批样的取样数量：QB/T 2708—2005 [S]. 北京：中国轻工业出版社，2005.

[16] 中华人民共和国国家发展和改革委员会. 皮革 化学、物理、机械和色牢度试验 取样部位：QB/T 2706—2005 [S]. 北京：中国轻工业出版社，2005.

[17] 中华人民共和国国家发展和改革委员会. 皮革 物理和机械试验 试样的准备和调节：QB/T 2707—2005 [S]. 北京：中国轻工业出版社，2005.

［18］中华人民共和国国家发展和改革委员会.皮革 化学试验 样品的准备：QB/T 2716—2005［S］.北京：中国轻工业出版社，2005.

［19］中华人民共和国国家发展和改革委员会.皮革 化学试验 挥发物的测定：QB/T 2717—2005［S］.北京：中国轻工业出版社，2005.

［20］中华人民共和国国家发展和改革委员会.皮革 化学试验 pH 的测定：QB/T 2724—2005［S］.北京：中国轻工业出版社，2005.

［21］中华人民共和国国家质量监督检验检疫总局，中国国家标准化管理委员会.皮革和毛皮 化学试验 甲醛含量的测定：GB/T 19941—2005［S］.北京：中国标准出版社，2005.

［22］中华人民共和国国家质量监督检验检疫总局，中国国家标准化管理委员会.皮革和毛皮 化学试验 禁用偶氮染料的测定：GB/T 19942—2005［S］.北京：中国标准出版社，2005.

［23］中华人民共和国国家质量监督检验检疫总局，中国国家标准化管理委员会.皮革和毛皮 化学试验 六价铬含量的测定：GB/T 22807—2008［S］.北京：中国标准出版社，2008.

［24］中华人民共和国国家质量监督检验检疫总局，中国国家标准化管理委员会.皮革和毛皮 化学试验 重金属含量的测定：GB/T 22930—2008［S］.北京：中国标准出版社，2008.

［25］中华人民共和国国家质量监督检验检疫总局，中国国家标准化管理委员会.皮革和毛皮 化学试验 五氯苯酚含量的测定：GB/T 22808—2008［S］.北京：中国标准出版社，2008.

［26］中华人民共和国国家质量监督检验检疫总局，中国国家标准化管理委员会.皮革和毛皮 化学试验 富马酸二甲酯含量的测定：GB/T 26702—2011［S］.北京：中国标准出版社，2011.

［27］中华人民共和国国家质量监督检验检疫总局，中国国家标准化管理委员会.皮革和毛皮 化学试验 有机锡化合物的测定：GB/T 22932—2008［S］.北京：中国标准出版社，2008.

［28］中华人民共和国国家质量监督检验检疫总局，中国国家标准化管理委员会.皮革和毛皮 化学试验 增塑剂的测定：GB/T 22931—2008［S］.北京：中国标准出版社，2008.

［29］中华人民共和国国家质量监督检验检疫总局.皮革及其制品中全氟辛烷磺酸的测定液相色谱—质谱/质谱法：SN/T 2449—2010［S］.北京：中国标准出版社，2010.

［30］中华人民共和国国家质量监督检验检疫总局.皮革中短链氯化石蜡残留量检测方法气相色谱法：SN/T 2570—2010［S］.北京：中国标准出版社，2010.

［31］中华人民共和国环境保护部.车内挥发性有机物和醛酮类物质采样测定方法：HJ/T 400—2007［S］.北京：中国环境科学出版社，2007.

［32］中华人民共和国国家发展和改革委员会.皮革 化学试验 二氯甲烷萃取物的测定：QB/T 2718—2005［S］.北京：中国轻工业出版社，2005.

［33］中华人民共和国国家发展和改革委员会.皮革 化学试验 含氮量和"皮质"的测定：滴定法：QB/T 2722—2005［S］.北京：中国轻工业出版社，2005.

［34］中华人民共和国国家发展和改革委员会.皮革 化学试验 氧化铬（Cr_2O_3）的测定：QB/T 2720—2005［S］.北京：中国轻工业出版社，2005.

［35］中华人民共和国国家发展和改革委员会.皮革成品部位的区分：QB/T 2800—2006［S］.北京：中国轻工业出版社，2006.

［36］中华人民共和国国家发展和改革委员会.皮革 物理和机械试验 试样的准备和调节：QB/T 2707—2005［S］.北京：中国轻工业出版社，2005.

［37］中华人民共和国国家发展和改革委员会.皮革 物理和机械试验 厚度的测定：QB/T 2709—2005［S］.北京：中国轻工业出版社，2005.

［38］中华人民共和国国家发展和改革委员会.皮革 物理和机械试验 撕裂力的测定：双边撕裂：QB/T 2711—2005［S］.北京：中国轻工业出版社，2005.

［39］中华人民共和国国家发展和改革委员会.皮革 物理和机械试验 抗张强度和伸长率的测定：QB/T 2710—2005［S］.北京：中国轻工业出版社，2005.

［40］中华人民共和国国家发展和改革委员会.皮革 物理和机械试验 粒面强度和伸展高度的测定：球形崩裂试验：QB/T 2712—2005［S］.北京：中国轻工业出版社，2005.

［41］中华人民共和国国家发展和改革委员会.皮革 物理和机械试验 耐折牢度的测定：QB/T 2714—2005［S］.北京：中国轻工业出版社，2005.

［42］国家技术监督局.皮革 涂层粘着牢度测定方法：GB/T 4689.20—1996［S］.北京：中国标准出版社，1996.

［43］中国轻工业联合会.皮革 色牢度试验 往复式摩擦色牢度：QB/T 2537—2001［S］.北京：中国轻工业出版社，2001.

［44］中华人民共和国国家发展和改革委员会.皮革 物理和机械试验 收缩温度的测定：QB/T 2713—2005［S］.北京：中国轻工业出版社，2005.

［45］中华人民共和国国家发展和改革委员会.皮革 物理和机械试验 视密度的测定：QB/T 2715—2005［S］.北京：中国轻工业出版社，2005.

［46］中华人民共和国国家发展和改革委员会.汽车装饰用皮革：QB/T 2703—2005［S］.北京：中国轻工业出版社，2005.

［47］全国皮革工业标准化技术委员会.皮革 物理和机械试验 雾化性能的测定：QB/T 2728—2005［S］.北京：中国轻工业出版社，2005.

［48］中华人民共和国国家发展和改革委员会.皮革 气味的测定：QB/T 2725—2005［S］.北京：中国轻工业出版社，2005.

［49］中华人民共和国国家发展和改革委员会.皮革透气性测定方法：QB/T 2799—2006［S］.北京：中国轻工业出版社，2006.

［50］中华人民共和国轻工业部.皮革透水气性试验方法：QB/T 1811—1993［S］.北京：中国轻工业出版社，1993.

［51］中华人民共和国工业和信息化部.皮革柔软度测试仪：QB/T 4870—2015［S］.北

京：中国轻工业出版社，2015.

［52］中华人民共和国国家质量监督检验检疫总局，中国国家标准化管理委员会. 皮革物理和机械试验 柔软皮革防水性能的测定：GB/T 22890—2008［S］. 北京：中国标准出版社，2008.

［53］中华人民共和国工业和信息化部. 皮鞋：QB/T 1002—2015［S］. 北京：中国轻工业出版社，2015.

［54］中华人民共和国国家质量监督检验检疫总局，中国国家标准化管理委员会. 鞋类整鞋试验方法 感官质量：GB/T 3903. 5—2011［S］. 北京：中国标准出版社，2011.

［55］中华人民共和国国家质量监督检验检疫总局，中国国家标准化管理委员会. 鞋类通用试验方法 玻璃强度：GB/T 3903. 3—2011［S］. 北京：中国标准出版社，2011.

［56］中华人民共和国国家质量监督检验检疫总局，中国国家标准化管理委员会. 鞋类成鞋试验方法 帮底粘合强度：GB/T 21396—2008［S］. 北京：中国标准出版社，2008.

［57］中华人民共和国国家质量监督检验检疫总局，中国国家标准化管理委员会. 鞋类通用试验方法 耐折性能：GB/T 3903. 1—2008［S］. 北京：中国标准出版社，2008.

［58］中华人民共和国国家质量监督检验检疫总局，中国国家标准化管理委员会. 鞋类通用试验方法 耐磨性能：GB/T 3903. 2—2008［S］. 北京：中国标准出版社，2008.

［59］中华人民共和国国家质量监督检验检疫总局，中国国家标准化管理委员会. 皮鞋跟面耐磨性能试验方法 旋转辊筒式磨耗机法：GB/T 26703—2011［S］. 北京：中国标准出版社，2011.

［60］中华人民共和国国家质量监督检验检疫总局，中国国家标准化管理委员会. 皮鞋后跟结合力试验方法：GB/T 11413—2015［S］. 北京：中国标准出版社，2015.

［61］中华人民共和国国家质量监督检验检疫总局，中国国家标准化管理委员会. 鞋类通用试验方法 硬度：GB/T 3903. 4—2008［S］. 北京：中国标准出版社，2008.

［62］中华人民共和国国家发展和改革委员会. 鞋类 帮面、衬里和内垫试验方法 摩擦色牢度：QB/T 2882—2007［S］. 北京：中国轻工业出版社，2007.

［63］中华人民共和国国家质量监督检验检疫总局，中国国家标准化管理委员会. 鞋类钢勾心：GB/T 28011—2011［S］. 北京：中国标准出版社，2011.

［64］中华人民共和国工业和信息化部. 鞋用纤维板屈挠指数：QB/T 1472—2013［S］. 北京：中国轻工业出版社，2013.

［65］中华人民共和国工业和信息化部. 鞋类 帮面低温耐折性能要求：QB/T 2224—2012［S］. 北京：中国标准出版社，2012.

［66］中华人民共和国国家质量监督检验检疫总局，中国国家标准化管理委员会. 鞋类 鞋带试验方法 耐磨性能：GB/T 3903. 36—2008［S］. 北京：中国标准出版社，2009.

[67] 中华人民共和国国家发展和改革委员会. 鞋类 鞋跟试验方法 横向抗冲击性：QB/T 2863—2007 [S]. 北京：中国轻工业出版社，2007.

[68] 中华人民共和国国家发展和改革委员会. 皮革服装：QB/T 1615—2006 [S]. 北京：中国轻工业出版社，2006.

[69] 中华人民共和国国家发展和改革委员会. 日用皮手套：QB/T 1584—2005 [S]. 北京：中国轻工业出版社，2005.

[70] 中华人民共和国工业和信息化部. 背提包：QB/T 1333—2010 [S]. 北京：中国轻工业出版社，2010.

[71] 中华人民共和国国家发展和改革委员会. 鞋里用皮革：QB/T 2680—2004 [S]. 北京：中国轻工业出版社，2004.

[72] 中华人民共和国国家质量监督检验检疫总局，中国国家标准化管理委员会. 家具用皮革：GB/T 16799—2008 [S]. 北京：中国标准出版社，2008.

[73] 中华人民共和国国家发展和改革委员会. 移膜皮革：QB/T 2288—2004 [S]. 北京：中国轻工业出版社，2005.

[74] 中华人民共和国工业和信息化部. 儿童皮鞋：QB/T 2880—2016 [S]. 北京：中国轻工业出版社，2016.

[75] 世家皮草 [EB/OL]. [2016−09−05]. http：//www. sagafurs. com/cn/auctions_home/Products/Fur+Selection.

[76] 真皮标志 [EB/OL]. [2019−04−28]. http：//www. chinaleather. org/zpbz/.

[77] 陈国平. 我国皮革行业进入深度调整期——中国皮革行业 2016 经济运行情况发布 [J]. 中国皮革，2017，46（5）：73−74.

[78] 李玉中. 皮革行业经济运行分析及未来展望 [J]. 西部皮革，2017，39（3）：4−7.

[79] 梁炜. 中国鞋业谋变脱困，敢问路在何方？[J]. 皮革化学与工程，2017，34（1）：35−37.

[80] 姜楠. 触底——2016 年中国皮革行业进出口数据分析 [J]. 中国皮革，2017，46（4）：57−72.

[81] 中国皮革协会. 中国貂、狐、貉取皮数量统计报告（2016 年）[J]. 西部皮革，2017（9）：8−12.

[82] 骆鸣汉. 毛皮工艺学 [M]. 北京：中国轻工业出版社，2000.

[83] 黄彦杰. 毛皮行业经济运行情况分析 [J]. 特种经济动植物，2017（1）：15−17.

[84] 杨跃翔，孟红伟，高翠玲. 皮革制品中六价铬有害物质安全风险分析 [J]. 中国皮革，2014（4）：100−103.

[85] 邓维钧. 五氯苯酚功能、毒性及其在皮革生产上的控制 [J]. 中国皮革，2013，42（19）：6−9，23.